KB253410

한국문화지리

한국문화지리

류제헌 지음

살림

머리말

지리학은, 크고 작은 공간이나 과거와 현재라는 시간 같은 연구 대상의 종류에 구애받지 않고 사고하는 학문이다. 지리학에서 취급하는 공간은 지구 전체나 대륙에서부터 국가와 작은 마을에 이르기까지 실로 다양하다. 시간의 길이 또한 수만 년 전에서부터 수년 전에 이르기까지 실로 다양하게 설정된다.

우리가 탐구하고자 하는 문화지리학은, 문화의 공간적 차이를 연구하는 학문으로, 공간과 시간을 동시에 고려하는 태도가 요구되는 분야이다. 전통적으로는 대륙이나 지구 전체를 기본 단위로 하는 문화의 공간적(지역적) 차이를 규명하는 작업에 치중하였다. 이러한 거시적인 연구에서는 '문화 지역(cultural region)'과 '문화 전파(cultural diffusion)'가 문화의 지역적 차이를 표현하고 설명하는 개념과 이론으로 이용되었다. (이러한 거시적인 관점, 즉 세계적인 시야에서 본 문화의 공간적 차이는 『세계문화지리』에 언급되어 있다.) 이 책에서는 이보다는 미시적인 관점, 즉 한국적인 시야에서 문화의 지역적 또는 국지적 차이를 설명하고자 하였다.

1980년대부터 문화지리학자들은 미시적인 연구에도 관심을 가지고 자연환경에 대한 문화적 적응을 탐구하는 '문화 생태(cultural ecology)'라는 개념과 이론을 적극적으로 개발하고 적용하였다. 때문에 1981년부터 1987년까지 미국에서 문화지리학을 전공한 필자가 박사 학위 논문에 문화 생태 이론을 적용한 것은 이러한 시대적 추이의 반영이었다. 하지만 1987년 귀국 후, 지금까지

15년 동안 야외답사와 실제 연구를 통해 경험이 축적되면서, 미국에서 학습한 문화지리학 방법론이 우리의 실정에는 딱 들어맞지 않는다는 생각이 들었다.

이러한 생각은 한국교원대학교에서 학부와 대학원의 강의를 통해 더욱 증폭되었다. 특히 박사 과정 학생들과의 진지한 대화와 토론은 필자로 하여금 문화지리학 전반을 재검토하게 하는 자극이 되었다. 한국의 문화 경관은 사회적 맥락이 매우 복잡하게 뒤얽혀 있기 때문에, 문화 전파나 문화 생태의 개념과 이론만으로는 충분히 설명되지 않는다는 사실을 깨닫게 되었던 것이다. 이에 영국을 중심으로 발달하고 있는 신문화지리학의 개념과 이론이, 한국의 문화 경관을 더 적합하게 설명할 수 있다는 생각을 가지게 되었다.

한국은 5000년 이상의 역사를 가지고 있을 뿐만 아니라, 다양한 문화 현상이 복잡하게 뒤얽히면서 전개되어 왔다. 한국의 문화는 기원과 전파 또는 자연환경에 대한 인간의 적응이라는 관점에서 탐구하기에 어려운 측면이 있다. 우선, 문화 요소의 분포가 서로 중첩되어 나타나므로, 선(線) 또는 지대(地帶)의 형태로 선명하게 문화의 경계를 긋는다는 것이 어렵다. 그렇기 때문에 한국에서 문화 지역을 일정한 범위로 설정한 다음, 그 기원과 형성 과정을 분명하게 규명하는 작업에는 적지 않은 어려움이 있다. 또한 근대 이전에 한국은 사회 구조가 매우 복잡한 단계에 있었으며, 문화를 이용한 정치 또한 그 수준이 상당히 발달한 국가이다. 특히 조선시대 지배층은 이데올로기와 지식을 자신들의 권력을 행사하여 피지배층에 군림하는 정치적 수단으로 이용하였던 것이다.

한국인들은 지금까지 국사와 국민윤리의 교과 내용에 의한 민족주의 교육에 길들여져 있었기 때문에 한국 문화의 국지적 또는 지역적 다양성을 인정하는 데 비교적 인색한 편이다. 단일 민족이나 왕조 문화가 한국 문화의 동질성을 상징한다는 믿음으로 인하여, 문화의 지역적 다양성에는 별로 관심을 기울이지 않는 경향이 있다. 즉 한국 문화가 지역적으로 다양한 요소들의 집합이라는 견해보다는, 내부적인 통일성을 가지고 있다는 생각에 사로잡혀 있다. 그리고 이러한 생각의 이면에는, 국가의 문화는 지배층이나 엘리트층이 대변한다는 전제가 깔려 있는 것으로 볼 수 있다.

　　하지만 필자는 문화지리학의 개념과 이론 중에서 문화 경관에 주목할 필요가 있다는 견해를 가지게 되었다. 이는 최근에 확장되고 있는 신문화지리학과도 상통되는 것으로, '문화(culture)'와 '문화 경관(cultural landscape)'의 개념과 이론을 한국문화지리를 탐구하는 데 적용하고 싶은 의욕을 가지게 되었다. 이러한 실험이 성공한다면 한국 문화의 지역적 다양성에 대한 국민적 공감대의 확대와 더불어 상이한 지역의 주민들이 서로 화해하고 포용하는 태도가 증대되리라는 확신을 가지고 있다. 왜냐하면 뿌리 깊게 배어 있다는 지역감정이나 지역주의는, 어쩌면 문화의 지역적 다양성에 대한 무지에 그 기원을 두고 있을지도 모르기 때문이다.

　　이번에 소개되는 이 책 '한국문화지리'는, 한국의 문화 경관을 아직은 개론적인 수준에서 언급한 것에 불과하다. 또한 북한에 대한 사례가 전혀 언급되어 있지 않기 때문에, '한국문화지리'라는 제목은 사실상 절반의 완성에 대한 성급한 명칭 부여에 지나지 않는다. 본문의 내용에서 군데군데 다소 거칠지만 실험적으로 논의되고 있는 주제들은 각계의 전문가들로부터 따끔한 질책과 비판을 받아 마땅한 것들이다. 하지만 필자는 이 저서가 비록 불완전하지만 독자들에게, 한국이라는 작은 땅덩어리에 사는 우리이기에, 문화의 지역적 다양성도 적은 국가라는 오해를 불식시키는 계기가 되었으면 한다.

　　21세기는 문화의 시대이고 국가간의 문화 경쟁은 더욱 치열해질 것이다. 국가 문화의 내부적 혹은 지역적 다양성은 하나의 국가가 문화적 역량을 극대화하는 과정에서 유리한 여건을 조성한다. 필자로서의 바람은, 우리가 가진 문화가 다양한 지역 문화의 집합이라는 것을 이해한다면, 세계화의 위협에도 굴복하지 않고 문화의 국가간 경쟁에서도 상대적으로 유리한 위치를 점유할 것임에 틀림없다고 확신한다.

2002년 8월

류제헌

일러두기

　이 책은 한국 문화에 대한 지리학적 논의와 한국 지리에 대한 문화적인 논의라는 양면적인 의의를 가지고 있다. 이는 어느 쪽의 입장에서 보더라도 그동안 논의 되지 않았던 분야'기 때문에, 실험정신을 바탕으로 저술하였다. 하지만 필자 개인의 연구 경험과 능력만으로 한국문화지리의 개설서를 완성한다는 것은 어쩌면 무모하다 싶을 정도로 불가능에 가까웠다.

　이러한 지리학자와 문화 연구자의 간격을 메우기 위해, 지리학 바깥의 문헌들을 집필의 참고 자료로 과감하게 활용하였다. 특히 제4장 언어 경관은 지리학계의 문헌이 절대적으로 부족한 상태여서 국어학계의 연구 성과에 거의 전적으로 의존할 수밖에 없었다. 때문에 일일이 허락을 받지 못한 점을 죄송스럽게 생각하며, 필자가 이 책에 인용한 문헌을 주제별로 다음과 같이 밝히고자 한다.

3장
1. 서해안의 방언, 2. 동해안의 방언
　　　　崔學根, 韓國方言學 下, 오성사, 1986-b.
3. 서남해안과 언어의 섬
　　　　이기갑, 전라남도의 언어지리, 國語學叢書 11, 國語學會, 1994.
4. 경기만 연안의 지명
　　　　崔範勳, 京畿道 西海岸 '고지'系 地名攷, 畿甸文化, 제2집, 畿甸文化硏究所, 1987.
5. 지리산의 지명
　　　　배우리, 우리 땅이름의 뿌리를 찾아서, 1권, 토담, 1994.

이외 필자가 본문의 서술에서 크게 의존한 참고 문헌들과 한국교원대학교 석사학위 논문들은 다음과 같다.

2장
1. 안성읍 일대의 가톨릭 교회
　　　　김주섭, 天主敎 信仰地域 形成過程에 關한 硏究, 1996.
2. 안동시를 중심으로 하는 서원
　　　　權範基, 慶北 北部地方 書院文化地域의 形成過程, 1996.
3. 서울 영등포구의 개신교 교회
　　　　朴文圭, 宗敎 空間의 場所化 過程, 1999.

3장
1. 계룡산의 굿당
　　　　金秀東, 鷄龍山의 場所性에 關한 硏究, 1997.
2. 제주도의 본향당
　　　　宋仁旌, 濟州道 本鄕堂의 勢力圈의 變遷에 關한 硏究, 1998.
4. 금산읍 일대의 돌탑
　　　　이필영, 금산의 마을공동체 신앙, 한남대학교 충청문화연구소, 1990.
5. 서남해의 당제
　　　　崔德源, 多島海의 堂祭, 학문사, 1990.

5장
2. 남한강 유역의 정자
　　　　南治圭, 南漢江流域 亭子의 場所的 意味에 關한 연구, 1997.

6장
3. 조선시대 전주, 4. 일제 강점기 전주
　　　　張明洙, 城郭發達과 都市計劃 硏究, 학연문화사, 1994.

Contents

1 서론

Prolog

문화지리학은 문화를 지리학의 입장에서 탐구하는 학문 분야로 문화의 입지와 공간적 차이에 관심을 집중한다. 구미(歐美) 각국에서 문화지리학은 지난 15년 동안 가장 빠르게 성장하여 왔을 뿐만 아니라 가장 흥미를 끌어온 지리학 분야이다. 인문학과 사회과학 전반에 걸쳐 일어나고 있는 '문화적 전환' 으로 인해 지리학에서도 문화와 경관의 개념에 대한 새로운 논의가 활발한 실정이다. 특히 경관 또는 문화 경관은 문화지리학의 핵심 개념으로 고전적인 정의에 대한 재검토와 함께 실험적인 논의가 시도되고 있다. 최근에는 이러한 문화와 경관의 논의에서 보수적인 입장과 진보적인 입장이 상호 대립하는 경향이 있다. 비록 지나친 일반화에 따른 오류가 내재되어 있는 분류이기는 하지만, 흔히들 전자의 입장을 구문화지리학(old cultural geography)이라고 하고, 후자의 입장을 신문화지리학(new cultural geography)이라고 한다.

1. 구문화지리학

그동안 문화지리학에서 사용한 문화라는 개념은, 가장 단순한 것으로, 인간 집단에 의해 공유되는 생활양식을 총칭하는 것이었다. 이런 생활양식은 언어, 행동, 이념, 생계, 기술, 가치 체계, 사회 조직 등으로 구성되는데, 이것들은 사회적 학습을 통해서 하나의 세대에서 다음 세대로 전수된다. 이러한 견해에 따르면, 문화는 인간 집단에 의하여 형성된다고 전제하므로 인간의 집단적 측면에 관심을 집중해야 한다.

지금까지 다수의 문화지리학들은, 문화의 개념을 엄격하게 정의하다 보면 부주의한 환원주의에 빠질 위험이 있다는 염려에서 문화의 개념에 대한 질문을 거의 던지지 않았다. 다만 그들은 문화라는 용어를 인간의 다양성을 묘사하고 구별하는 작업에 이용하는 것에 만족할 따름이었다. 즉 그들에게 문화란 학문의 재구성을 위한 실험적 개념이 아니라 학문의 재생산을 위한 교육의 도구에 불과하였다. 그들의 연구에는 사회·경제·정치적 구조 속에서 문화적 행위가 문화적 전통에 영향을 끼치는 방식, 즉 문화의 내부적 작용에 대한 관심이 상대적으로 부족하였다.

지리학적 묘사의 가장 고전적이고도 이상적인 형태는 분포 상태가 지도를 통해서 표현되는 것이다. 특정한 현상의 불균등한 공간적 분포는 지도상에 출현 빈도를 상징하는 기호로 표현된다. 이때 분포라는 공간 현상은 일반적으로 있음과 없음 또는 과밀(過密)과 소밀(疎密)의 정도로 표현된다. 그리고 문화의 경계를 설정하는 가장 단순한 방법은 상이한 문화 요소의 분포를 기준으로 경계선을 가능하면 많이 그은 다음 그것들이 서로 교차하는 범위를 결정하는 것이다.

이러한 지대(地帶) 형태의 문화 경계는 그동안 문화지리학에서 문화 지역을 구분하는 데 많이 적용되어 왔다. 문화 요소의 과거와 현재 분포를 조사하는 일은 문화 지역을 인식하고 그 경계를 설정하는 첫걸음이 된다. 여기서 문화 지역은 특정한 유형의 문화를 가진 인간 공동체가 일정한 기간 동안 거주한 영역과 일치한다. 문화 지역은 필연적으로 공간적인 단위로 구분되는 실체

이므로 구체적이고도 물리적인 형태를 가진 문화 경관으로 구성되어 있다. 다시 말해서, 문화 경관이란 특정한 문화 지역의 지리적 내용을 함축하고 있으며 문화 지역을 구분하고 분류하는 기준이 된다.

지리학 이외의 다른 학문 분야에서도 많이 사용되는 경관이라는 용어는 다층적인 의미를 내포하고 있다. 그동안 지리학에서 경관은, 특수한 용어로 정의하려는 노력이 잇달았지만 아직까지 구체적인 개념으로는 규정되어 있지 않은 상태이다. 이러한 의미의 모호성에도 불구하고 경관이라는 용어는 지리학의 문장 서술에서 여전히 자주 사용되고 있는 실정이다. 역사지리학, 문화지리학, 자연지리학에서 모든 형태의 발생과 진화를 설명하기 위하여 경관이라는 개념이 활용되고 있는 것이다. 이러한 학문 분야에서 경관은 과학적 탐구를 위한 정태적이고 구체적인 대상으로 처리되고 있다.

전통적으로 문화지리학에서는 문화 경관이란 문화 집단이 땅 위에 살면서 창조한 인공 경관이라고 간단하게 정의되어 왔다. 지금까지 문화지리학자들이 가장 많이 연구하는 문화 경관은 토지의 점유와 관련되어 있는 것들이다. 이러한 종류의 문화 경관은 취락(가옥과 기타 건물들)의 형태와 공간 배열, 경지 패턴, 도로, 통신 수단, 농작물과 식물, 관개 시설, 지표면의 인공적 변형 등이다. 예부터 문화 집단들은 제각기 땅에서 얻은 천연 재료를 이용하여 자기 고유의 문화 경관을 조성하여 왔다.

인간의 거주 구역 안에는 다양한 형태의 문화 경관이 있으며, 이러한 문화 경관은 그것을 만든 집단의 문화를 반영한다. 문화 경관은 문화의 거울이며, 문화지리학자는 이의 깊은 관찰을 통하여 인간 집단을 탐구한다. 문화를 기록하고 있는 징표로서 가치가 크기 때문에, 문화 경관은 문화지리학을 포함한 지리학 전체의 핵심 과제가 되기에 충분하다. 실제로 경관에 대한 파악 · 묘사(기술) · 해석은 오랫동안 지리학의 주된 관심사였다.

문화 경관은 시간의 흐름에 따라 진화된 것이 누적되어 온 것으로, 그 자체가 지역적 · 국지적인 역사를 가지고 있다. 즉 현재의 경관에는 일정한 지역 안에서 일어난 인구 이동과 공간적 전파 · 확산의 역사를 증언해 주는 것이다. 특정한 문화는 때때로 이를 공유하던 사람들이 이동할 때 새로운 영역으로 같이 퍼져 나가 다른 문화를 압도하기도 한다. 하지만 특정한 장소의 경관이 과거에 외부의 영향 없이 자체적으로 발명되었는지 또는 외부로부터 도입되었는지를 논리적으로 증명하는 것은 현실적으로 불가능하다. 구체적인 기록이 없는 상태에서 경관만으로 과거의 인구 이동과 공간적 전파·확산을 입증하는 것은 거의 불가능하기 때문이다. 현실적으로 문화란 내부적 진화와 외부로의 전파·확산이라는 과정을 모두 거치면서 성장하고 확대되는 존재이다.

특정한 문화 요소의 전파·확산을 규명하는 가장 단순한 방법은 그것을 소유한 사람들이 이동한 사실을 증명하는 것이다. 하지만 인간 집단의 이동을 구체적으로 증명하지 않고 단순하게 추정하는 데 만족한다면, 연구 자체를 오도하는 결과를 초래하게 마련이다. 문화 경관은 인구의 이동이 없는 상태에서 사람들이 서로 접촉하는 것만으로도 널리 접촉·확산되기도 했기 때문이다.

끝으로 문화 경관이란 인간 공동체와 자연적 조건의 복합적인 상호 작용을 통해서 탄생한 구체적인 결과물이다. 즉 인간 집단의 문화가 진화하거나 아니면 인간 집단이 자연환경에 적응한 결과이다. 이때 자연환경이란 산지, 구릉, 하천의 전체적인 배열, 기후, 해안 등으로 구성되어 있는 것이다.

2. 신문화지리학

역사학자들은 보편적으로 문화를 예술 활동과 엘리트층의 지적 산물로 간주한다. 이에 반해, 최근에 문화지리학자들은 "문화는 지배와 종속의 사회적 관계가 결성되고 해체되는 영역이다"라고 주장한다. 그들은 문화가 복수로 존재한다는 전제에서 문화를 서로 다른 의미가 공존하는 영역이라고 정의한다. 이러한 문화 개념에는 엘리트 집단이 대표하는 국가 문화나 지배층의 문화는 물론이고 지방 문화나 피지배층의 문화도 포함된다. 그들은, 그동안 문화지리학자들이 문화가 구성되고 표현되는 사회적 맥락의 범위를 과소 평가하였다고 비판하는 입장을 취하고 있다.

문화지리학의 새로운 주장에 따르면 문화는 지배와 종속으로 점철되는 권력 관계에 연루되어 있다. 이러한 문화의 개념에서 지배층에 의해 의미가 창조되어 피지배층에게 전달되는 과정이 매우 중요하다. 지배 집단은 피지배 집단에게 계급 간 갈등의 불가피함을 설득하기 위하여 이데올로기를 이용한다. 그들은 이데올로기를 이용하여 지배 계급의 이익이 곧 사회 전체의 이익을 대변한다고 피지배 집단을 속인다.

또한, 이데올로기와 권력(세력)과의 관계를 탐구하려면 헤게모니의 개념에 대한 지식이 필요하다. 여기서 헤게모니는 단순하게 정치적인 우위가 확보된 상태를 일컫는다. 즉 이는 피지배층으로 하여금 도덕·정치·문화적인 가치를 자연적인 질서로 받아들이도록 설득하는 지배층의 권력이다. 이러한 의미에서 헤게모니는, 물리적인 힘에 의존하는 강제적인 권력이 아니라 언어의 힘으로 설득하는 권력인 것이다.

그러나 지배 집단의 세력이 아무리 막강하다 하더라도 지배 집단은, 언제나 피지배 집단으로부터 도전을 받게 마련이다. 사회 지배 집단의 가치는, 중류 계층으로부터는 동경의 대상이 되지만 하류 계층으로부터는 거부의 대상이 된다. 또한 피지배 집단은 지배 집단에 저항하기 위하여 문화적 또는 상징적인 전략을 사용하기도 한다. 종교 의식에서 표현되는 의복, 언어, 동작에는 권력을 가진 사람들에 대한 저항적인 태도가 담겨 있는 경우가 있다. 이때 종교 의식은 피지배 집단이 자기들만의 비밀 언어를 통하여 권위를 가진 사람들을 거부하고 멸시하는 태도를 표현하는 기회이기도 하다.

최근 문화지리학계에는 문화 경관을 보고 그 의미를 해석하는 방법이 무수히 많다는 견해가 널리 확산되고 있다. 이러한 견해는 문화 경관이 개인적으로나 사회적으로 객체인 동시에 주체라는 믿음이 전제된다. 전통적인 경관 개념은 형태적 측면에 지나치게 집착한 나머지 경관에 구현되어 있는 상징적 · 문화적 의미를 무시하고 있는 단점이 있다. 외부자의 견해를 강조하고 경관의 외적인 형태를 중시한 것이 전통적인 경관 개념이라면, 최근의 경관 연구는 경관에 대한 내부자의 정체성과 경험을 발견하려는 노력에 비중을 둔다. 최근에는 지금까지 무관심 속에 방치되어 있었던 장소에 관한 의식과 경관에 대한 상상력을 규명하는 작업이 시도되고 있는 것이다.

문화 경관에는 그것을 생산하고 유지해 온 사람들이 표현한 상징적 의미와 이데올로기가 담겨 있다. 경관에는 특정한 사회 집단이 지니는 세계에 대한 역사적 경험이나 지배와 피지배의 권력 관계가 투영되어 있다. 또한 경관에는 특정 계급의 사람들이 자신들과 자신들이 상상하는 자연과의 관계에 부여한 의미가 반영되어 있다. 이러한 경관 개념을 추구하는 문화지리학자들은 경관을 '담론을 담고 있는 텍스트(text)'로 연구해야 한다는 주장을 제기하고 있다. 그들의 주장에 따르면, 경관이란 텍스트, 예술품, 지도에서와 같이 주위 세계를 재현하고 상징하는 문화적 이미지인 것이다.

최근에 그들은 경관을 마치 텍스트와 같이 독해하는 방식을 개발하는 작업에 관심을 집중하고 있다. 예를 들면, 예술과 건축 또는 지도와 디자인을 통하여 경관의 도상(圖像, iconography)을 해독하는 것이다. 이런 도상학적 연구란 예술품에 담겨 있는 의미를 역사적 맥락에서 탐색하는 분야이다. 이때 경관을, 해독해야 할 암호로 되어 있는 텍스트로 개념화하고 만든 사람들의 마음에 함축되어 있는 사상과 가치관을 읽으려는 작업이 시도된다.

3. 한국의 문화 경관

한국은 다양한 종류의 문화 경관이 풍부하게 남아 있으므로 신 · 구 문화지리학의 경관 개념을 적용하기에 적합한 장소이다. 수천 년의 역사를 가진 한국에는 문화 전파 · 확산, 자연환경에 대한 적응, 사회 · 정치적 과정, 권력 관계의 산물로서의 문화 경관이 전국 각지에 분포한다. 그중에서도 지역적 · 국지적인 분포를 보이는 문화 경관들은 문화의 공간적 차이에 민감한 지리학의 연구를 기다리고 있는 실정이다.

한국의 문화 경관은 종교 경관(religious landscape), 민속 경관(folk landscape), 언어 경관(linguistic landscape), 농촌 경관(rural landscape), 도시 경관(urban landscape)으로 분류된다. 이들은 제각기 고유한 영역을 점유하면서 공간적이고도 시간적으로 특별한 의미를 가지고 있다. 하지만 현실적으로 이러한 문화 경관들은 개별적으로 형성된 것이 아니고 상호 관련성을 가지고 발달한 것이다. 농촌의 민속 경관은 농촌 경관과 밀접한 관계를 가지고 발달하였다. 그것들 대부분이 지금은 지역적 · 국지적인 분포를 하고 있다 하더라도 과거에는 전국에 보편적으로 분포하였다.

한국에는 문화의 전파 · 확산이나 자연환경에 대한 적응이라는 관점에서 충분히 설명되지 않는 문화 경관의 분포가 적지 않다. 한국의 문화 경관 중에는 구문화지리학의 한계와 능력을 초월하는 의미와 상징이 내재되어 있는 것들이 많다. 따라서 문화 경관의 연구에 구문화지리학의 입장만 따르기 보다는, 사회 · 정치적 과정을 중시하는 신문화지리학의 관점을 적용해 볼 필요가 있다. 한국의 문화 경관은 형성 과정 자체가 너무나 복잡하게 얽혀 있기 때문에, 이른바 구문화지리학의 개념과 방법만으로는 설명이 되지 않는다. 영국이나 미국에서와 달리, 한국에서는 문화 경관의 연구에서 신 · 구 문화지리학을 적절하게 통합한 방법론이 요구되고 있는 것이다. 한국의 문화 경관을 현실에 입각하여 설명하려면 신 · 구 문화지리학의 장점들을 한국의 실정에 적합하게 결합할 필요가 있다.

이제는 구문화지리학의 접근 방법에 사회 이론과 정치적 관심사를 접목시킴으로써 문화 경관의 연구와 사회적 과정의 탐구를 하나로 통합해 나갈 필요가 있다. 한국을 연구하는 문화지리학자들은 학문의 설명력을 향상시키기 위하여 복합적인 사회·문화적 과정에 각별한 관심을 기울일 필요가 있는 것이다. 한국의 문화지리학이 전통적인 연구 방법의 장점을 고수하는 한편, 사회 이론에 보다 민감해진다면 지금보다 더 많은 성과를 얻을 것이다. 이른바 신문화지리학에 의해 정교하게 다듬어진 사회 이론들을 받아들인다면, 한국의 문화지리학은 틀림없이 더욱 성숙한 단계로 발전할 것이다.

한국을 연구하는 문화지리학은 아직도 연구 대상으로서 가치가 충분히 남아 있는 지배 문화를 무시하지 말아야 한다. 문화들이 내포하고 있는 복합적인 의미들이 대변하는 이해관계들은 언제나 타협과 조정이 가능한 것들이다. 지배 문화는 피지배 문화와 동일하지 않고 대중문화 또한 엘리트 문화와는 같지 않다. 즉 이것들은 모두 문화의 세력이라는 측면에서 서로 다른 공간적 위치를 점유하고 있는 것이다. 그러므로 한국의 문화지리학은 문화 변동의 국가적인 차원과 지방적인 차원에 동시적으로 관심을 가져야 마땅하다. 지방적인 차원에서는 특수한 하부 문화가 고유한 위치를 점유하는 과정을 탐구하는 한편, 국가적인 차원에서는 지배적인 가치가 헤게모니를 가진 세력에 의하여 제도화되는 과정을 분석해야 한다.

2 종교 경관

한국은 고유의 종교적 특징을 가지고 있는 다양한 종교들의 갈등과 대립보다는, 타협과 조화가 유지되고 있는 국가이다. 특히 유교는 일상생활 모든 부분에 골고루 스며들어 있으며, 침투되어 있는 정도는 인접 국가인 중국과 일본에 비해 훨씬 더 크다. 한국의 불교는 전통적으로 불교의 교리를 종합적으로 보는 제설(諸說) 혼합주의로서의 고유한 특색을 가지고 있다. 한국의 기독교, 특히 개신교는, 미국의 개신교보다도 근본주의적인 성향이 훨씬 더 강하다. 이러한 3대 종교들은 제각기 서로 다른 시기에 외부로부터 한국으로 도입되었음에도 불구하고 지금은 평화롭게 상호 공존하고 있다.

유교를 종교로 간주하지 않는다면 한국의 종교 인구는 전체 인구의 51.1%를 차지하는데, 그중에서 불교·개신교·가톨릭(천주교) 신자가 거의 대부분을 점유한다. 유교의 영향을 받은 대부분의 한국인들은 조상 숭배를 기도와 같은 종교적 행위라기보다는 오히려 일상적인 사회 행동으로 여긴다. 절대 다수의 한국인들은 유교를 자신들이 영생을 얻기 위하여 의지해야 하는 종교라기보다는 이웃 사람들과 공유해야 하는 사회적 이데올로기로 믿는 경향이 있다. 한국에서 유교를 믿는 사람들은, 전체 인구의 91%를 차지하면서도 자기 스스로를 특정한 종교 집단에 속한다고 간주하지는 않는다.

더구나 유교와 불교는 기독교에 비해 조직이 결여되어 있으며, 때로는 상호간의 경계가 불분명한 경우가 있다. 한국인 중에 유교 신도인 동시에 불교 신도인 경우나 불교 신도인 동시에 무속 신봉자인 경우는 허다하다. 기독교, 즉 개신교와 가톨릭은 불과 1세기 동안에 세력이 급속하게 성장해 유교와 불교의 헤게모니(주도권)를 위협하고 있다. 단순 계산에 의하면, 기독교 교도의 숫자는 불교도의 숫자보다 약간 적다. 하지만, 종교적 집회에 적극적으로 참여하는 신도의 숫자에 의하면 기독교 교도는 불교도를 훨씬 상회한다.

일반적으로 한국인은 전통적으로 외래 종교를 수용함에 있어서 새로운 종교 교리에 자

Religious Landscape

신의 생활을 적절하게 맞추는 유연한 태도를 견지하여 왔다. 한국인은 외래 종교와 토착 신앙을 적당하게 혼합하는 능력을 가지고 때로는 서로 다른 종교들을 하나로 묶어 새로운 종교를 만들기도 하였다. 또한, 한국인은 외래 종교의 수용뿐만 아니라 종교 교리의 해석에 있어서도 상당히 개방적인 태도를 취해 왔다. 그 결과 한국에서는 불교, 유교, 기독교, 기타 종교들이 서로에게 영향을 주고받으며 오늘날까지 성장해 왔다. 이런 종교들은 일반적으로 서로 갈등하는 관계보다는 조화로운 관계 속에서 상호 공존하고 있다. 이와 같은 복수 종교의 공존 현상은 세계 역사에서 그 우례를 찾아보기 힘들 정도로 고유한 한국인의 특성이다. 더구나 하나의 종교 안에서 다양한 유형의 신앙이 허용되는 분위기는 한국이 아니면 찾아보기 힘든 현상이다.

상이한 종교들의 갈등보다 조화를 추구하는 독특한 한국인의 성향은, 종교적인 이해관계보다는 세속적인 이해관계에서 비롯되었을 것으로 추정된다. 실제로 한국 역사상 외래 종교는, 엘리트 집단에 의해 일단 수용되고 난 다음에 지배 집단과 피지배 집단을 분리하는 이데올로기로 이용되기도 하였다. 따라서 다양한 종류의 종교 경관을 통하여 이데올로기와 세력(권력)의 세속적인 역사를 해독하는 것은 충분히 가능하다.

한국에서 종교 경관의 진화는 점진적이고도 누진적인 과정으로 자기 고유의 역사를 간직하고 있다. 때문에 종교 경관은 종교 자체가 변화한 내용을 가시적으로 표현하고 있는 물질문화로 간주되기도 한다. 그동안 소멸된 종파(교파)가 있는가 하면 디묘하게 변화한 종파(교파)가 있으므로 종교 경관에 대한 종파(교파)의 영향은 단순하지 않고 복잡한 것이다. 종교적 사고가 종교 경관에 표현되는 방식은 시대와 장소별로 다양한 차이를 보이지만 종교적인 중심지에서 가장 선명하고 강렬한 것이 보통이다. 종교 건축물들의 위치, 좌향, 양식, 공간적 배열 등은 모두 종교 경관의 주요 구성 요소들이다.

1. 안성시를 중심으로 하는 가톨릭 교회

경기도의 최남단에 위치한 안성시(安城市)는 과거의 안성읍과 안성군을 1998년에 통합한 행정 구역 명칭이다. 현재의 안성시는 동쪽으로 이천시, 서쪽으로 평택시, 북쪽으로 용인시와 인접해 있다. 안성시의 동남 방면은 차령산지(車嶺山地)를 경계로 충청북도의 음성군과 진천군으로 분리되고, 남서 방면은 경기도, 충청북도, 충청남도의 경계 지대를 형성하고 있다.

충청북도와 경계를 이루고 있는 안성시 남부의 차령산지(한남정맥·금북정맥)에는 최고봉인 서운산(瑞雲山: 547m)을 비롯하여 500m 안팎의 산들이 솟아 있다. 이 산들은 충북 진천군과 안성시의 접경에 있는 덕성산(德成山: 519m)을 기점으로 동쪽, 남쪽, 북쪽 방향으로 이어지고 있다. 특히 북쪽 방향으로 펼쳐지고 있는 산지에는 칠현산(七賢山: 516m), 칠장산(七長山: 492m), 도덕산(道德山: 366m) 등이 솟아 있다. 이 산지가 형성하는 능선을 기준으로 현재의 안성시는 동쪽의 산간부와 서쪽의 평야부로 양분된다. 차령산지의 척추가 안성시의 중앙부를 남북으로 종단하고 있으므로, 안성시의 지세는 전체적으로 동북쪽이 높고 서남쪽으로 경사가 완만한 특징을 보이는 것이다.

안성시 일대를 흐르는 주요 하천으로는 안성천 수계에 속하는 한천(漢川), 청룡천(靑龍川)과 남한강 수계에 속하는 청미천(淸美川), 죽산천(竹山川), 금강 수계에 속하는 칠장천(七長川), 개좌천(介座川) 등이 있다. 죽산면(竹山面)의 덕성산에서 삼죽면(三竹面)의 구봉산(九峰山: 465m)에 이르는 산지를 기준으로 청미천(淸美川)과 목신천(木新川)은 동쪽과 북쪽 방향으로 흘러 서울 부근에 이른다. 이에 반해, 안성천(安城川)과 한천(漢川)은 서쪽 방향으로 흐르다가 중간에서 합류하여 이른바 안성평야(평택평야)를 거쳐 아산만으로 들어간다.

예부터 현재의 안성시는 안성평야와 차령산지를 연결하는 육로 교통과, 아산만과 안성천 수계 또는 남한강 수계를 연결하는 수로 교통이 교차하는 결절 지점에 위치하고 있었다. 조선시대까지만 하여도 안성읍 일대는 한양으로 올라가는 삼남 지방의 물산이 모여 드는 길목에 자리 잡고 있었다. 조선시대에는 유기, 견직물, 가죽신, 목기 등을 만드는 수공업이 발달하였으며, 특히 안성 장시의 규모는 전국적인 것이었다. 하지만 이러한 안성읍은 일제 강점기 이후에 경부선 철도와 같은 주요 교통로가 빗겨 지나가게 되자 이웃에 있는 평택시에 비해 성장이 상대적으로 지연되었다.

최근에 안성시는 경부 고속도로와 중부 고속도로에 대한 접근성이 향상되면서 다른 지방과의 교통이 매우 편리해졌다. 안성시 일대는 교통이 편리하고 지가(地價) 또한 서울 근교에 비해 저렴한 까닭에 식품, 섬유 제품, 약품, 전기 기기 등을 생산하는 공업 단지가 다수 조성되었다. 또한, 이 일대에는 편리한 교통과 낮은 지가라는 입지적 이점을 이용하는 포도 재배와 한우 사육이 특화되어 있다. 그밖에 현재의 안성시는 서울 소재 대학교의 분교와 전문대가 들어서면서 산업의 성장과 함께 인구의 사회적 증가가 지속되고 있다.

한국에서 가톨릭은 18세기에 최초로 전래되었지만 조선 왕조로부터 극심한 탄압을 받았기 때문에 세력의 확장이 결코 순탄하지는 않았다. 조선 왕조는 유교 원리에 경도된 나머지 유교 자체를 부정한다는 이유로 가톨릭 신도들을 박해하였다. 가톨릭은 신을 단 하나뿐인 절대적인 존재로 간주하기 때문에 조상 숭배를 근간으로 하는 유교의 윤리와 정면으로 배치되는 것은 뻔한 노릇이었다. 특히 가톨릭은 왕에 대한 충성과 부모에 대한 효도뿐만 아니라 유교적인 조상 숭배 의식을 금지하였다. 조선 왕조의 가톨릭에 대한 박해는 1801년부터 1869년까지가 가장 심각하였는데, 수백 명의 한국 가톨릭 교도들이 처형되는 1801년부터가 공식적인 박해의 시작이었다. 그후 가톨릭 교도에 대한 박해는 1839년, 1846년, 1866년, 1869년을 거치면서 더욱 강도가 높아졌다. 이 기간에 1만 명가량의 가톨릭 교도들과 10명의 신부가 순교하였다. 이후 일본이 조선 왕조와 강화도 조약을 체결한 1876년부터 가톨릭 교도에 대한 박해는 현저하게 약화되었으며, 종교의 자유가 천명된 1898년에 가서야 종결되었다.

19세기경 서해안의 만입에는 중국과 한양을 오가는 선박들이 출입하는 크고 작은 항구들이 있었다. 중국에서 배를 타고 황해를 건너왔던 프랑스 신부들이 이런 항구들에 몰래 상륙하기도 하였다. 이런 항구들은 중국 대륙으로부터 가톨릭이 한반도에 들어오는 교두보가 되었다. 최초의 한국인 신부로서 1846년 순교한 김대건도 충남 서해안에 있는 당진군 출신이었다. 그밖에도 19세기에 순교한 가톨릭 교도들 가운데 상당수가 서해안에서 태어나 활동하던 사람들이었다.

안성시의 동쪽으로 달리는 산지는, 이들에게 박해를 피해 은신할 수 있는 장소로 매력이 있었다. 이들이 안성시 동쪽의 산간 오지로 이주함에 따라 서해안에 거주하는 가톨릭 교도의 숫자는 감소하였다. 또한 신유박해(1801) 때 순교한 신자들의 가족이나 친척들에게도 이 일대는 서울을 탈출하여 은신하기에 적합한 장소로 인식되었다. 그들은 외딴 산간 계곡에 숨어 들어가 외부 세계와 격리된 채 교우촌(敎友村)을 이루고 살았다. 교우촌을 형성한 그들은 담배를 재배하고 음식을 저장하는 옹기그릇을 만들어 생계를 유지하였다. 따라서 그들이 가톨릭을 믿지 않는 사람들과 접촉하는 기회는 오로지 자신들이 만든 물건을 팔러, 시장에 나가는 경우에만 국한되어 있었다.

지금의 안성시 일대는 19세기 가톨릭 교도들이 교우촌을 설립하기에 매우 적합한 지리적 조건을 가진 장소였다. 당시에 안성읍의 동쪽으로는 산들이 연속적으로 솟아 있는 반면, 서쪽으로는 안성천 유역에 평야가 펼쳐지고 있었다. 19세기에 옹기를 구워 생계를 유지하던 교우촌 중에서 지금까지 보전되어 있는 곳으로는 보개면 양벽리의 점말이 있다. 이 마을은 안성시 부근에 있으며 당시 가톨릭 교도들이 옹기를 굽던 시설이 지금까지 그대로 보전되어 있다.

조선시대 안성읍은 커다란 장시(場市)가 주기적으로 열리는 전국에서 가장 중요한 상업 중심지 가운데 하나였다. 안성읍은 주요 육로와 수로가 서로 만나는 지점에 위치하였기 때문에 사방으로부터 인마(人馬)와 재화가 모여드는 도회지였다. 안성읍을 중심으로, 수로는 안성천을 따라 동서로 달리는 반면 육로는 남북으로 뻗어 있었다. 산간 계곡에 사는 가톨릭 교도들은 안성읍에 있는 시장으로 가서 그들이 만든 물건을 팔고 자신들이 필요한 물건을 샀다. 하지만 그들이 시장에서 실제로 얻고 싶었던 것은 생활필수품이기보다는 정부의 최근 동향에 관한 정보였을 것이다.

북쪽으로부터 안성읍의 동쪽 방면을 통과하여 남쪽 방면으로 달리는 광주 산지는 칠현산(516m)에 이르러 북서쪽, 동쪽, 남서쪽의 세 방향으로 갈라진다. 한양에서 박해를 피해 외딴 산속으로 도망친 가톨릭 교도들은 남북으로 달리는 광주 산지를 따라 남하하다가 칠현산에 이르렀다. 여기에서 이들 일부는 더욱 남하하여 평상시에 몸을 숨기기 용이하고 비상시에 도망치기 쉽다고 판단되는 배티 고개 부근에 은신처를 구하였다. 이들은 가톨릭에 대한 정부의 금지 조처가 철회되기만 하면, 곧바로 한양으로 되돌아갈 요량으로 한양에서 그리 멀지 않은 배티 고개에 임시로 정착하였던 것이다. 그래서 배티 고개에는 그 부근의 산간 계곡에 은신하고 있던 가톨릭 교도들을 통솔하고 지도하기 위한 가톨릭 교회가 임시로 설립되었다.

오늘날 배티 고개 일대에는, 산속으로 도망치다가 붙잡혀 즉석에서 처형당한 가톨릭 순교자들의 무덤과 새로이 지은 가톨릭 교회가 있다.(그림 2-1) 오늘날 이곳은 한국에서 가톨릭 교도들의 가장 유명한 성지 순례의 대상지 가운데 하나이다. 이 교회에서는 배티 고개 부근에서 순교를 당한 가톨릭 교도들을 기리는 미사가 일년에 한번씩 열린다.(그림 2-2)

서해안과 가까운 이곳 안성시 일대에는 19세기 말에 설립되어 지금까지 남아 있는 천주교 성당 건물들이 적지 않다. 이 가운데 가장 널리 알려져 있는 것은 왕림동 성당, 구포동 성당, 공세리 성당 등이다. 이 성당들은 모두 독특한

그림 2-1

배티 고개에 있는 가톨릭 순교자들의 묘역

배티 고개의 성당에서 고갯길을 따라 900m 정도 가파른 언덕길을 올라가면 '무명의 숨은 꽃'이라는 공동 묘역이 있다. 이 묘역은 조선시대 배티 고개에 숨어 살던 가톨릭 교도들이 포졸들에게 잡혀 안성읍으로 끌려가다가 집단으로 살해당한 곳이다.

그림 2-2

가톨릭 교회

최양업 신부가 비밀리에 포교 활동을 지휘하던 곳에 건립된 가톨릭 교회이다. 배티 고개에는 1830년부터 교우촌이 형성되었고, 최양업 신부는 배티 고개를 근거로 전국을 다니며 사목 활동을 하였다.

건축 재료와 양식으로 되어 있는데, 19세기 중국에 설립된 성당들의 건축 양식을 본뜬 것들이다. 예를 들어, 1895년 공세리 성당을 건축할 때 재료로 쓰인 빨간 벽돌들은 모두 중국에서 만든 다음 들여온 것이라고 한다.

한국의 가톨릭은 극심한 박해에도 불구하고 교세가 꾸준히 성장해, 1831년에는 마침내 조선 교구가 창설되었다. 한국인 가톨릭 신도들을 위하여 외국인 신부들이 프랑스 파리로부터 한반도에 정식으로 파견되었다. 1898년에는 가톨릭과 개신교를 포함하는 기독교 선교사들이 국내에서 자유롭게 여행하면서 포교 활동을 하는 것이 공식적으로 허용되었다. 1900년에는 프랑스로부터 파견된 신부들의 노력과 후원에 힘입어 한국인 가톨릭 신자는 그 수가 4만 명을 초과하였다. 하지만 이런 가톨릭 신자는 대부분 농민층에 국한되어 있었다는 특징이 있다.

한불 통상조약(1886) 이후, 가톨릭 교도들은 비로소 산간 오지의 골짜기에 있는 은신처에서 나와 안성시와 안성천 유역의 평야지대로 세력을 확대하였다.(그림 2-3) 가톨릭 교도들은 세력 확대를 위하여 토지 매입에 적극적이었는데, 이때 확보한 임야 중에 현재의 미리내 성지가 들어서 있는 양성면 미산리 일대도 포함되어 있다. 오늘날 미리내 성지에는 김대건 신부의 묘지를 정점으로 하는 한국 최대의 가톨릭 성지가 조성되어 있다.(그림 2-4) 그밖에 가톨릭

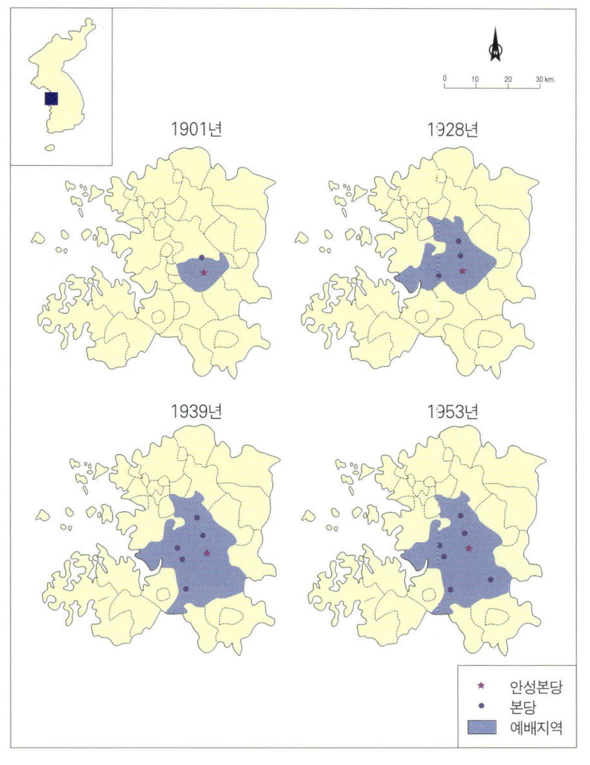

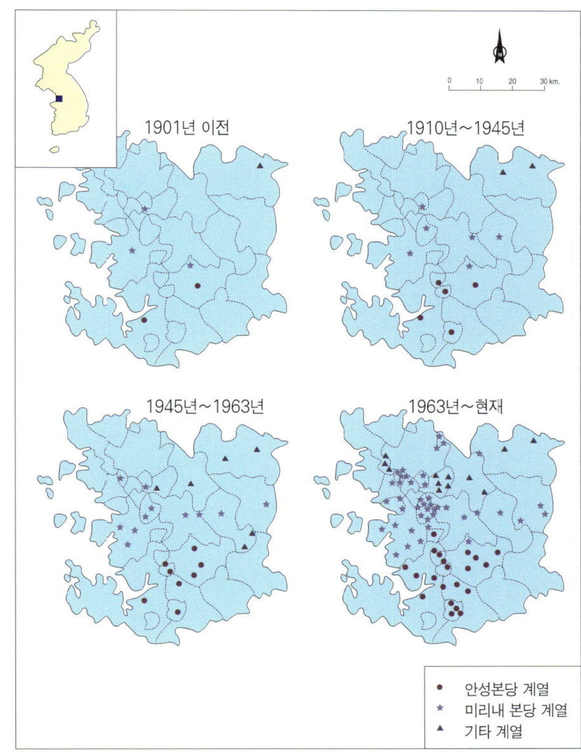

출처: 金周燮, 天主教 信仰地域 形成過程에 關한 研究, 한국교원대학교 석사학위논문, 1996, p.17, 43

그림 2-3

안성읍을 중심으로 하는 가톨릭 교구의 성장(왼쪽)과 양적 증가(오른쪽)   1901년부터 1939년까지
안성읍을 중심으로 한 경기도에는 가톨릭 교회가 급속하게 확대되었다. 이런 성장을 주도한 교구가 셋이
있는데, 그중 둘이 안성군에 위치한다.

그림 2-4

미리내 성지
1883년 공소가 설치되었다가 3년
뒤인 1886년에 본당으로
승격되었다. 이곳의 성지 조성
작업은 1972년 시작되어
1989년에 완결되었다.

교단 소유의 논밭이 집중되어 있는 곳은 안성천 유역의 미양면 마산리 · 갈전리 · 후평리, 공도면의 진사리, 서운면의 오촌리 등이다.

1901년 조선 교구는 안성읍에 성당을 설립하기로 결정하고, 곰베르(Gombert, 한국명 孔安國)라는 프랑스 신부를 파견하였다. 1901년에 그가 지은 구포동 성당은 건축 재료와 양식이 독특한 것으로 세상에 널리 알려져 있다.(그림 2-5) 이 성당 건물의 특색은 무엇보다도 한식과 양식의 건축 양식이 절충되어 있다는 것이다. 즉 건물의 정면과 첨탑 부분은 양식으로 되어 있지만, 측면과 실내는 한식으로 되어 있다.(그림 2-6) 안성읍 일대에는 구포동 성당 이외에도 20세기 초반에 설립된 성당 건물들이 아직도 다수 남아 있다.

곰베르 신부가 안성읍에 구포동 성당을 건립한 후에 가톨릭 교회의 숫자는 가톨릭 교도의 숫자와 함께 급속도로 증가하였다. 특히, 안성천 유역의 저습지가 조선 교구로부터 재정 지원을 받은 곰베르 신부에 의해 개간되면서 가톨릭 교세가 안성읍의 서쪽으로 크게 확장되었다. 곰베르 신부는 조선 교구로 하여금 농경지로 개간하기 위하여 안성천 유역의 저습지를 매입하도록 설득하였다.

이 일대의 저습지는 대부분 만조시(滿潮時)에 바닷물의 침입을 받아 염화의 피해를 입었을 뿐만 아니라 우기에는 강물의 범람에 노출되어 있었다. 그

그림 2-5

구포동 성당(九苞洞 聖堂)
한식과 양식이 혼합된 목조 기와 건물로 1922년에 최초로 건립되었다. 이 건물은 안성시의 진산인 비봉산의 지맥인 구포동 동산에 서남향으로 안성 시내를 조감하는 위치에 있다.

그림 2-6

구포동 성당의 측면 부분
성당 건물의 지붕, 창문, 기둥들은 모두 한국식과 서양식이 혼합된 형태로 건립되었다.

때까지 이런 저습지의 대부분은 경작이 되지 않은 채 그대로 방치되어 있었으며, 지가 또한 크게 낮았다. 곰베르 신부는 소액의 자본으로 이 일대의 토지를 매입하여 농토로 개간한 다음 가톨릭 교도들로 하여금 경작하게 할 계획을 가지고 있었다. 여기에 정착한 가톨릭 교도들은 성당을 중심으로 교우촌을 설립하고 논벼를 비롯한 작물들을 재배하였다.

또한, 곰베르 신부는 프랑스로부터 포도종자를 안성읍으로 들여와 처음으로 재배를 시도한 사람이다. 그는 미사를 비롯한 가톨릭 의식에서 사용할 포도주를 조달하기 위하여 포도를 직접 재배하기로 하였던 것이다. 그는 1901년 프랑스로부터 귀환할 때 32종에 달하는 포도종자를 가지고 와서 안성읍에 있는 구포동 성당 뒤쪽 산기슭에 심었다. 여기에서 실험적으로 재배한 종자 중에서 무스캇(Muskat) 또는 블랙함부르크라고 불리는 포도종자가 안성읍 일대의 토양과 기후에 가장 적합하다고 판명되었다. 이때부터 포도밭이 안성읍 주위로 널리 퍼져 나갔는데, 오늘날까지 미양면, 서운면, 일죽면 일대는 포도 과수원이 가장 많은 고장으로 알려져 있다. 현재는 시장 판매를 목적으로 포도를 재배하는 과수지대가 안성시 동쪽에 있는 산간 계곡에 형성되어 있다.

2. 안동시를 중심으로 하는 낙동강 상류 유역의 서원

행정 구역상 현재의 안동시를 중심으로 그 주위의 영주시, 봉화군, 예천군, 의성군, 영양군, 청송군의 7개 시·군에는 유교 문화와 관련된 유적들이 많이 남아 있다. 이 지역은 자연 지리적인 지역 단위로 낙동강 상류 유역에 해당된다. 이곳에는 한옥 고가, 반촌, 재실, 사당, 사우(祠宇), 서원(書院), 정자 등이 밀집되어 있다. 그중에서도 서원은 한국의 다른 지방과 비교가 되지 않을 만큼 집중적으로 분포하고 있다. 조선시대에 서원을 건립하려면 조정이나 관아의 허가가 전제되어야 했으므로, 서원의 많고 적음은 그 지방의 유교 문화가 성행한 정도를 가늠하는 기준이 되기도 한다. 이와 같이 서원을 비롯한 유교 경관이 밀집되어 있다는 이유에서 관련 학계에서는 낙동강 상류 유역을 '안동문화권(安東文化圈)'이라고 특별히 지칭하여 왔다.

이러한 안동문화권의 중심이 되는 현재의 안동시(安東市)는 동쪽으로 영양군, 청송군, 서쪽으로 예천군, 남쪽으로 의성군, 북쪽으로 영주시, 봉화군과 인접하고 있다. 이 일대는 북쪽 방면으로 봉수산(579m), 미면산(461m), 연점산(871m) 등이 솟아 있고, 남서 방면으로 보문산(643m), 백자봉(369m), 갈라산(570m) 등이 병풍 모양으로 둘러싸고 있다. 따라서 이 지역의 지세는 대체로 동북 방면은 높고 남서 방면은 낮은 특색을 하고 있다. 이러한 산들 사이로 흐르는 낙동강 본류와 그 지류인 반변천은 안동시 일대에서 합류한 다음 서쪽 방향으로 흐르는데, 낙동강 본류 유역에는 풍산평야라는 충적지형이 형성되어 있다.

안동문화권이라고 불리는 낙동강 상류 유역은 북쪽으로 소백산맥을 경계로 강원도, 충청북도와 분리되어 있고, 동쪽으로 태백산맥을 경계로 동해안 지방과 구분된다. 반면에 남서쪽으로는 비교적 개방되어 있으나 남쪽으로 보현산과 팔공산으로 이어지는 산지를 경계로 대구분지와 격리되어 있다. 그리고 서쪽으로는 남쪽 방향으로 흐르는 낙동강 본류에 의해 문경시 또는 상주시와 구분된다.

낙동강 상류 유역은 전체적으로 하나의 분지에 해당하지만 내부적으로는 크고 작은 하천의 유역 분지들로 쪼개져 있는 지세를 하고 있다. 이러한 지세 조건은 이 지역 전체와 외부와의 문화 교류를 차단하는 한편, 내부적으로는 분지 상호간 문화 교류가 제한되는 효과를 가져왔다. 결과적으로 이 지역은 외부와 차별되는 문화적 동질성을 구성하기에 유리한 자연환경을 갖추고 있다고 하겠다. 조선 왕조의 개창에 반대한 성리학자들이 지방으로 은거할 때 낙동강 상류 유역은 사림파의 본거지가 되면서 유교 문화를 중심으로 하는 문화적 동질성을 띠게 되었던 것이다. 특히, 조선 중기 이후에 이 지역은 당파적으로 동일한 세력에 의해 지배되는 하나의 유교문화권을 형성하게 되었다.

한국인 대다수가 불교도나 기독교 교도 또는 무속 신봉자라고 자칭하지만, 따지고 보면 그들은 모두 일정한 범위 안에서 유교도이다. 또한 다른 종교를 믿는다고 주장하는 사람들조차도 유교적인 제의에 정기적으로 참석하고 일상생활 속에서 유교적인 가치관을 추구한다. 그만큼 유교는 한국인의 생활에 심오하고 지대한 영향을 끼쳤다.

그러나 유교의 영향력은 불교·기독교·무속 신앙에 비하면 외부로 표현되지 않고 오히려 내부에 잠재되어 있다. 전국 각지에서 눈에 띄는 불교 사원의 공통점은 화려하게 치장이 되어 있다는 것이다. 기독교 교회는 농촌이나 도시 할 것 없이 전국 어디에서든지 발견되는 종교 건축물이다. 하지만 사우(祠宇)나 서원과 같은 유교 건축물들은 의외로 도시나 농촌 어디에서도 눈에 잘 띄지 않는다. 일반적으로 유교적인 건축물들은 매우 검소하고 단순하며 상징성이 크게 풍부하지 않은 특징이 있다.

유교 건축물 중에서 향교는 공적인 교육 기관으로 성균관과 달리 공자와 18인의 한국인 유학자의 위패가 모셔져 있었다. 서원은 사적인 교육 기관으로, 이곳에는 지방 행정 구역과 관계가 있는 하나 또는 그 이상의 한국인 유학자나 성인이 배향(配享)되어 있다. 이때 배향되는 인물들의 출생지가 반드시 서원이 설립된 지방 행정 구역과 일치하지는 않았다. 때때로 그들은, 자신들의 제자들이 출생한 행정 구역에 설립된 서원에 배향되기도 했다.

유학자들은 벼슬길에 나아가지 않을 때 산속이나 숲 속에서 자신들의 친족과 제자들의 존경을 온몸에 받으면서 은둔하기를 좋아하였다. 그들은 산속이나 숲 속에 은둔하면서도 혈연과 학연을 근거로 막강한 응집력을 가진 사회·정치적 집단을 구성할 수 있었다. 서원은 본래 중국 송대의 서원을 모델로 하여 유교 교육의 지방 중심지로 출발하였지만, 점차 사회·정치적 세력의 지방 근거지로 발전하였다. 이런 현상은 동양 삼국 중에서 한국에 국한된 것으로 16세기 초반부터 전국적으로 확산되었다. 이 시기부터 지방의 양반층, 즉 관직에서 물러난 사대부와 그 후손들은 서원을 자신들의 사회·정치적 세력을 확장하고 유지하는 수단으로 활용하였던 것이다. 조선 왕조는 유교에 의한 백성의 교화를 중시하였으므로 충신이나 성인을 배향하는 서원에 대하여 재정적인 지원을 아끼지 않았다. 서원의 숫자는 16세기 초반부터 점진적으로 증가하여 19세기 중반에는 전국적으로 650개 이상에 달하였다. 이중에서 국가로부터 토지와 노비를 하사받고 면세의 특권을 부여받은 서원이 무려 264개나 되었다.

현재의 안동시를 중심으로 하는 낙동강 상류 유역은 서원의 분포 밀도가 한국에서 가장 높다. 한국 최초의 서원인 소수서원도, 현재의 안동시에서 멀리 떨어져 있지 않은 곳에 1542년 설립되었다. 소수서원은 낙동강 상류의 지류변 평지에 건립되었는데, 처음에는 백운동서원이라고 명명되었다.(그림 2-7) 당시 소수서원이 자리 잡은 위치에는 원래 고려시대에 숙수사(宿水寺)라는 불교 사찰이 있었다. 전해 내려오는 말에 의하면, 소수

그림 2-7

하천 변에 자리 잡은 소수서원
서원 입구에 남아 있는 당간 지주는 소수서원 터에 숙수사라고 하는 불교 사찰이 있었음을 증명하고 있다. 하천 변 평지에 위치한 소수서원은 계곡의 경사면에 자리 잡은 서원과 같은 건물의 공간적인 배치를 가지고 있지 않다.

서원이 건립될 때 이 사찰은 이미 폐사가 되어 있었다고 하기도 하고 그렇지 않았다고 하기도 한다. 사실, 안동시 일대에서 조선시대에 서원이 들어선 자리에 원래 불교 사찰이 건립되어 있었던 경우는 적지 않다. 조선시대 낙동강 상류 유역은 서원의 최적 입지 지역으로 각광받았으므로 이 지역에 서원의 설립이 상대적으로 집중된 것은 당연한 귀결이었다. 안동시를 중심으로 하는 낙동강 상류 유역에서 서원의 숫자가 급증한 시기는 17세기 후반부터 19세기 초반까지로, 이때 현재의 안동시는 이른바 유교 문화 지역의 핵심부로 부상하였다.(그림 2-8)

안동시를 중심으로 하는 낙동강 상류 유역에 서원의 분포가 상대적으로 집중되어 있는 이유는 퇴계 이황이라는 인물과 자연 조건에 있다. 퇴계 이황이 죽은 지 4년 후인 1574년 그의 제자들은, 그가 생전에 성리학을 가르치던 서당이 있었던 장소에 도산서원(陶山書院)을 설립하였다. 이때 설립된 도산서원은 절대적 위치와 공간적 배열에 있어서 소수서원에 비해 서원 건축의 일반적 원리를 보다 충실히 이행했다. 이후 이황의 제자들과 그들의 제자들은 자신들이 토지를 확보하는 곳에 새로운 서원을 건립하였다. 그들이 이황이라는 위대한 유학자의 제자라는 사실은, 그들이 서원을 신설하도록 조선 왕조에 공인을 요청하는 합법적인 근거가 되었다.

퇴계 이황은 성리학의 양대 산맥의 하나인 영남학파 또는 퇴계학파의 창시자가 되었으며, 오늘날까지 율곡 이이와 함께 성리학의 대학자로 추앙되고 있다. 이황의 가르침을 일반 백성들에게 퍼뜨리는 것은 조선 왕조의 입장에서도 바람직한 일이었다. 왜냐하면, 이황의 학문과 사상은 성리학이라는 정치적인 이데올로기를 토대로 새로운 사회를 건설하려는 조선 왕조의 노력에 도움

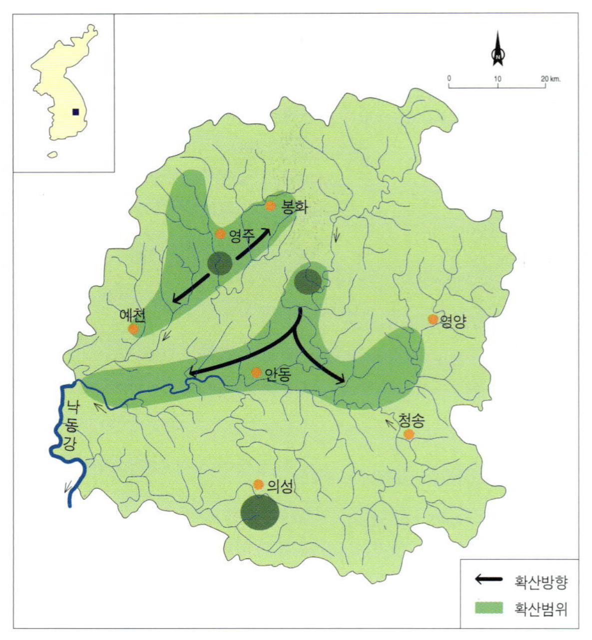

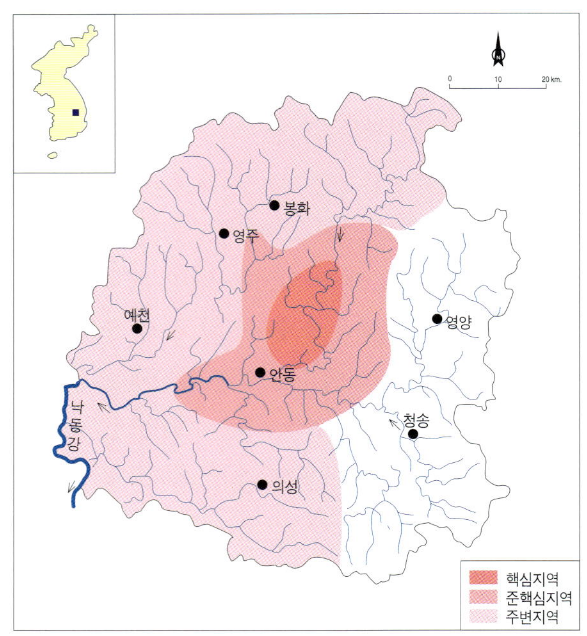

출처: 權範基, 慶北 北部地方 書院文化地域의 形成過程, 한국교원대학교 석사학위논문, 1996, p.53, 57

그림 2-8

안동시를 중심으로 하는 서원의 전파·확산 과정(왼쪽)과 안동문화권의 지역 구조(오른쪽)　내성천과 낙동강 본류 유역의 분지는 전파·확산의 초기 단계에 서원 문화의 기원지였다. 이후 최종 단계에서 안동시와 그 주변은 서원 문화 지역의 핵심부로 등장하였다. 하지만 안동시의 동쪽으로는 서원의 전파·확산이 그다지 활발하지 못하였다.

이 되는 것으로 판단했기 때문이다. 하지만 낙동강 상류 유역에 서원을 건립하는 이유는 단순히 성리학의 교리를 일반 백성들에게 보급하기 위한 것만은 아니었다. 이곳에 서원을 건립하는 숨은 동기는 다름이 아니라 혈연과 학연에 근거한 사회적 관계를 강화하는 한편, 자신들이 거주하는 지역에서 초법적인 권력을 행사하기 위한 것이기도 하였다.

일찍이 공자는 "지혜로운 사람은 물을 즐기고 어진 사람은 산을 즐긴다. 지혜로운 사람은 동적이요 어진 사람은 정적이니, 지혜로운 사람은 늘 즐거워하고 어진 사람은 오래 산다"라고 하였다. 이에 대하여, 주자는 "사리에 통달한 지식이란 두루 흘러 막힘이 없는 것이 물과 같다면, 어진 덕은 의리에 편안하고 두터이 하여 옮기지 않는 산과 같다"라고 하였다. 여기에서 강조되고 있는 사실은 자신의 어진 덕을 쌓아갈 수 있고 물을 좋아하는 가운데 지혜를 확장해 나갈 수 있는 환경으로서의 산과 물의 중요성이다. 낙동강 상류 유역에는 이와 같이 산과 물을 함께 갖추고 있는 장소가 다른 지방에 비해 많이 있었던 것이다.

주자에 따르면, 유학자는 인간사에 깊이 개입되면 곤란하지만 그렇다고 해서 불교의 승려와 같이 인간세계로부터 너무 격리되어서도 안 된다고 하였다. 불교나 도교의 승려는 신비로운 바위와 폭포가 있는 심산유곡을 수도생활의 장소로 즐겨 이용한다. 그들은 여기에 머물면서 인간들이 모여 사는 세속을 단호하게 끊는 수도생활을 통하여 생사를 초월하는 진리를 찾는다. 이에 반해, 선비들은 비록 산속에서 한가롭게 심신을 수양하면서도 언제나 대중들의 세상을 내다보고 그 세상을 위하여 유용한 도리를 닦았다. 아늑한 산자락 맑고 잔잔한 냇물이 흐르는 계곡에 자리 잡은 선비들의 거처는 세속과 떨어졌으면서도 떨어질 수 없는 '불리부잡(不雜不離)'이라는 성리학의 이기론(理氣論)과 상통하는 것이다.

더구나 낙동강 상류 유역에는 남쪽 방향으로 열린 계곡이 많이 있을 뿐만 아니라 이러한 계곡들 대부분이 곧게 뻗어 있지 않고 곡선으로 휘어져 있다. 신유학, 특히 주자학의 창시자인 중국 남송(南宋)의 주희(朱熹)는 이런 계곡들을 가리켜 자기 수양을 하기에 적합한 자연 조건을 갖춘 장소라고 묘사한 바 있다. 12~13세기에 남송의 주희를 비롯한 신유학자들은 공자의 가르침을 재해석하는 과정에서 이상적인 수도처(修道處)를 이와 같이 묘사하였던 것이다.

주희는 성리학의 탐구에 이상적인 장소를 계류(溪流)가 아홉 구비를 돌아가는 계곡으로 규정하고 이를 특별히 지칭하여 '구곡(九曲)'이라고 하였다. 그는 이런 지세 조건을 갖춘 계곡을 중국 남부에서 찾아 무이구곡(武夷九曲)이라고 지칭하고, 무이구곡가(武夷九曲歌) 10수(首)를 지어 자세히 묘사하였다. 그는 1곡(曲)에서 9곡에 이르는 물의 아홉 구비마다 고유한 명칭을 붙여 성리학의 경지에 비유하였다. 이 명칭들은 하류에 있는 1곡에서 상류에 있는 9곡으로 올라가면서 학문이 낮은 단계에서 높은 단계로 진보하는 과정을 상징하고 있다. 조선시대에 선비들이 이러한 주희의 무이구곡가를 모방하여 자신이 은거할 구곡을 정하고 구곡가를 지은 경우가 적지 않았다.

죽계구곡과 선유동구곡은 이황 자신이 직접 답사하여 찾아낸 구곡이지만, 반변천구곡(半邊川九曲)과 와계구곡(臥溪九曲)은 이황의 제자들이 죽계구곡을 모델로 삼아 설정한 구곡이다. 그들은 이러한 구곡에 정사(精舍)나 서원(書院)을 짓고 학문을 연마하고 인격을 수양하고자 하였던 것이다.

그리고 이황의 제자들이나 그들의 제자들이 이러한 유형의 계곡을 찾아 내지 못할 경우에는 서원의 입지를 최소한 계류 변에 설정하였다. 예를 들면, 1613년 서애 류성룡을 배향하기 위해 설립된 병산서원은 아홉 구비를 갖추지 않고 단순히 자유 곡류하는 하천의 퇴적(방어) 사면에 위치하였다. 병산서원의 문루와 다른 건물들은 대부분 전면에 병풍 모양으로 생긴 침식(공격) 사면을 마주보고 있다. 특히 이 침식 사면은 모양이 마치 병풍과 같이 생겼다고 하여 병산(屛山)이라는 이름이 붙었으며, 병산서원의 명칭도 여기에서 비롯되었다고 한다.(그림 2-9)

건축 양식의 측면에서 서원은 불교의 사원에 비해 지극히 검소하고 소박한 것이 특징이었다. 서원의 공간을 구성하는 기본 원리는 성균관이나 향교의 경우와 크게 다를 바가 없었다. 서원을 구성하는 건물로는 사당, 강당, 동·서재, 서고 등이 있었는데, 사당에는 하나 또는 그 이상의 성인이나 학자들의 위패가 안치되어 있었다.(그림 2-10) 서원의 규모가 큰 경우에는 건물들 2층에 문루가 건립되어 있었다. 서원의 규모가 가장 작은 경우에는 사당만 있거나 아니면 여기에 겨우 강당만이 추가된 공간 구성을 하고 있었다. 이런 유형의 서원은, 서원이 교육 기관으로서의 원래 기능을 상실하는 18세기 후반부터 세간에 출현하기 시작하였다. 이때부터 서원은 사회적 특권을 과시하고 가문의

그림 2-9

병산서원 입구
1613년(광해군 5) 정경세를 중심으로 하는 지방 유림이 류성룡의 학문과 덕행을 추모하기 위하여 존덕사를 창건하였다. 1629년 그의 아들 류진을 추가로 배향하였으며, 1863년(철종 14) '병산' 이라는 사액을 받아 사액 서원으로 승격되었다.

그림 2-10

덕천서원　남명 조식 선생이 타계하고 5년이 지난 선조 9년(1576)에 건립되었고, 광해군 1년(1576)에 사액을 받았다. 전면이 보이는 건물은 경의당(敬義堂)이라는 강당이다.(왼쪽) 이 강당 뒤에 조식 선생의 위패를 모신 '숭덕사(崇德祠)'라는 사우가 있다.(오른쪽)

사회적 권력을 유지하는 기념물로 변질되었던 것이다.

　문중에 의해 설립되어 유지되는 서원들은 대부분 학자로서 명망이 있는 자기 조상들을 배향 인물로 모시는 종교적 장소에 불과하였다. 문중의 후손들은 문중 내부의 결속력을 다지기 위하여 이러한 조상들의 업적을 추모하는 유교적 제의를 주기적으로 거행하였다. 이런 문중 서원의 숫자는 영남학파 또는 퇴계학파의 진원지인 소수서원과 도산서원으로부터 거리가 멀어질수록 증가하는 경향이 있었다. 또한 문중 서원은 대부분 계류가 없는 산이나 구릉의 기슭과 마을 한가운데 위치하고 있었다.

3. 서울 영등포구의 개신교 교회

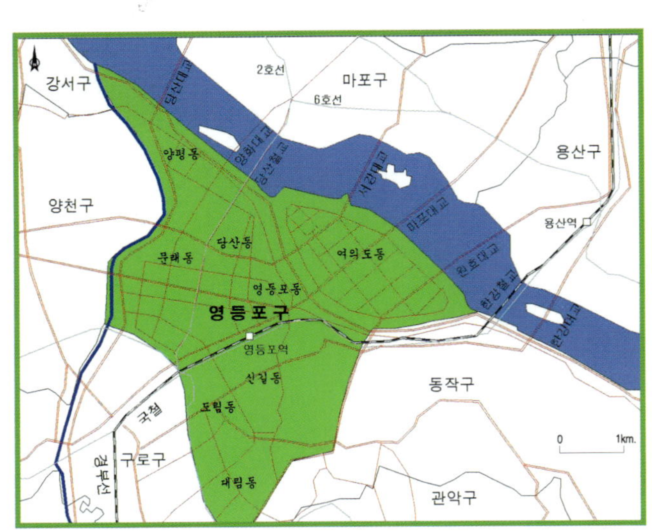

영등포구는 서울의 서남부로 흐르는 한강 이남에 위치하며, 한강을 사이에 두고 북쪽으로 마포구와 마주보고 있다. 그리고 서쪽으로는 양천구와 강서구, 남쪽으로는 구로구, 동쪽으로는 동작구·용산구와 인접하고 있다. 영등포구는 대체적으로 하중도(河中島)인 여의도를 비롯하여 한강, 안양천, 도림천 유역에 저평한 범람원이 발달해 있다. 다만 동남부에 위치한 신길동 일대에 예외적으로 해발 고도 30~40m 정도의 구릉지가 국지적으로 펼쳐지고 있을 뿐이다. 하지만 여의도나 선유봉(현재의 선유수원지)과 같은 하중도와 자연제방이나 배후습지와 같은 하천 퇴적 지형들이, 지금은 대부분 인공적으로 변형 또는 파괴되어 있는 상태이다.

1925년 을축년 대홍수가 발생하기 전인 1921년에 현재의 영등포구는, 신길리(현재의 신길동), 영등포리(현재의 영등포동), 양평리(현재의 양평동)에 취락이 분포하였다. 도림천과 안양천 주변은 국지적으로 논농사가 행해지고 있었으며, 아직 개간이 되지 않은 곳은 저습지로 방치되어 있었다. 백사장, 습지, 밭 등이 분포한 여의도에는 일제가 군인을 양성하는 연병장을 설치하기도 했다. 1925년 대홍수의 참사를 겪은 후 한강 유역에는, 1927년부터 1938년까지 12년간 3만 2,648m의 제방이 축조되었다. 특히, 안양천은 1929년부터 1937년까지 9년간 2만 5,227m의 제방이 축조되어 홍수로부터 어느 정도의 안전성이 확보되었다.

제방 축조 이후인 1939년에 일제는 영등포역 일대를 4개 지구로 구분하여 토지 이용을 극대화하려는 계획을 입안하였다. 영등포 역전은 상업지구, 현재의 문래1동·당산동·양평2동은 공업 지구, 신길동과 대방동에서 동쪽으로 흑석동과 동작동까지는 주거지구, 여의도와 한강변에 위치한 양평동(현재의 양평1동·문래2동)은 혼합지구로 지정하였다. 광복 이후에는 이러한 토지 구획 정리 사업이 경제적인 어려움 속에서도 계속되어 문래동, 양평동, 당산동에 비교적 계획적인 도로망과 공장지대가 형성되었다.

이에 따라, 1960년대까지 문래동, 양평동, 당산동은 전역에 걸쳐서 시가지화가 진행되었으며, 도림동과 신도림동(현재의 대림동)의 상당한 부분이 시가지화가 되었다. 반면에 신길동과 오늘날의 동작구로 이어지는 구릉지에는 서민 주택이 밀집되어 있었다. 이 시기에 영등포구 내에 입지한 제조업체는 문래동을 중심으로 총 29개소로, 서울의 대표적인 공업 중심지로 부상하였다. 1960년대 말부터 1970년대 전반까지 한강 주변은 다시 대규모의 제방 축조 사업이 실시되었다. 여의도에는 국회의사당을 비롯한 각종 업무 기능과 대규모의 아파트가 건설되어 영등포구에서 가장 변화의 정도가 심하였다.

1967년부터 제2차 경제개발계획이 실시되면서 영등포구는 양평동, 양화동, 당산동, 문래동을 중심으로 전극적인 공업지대로 성장하였다. 그 결과 영등포구는 전국 각지의 젊은 노동자들이 유입되면서 공장 부근은 그들이 거주하는 불량주택들로 군집을 이루었다. 1980년대에 들어서 영등포구는 공업적 토지 이용이 더욱 특화되어 수많은 제조업체들이 입지하게 되었다. 특히 여의도는 중심 업무 기능을 지닌 67개소의 업체들이 경쟁적으로 입지하여 업무 중심지로 발전하였다. 1970년대 여의도에는 아파트 건설 붐이 일어났지만 영등포구의 나머지 지역은 여전히 공업적 토지 이용이 우세했다.

1990년대에는 안양천 우측을 따라 양평동, 문래동, 도림2동에서 공업 용지가 우세한 가운데 곳곳에 아파트 단지의 건설이 시도되었다. 신길동 일대와 양평동, 당산동, 문래동 일대에도 공장이 이전한 자리에 아파트가 들어섰다. 또한 상업적 용지의 면적도 크게 신장되어 대형 백화점과 전문유통상가 등이 새로이 입지하였다. 여의도동은 업무와 주거 기능으로 특화된 구역을 제외하면 주상공(住商工)의 기능들이 복합적으로 혼재된 혼합 용지로 사용되었다.

가톨릭이 전래된 지 100년이 지난 1884년에야 비로소 개신교 선교사가 한국 땅에 최초로 상륙하였다. 20세기 초반까지 한국 땅에는 개신교 교도보다 가톨릭 교도가 더 많았지만, 후반에는 개신교 교도의 숫자가 가톨릭 교도의 숫자를 능가하였다. 1898년 한국 정부가 종교의 자유를 공인하고 난 후에는 개신교 교도로 개종하는 한국인의 숫자가 가톨릭으로 개종하는 한국인의 숫자를 훨씬 앞질러 나갔다. 그 결과 오늘날에도 한국인들은 기독교라고 하면 가톨릭을 제외한 개신교만을 머리 속으로 떠올린다.

미국에서 파견된 언더우드 목사는 1887년 새문안교회라는 한국 최초의 장로교회를 서울 시내에 설립하였다. 이때부터 교회의 숫자는 다른 어느 종교보다도 급속도로 증가하였다. 곧 이어 다른 개신교 종파들이 장로교의 뒤를 따라 한국 땅에 전래되었다. 오늘날 한국인 1,200만 명가량이 개신교 신자라고 자칭하는데, 이는 1940년 현재 개신교 신자가 50만 명에 불과하였던 것과 확연히 다른 것이다. 한국에서 100년이 겨우 넘는 기간에 기독교, 특히 개신교는 3대 종교의 지위를 확보하였던 것이다.

서울을 처음으로 방문하는 외국인들은 붉을 색깔의 십자가 수천 개가 서울의 밤하늘을 장식하고 있는 모습에 몹시 놀랄 것이다. 한국에서 기독교 신자는 전국 인구의 20% 이상을 차지하지만, 그 대부분이 서울과 같은 대도시에 집중되어 있다. 특히 영등포구는 서울 시내에서도 개신교 교회가 일찍부터 집중적으로 분포하고 있는 곳이다. 이곳에는 건립 연도가 오래된 개신교 교회와 신축 교회가 영등포역을 중심으로 밀집되어 있다. 잿빛의 시멘트로 지은 공장과 상점 건물들이 도시 경관 전체를 압도하고 있는 이곳에, 빨간 벽돌로 지은 교회 건물들은 십자가와 함께 곧잘 눈에 뜨인다.

영등포역 일대는 서울의 부도심으로 개신교 선교사들이 비교적 일찍부터 교회의 설립을 시도한 지역이다. 이 지역 최초의 교회는 1903년 언더우드 목사가 영등포역 부근에 설립한 영등포 장로교회이다. 그후 영등포구에는 개신교 교회가 잇달아 들어섰으며, 그중에서 여의도 순복음교회는 많은 신자수로 유명하다. 여의도 순복음교회는 조용기 목사가 1973년 설립한 후에 폭발적인 성장을 거쳐 무려 70만 명(1992년 기준)의 신도를 가진 초대형 교회로 발전하였다.(그림 2-11)

한국에서 개신교는 도시화와 더불어 급속하게 성장한 것으로 보인다. 개신교 선교사들은 선교 초기부터 도시화가 급속하게 진행되고 있는 서울과 같

여의도 순복음교회
건물과 아파트 숲 속에 위치하고
있으며, 세계에서 가장 많은 신도
수를 가지고 있다. 이 교회의
신도들은 교회에서 가까운 곳뿐만
아니라 먼 곳에도 거주하고 있다.

은 대도시를 중심으로 포교 활동을 하였다. 그들은 인구가 집중되는 교통의 요지, 주거 구역, 공장지대 등을 교회의 최적 입지 지점으로 잠재적인 평가를 하였다. 개신교 교회는 가톨릭 교회나 불교 사찰과 달리 이와 같은 인문지리적 조건에 부합되는 지점에 입지하는 경향이 분명하였다.(그림 2-12)

또한, 영등포구에서 개신교 교회는 선교 활동을 비교적 일찍부터 전개하였으므로 개신교 교도의 숫자는 가톨릭 교도 숫자에 비해 빠른 속도로 성장하였다. 최초의 가톨릭 교회는 최초의 개신교 교회가 설립된 1903년보다 30년이나 늦은 1936년에 설립되었다. 하지만 최초의 불교 사찰은, 개신교 교회는 물론 가톨릭 교회보다도 훨씬 뒤늦은 1978년에야 비로소 설립되었다. 1995년 현재, 영등포구 전체 인구의 52%에 달하는 종교 인구 중에서 개신교 교도는 47.8%, 불교도는 34.7%, 가톨릭 교도는 15.7%를 차지하였다. 불교도의 상당수가 실제로는 불교로 치장된 무속 신앙(샤머니즘)을 믿는다는 사실을 감안하면 영등포구의 순수한 불교 신자는 34.7%에 훨씬 못 미칠 것으로 추정된다.

1945년 광복 이전에 영등포구에는 장로교회가 개신교 세력을 대변하고 있었으며, 장로교에 속하지 않는 개신교 교회라고는 오직 영등포 감리교회(1936년) 하나뿐이었다. 특히 1970년대와 1980년대에는 장로교회가 도시 인구의 폭발적 성장과 더불어 우후죽순처럼 새로이 생겨났다. 오늘날 개신교의

그림 2-12

평강교회
언뜻 보면 교회가 아닌 다른
건물로 인식할 정도로 개신교
교회의 전형적인 건축 양식을
탈피한 모습을 하고 있다.

교세에 있어서 장로교회는 역시 부동의 수위를 고수하고 있으며, 감리교회가 그 뒤를 힘겹게 쫓아가고 있는 형편이다. 성결교, 침례교, 구세군, 성공회와 같이 1945년 광복 이후에 영등포구에 소개된 교파들은 장로교나 감리교와 경쟁하기 어려울 정도로 교세가 보잘것없다.

조선 후기까지 현재의 영등포구는 한강의 범람으로부터 자유로운 구릉지대가 약간 분포할 뿐 나머지 대부분 지역은 홍수의 피해에 노출된 저습지대였다. 이 일대는 당시에 한강과 그 지류인 안양천이 만나는 곳으로 늪지를 포함하는 범람원, 자연제방, 배후 습지 등으로 되어 있었다. 안양천에 인접한 현재의 양평동과 도림동은 농사를 짓지 않을 뿐만 아니라 사람도 살지 않는 곳이었다. 여기서 국지적으로 농사를 짓는 곳도 홍수로 인해 농경지가 자주 파괴되기 때문에 4년에 한번 꼴로 추수하는 정도에 불과하였다. 현재의 영등포구에서 농사가 매년 지속적으로 가능한 곳이라고는 홍수의 침입을 받지 않는 해발 30~40m의 구릉지대에 위치한 신림동 일대뿐이었다. 현재의 당산동에서와 같이 범람원에 고립되어 있는 작은 구릉에는 어업, 상업, 선박업 등으로 생계를 유지하는 사람들이 소수 거주하고 있었다.

1899년에는 현재의 인천시 제물포와 서울시 노량진을 연결하는 경인선 철도가 개통되었다. 1900년에는 한강철교가 건설되면서 경인선의 노선이 노량진으로부터 영등포역을 거쳐 서울역까지 연장되었다. 이때부터 영등포역은 한강 이북과 이남을 연결하는 교통 중심지로서의 중요성을 가지게 되었다. 영등포역 일대는 원래 거주 인구가 거의 없었지만 철도역이 들어서면서 사람과 재화가 분주하게 오가는 일종의 '붐 타운(Boom Town)'으로 성장하였다.

1885년 들어온 미국인 언더우드 목사는, 이런 영등포역 일대의 상황을 주시하고는 여기에 1903년 영등포 장로교회를 설립하기로 결정하였던 것이다. 이 교회는 일본인 소유의 공장에서 노동자로 일하기 위하여 농촌에서 올라온 한국인들을 계속해서 포교 대상으로 삼았다. 1910년대부터 1930년대까지 일본인들은 현재의 영등포동을 중심으로 저습지를 개간한 다음 이곳에 대규모 공장들을 설립하였다. 그밖에 공업과 주거 구역은, 현재의 양평동과 도림동에서 저습지가 개간된 곳까지 확대되었는데, 이곳에 설립된 것이 양평동 장로교회와 도림동 장로교회이다.(그림 2-13) 양평 교회에는 지금도 100년 전에 언더우드 목사가 심은 느티나무가 여전히 살아 있다.

1929년부터 1937년까지 일제는 하천의 범람을 방지하기 위하여 안양천을 따라 제방을 건설하였다. 특히, 이런 제방들은 1945년 광복 이후에 한강 유역에서 급속하게 진행된 도시화의 물리적 기반이 되었다. 1960년대까지 한국에서 일어난 도시 성장의 원천은 해외와 북한 동포의 귀환과 농촌 인구의 유입이었다. 한국 전쟁 기간에 현재의 영등포구는 철도 교통의 요지이면서 서울의 도심에 가까운 관계로 북한으로부터 피난민들이 모여드는 장소가 되었다. 예를 들면, 양평동의 영은교회는 북한 피난민들에게 종교적 위안을 주기 위하여 1960년 설립되었다. 하지만 1970년대부터 한국의 도시화는 이른바 산업화를 수반한 것으로 영등포구에는 공장들이 많이 설립되었다. 특히 양평동, 문래동, 도림동에는 해태, 미원, 백양 등과 같은 대기업들이 공장을 서로 경쟁적으로 설립하였다. 이러한 공업 구역과 주거 구역을 중심으로 도시 인구가 성장하면서 장로교회의 숫자가 폭발적으로 증가하였다.(그림 2-14)

일제 식민지 지배 하에서 장로교회들은 한국인의 민족주의적인 정서에 호소하였으며, 1950년대와 1960년대에는 도시로 이주한 사람들에게 고향이나 가정과 같은 느낌을 주려고 노력하였다. 산업화와 함께 급변하는 도시의 환경 속에서, 도시로 유입한 농촌 주민들은 자신들이 살았던 마을과 같이 편안한 장소를 재창조한다는 것이 그다지 쉽지 않았다. 이런 애로 사항에서 착안해, 교회들은 농촌에서 도시로 이주한 사람들에게 고향집과 같은 느낌을 주는 장소를 제공하는 역할을 하기도 했다. 특히 한국 전쟁을 피해 북한에서 내려온 사람들에게 교회는, 도시라는 사막 속에 오아시스와 같은 존재가 되었다.

1970년대와 1980년대에 교회들은 노동자의 권익과 민주화를 위한 투쟁에 있어서 주도적 역할을 담당하였다. 양평동 장로교회와 도림동 장로교회의 목사

그림 2-13

양평동 장로교회
붉은 벽돌로 지어진 이 교회는 현대에 건립된 여느 교회들과는 다소 다른 모습이다.

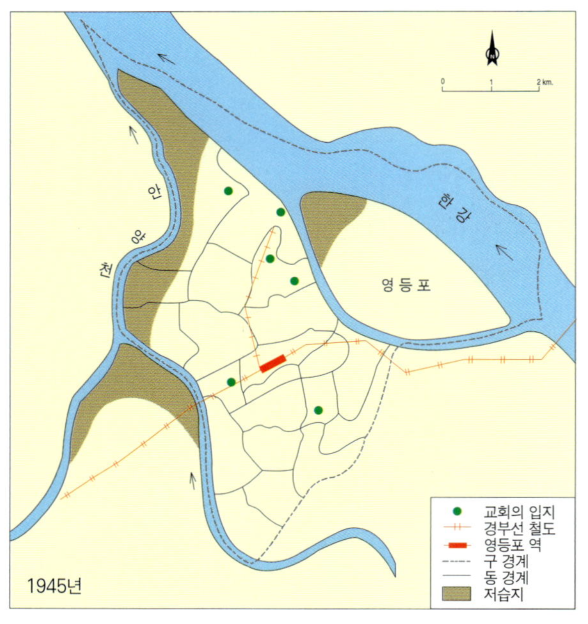

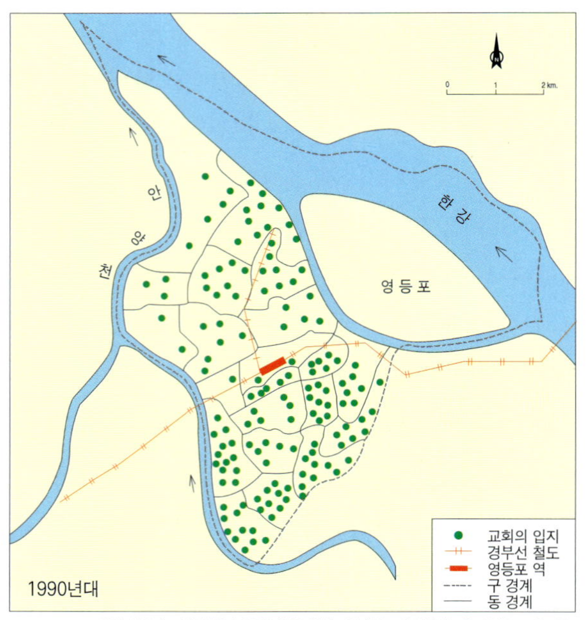

출처: 朴文圭, 宗敎空間의 場所化過程, 한국교원대학교 석사학위논문, 1999, p.60, 70.

그림 2-14

영등포구의 개신교 교회　일제 강점기 개신교 교회들은 대부분 철도 노선 부근에 형성된 공업과 상업 지구에 건립되었다. 광복 이후 개신교 교회가 사방으로 퍼져 나간 결과 영등포구에서 개신교는 가장 중요한 종교가 되었다.

들은 유신체제, 즉 박정희 독재정권에 맞서 부정부패와 노동자들에 대한 탄압과 착취에 강력하게 대항한 것으로 유명하다. 이때 이곳은 '1일 8시간 노동, 1주일 1일 휴무'라는 노동자의 합법적인 권리를 얻기 위해 투쟁하는 진실한 장소였다. 이 기간에는 개신교, 특히 장로교로 개종하는 공장 노동자들이 현저하게 증가하였다. 오늘날에도 양평동과 도림동은 영등포구에 있는 다른 동에 비해 개신교 교도가 많이 살고 있다.

4. 영취산의 통도사

통도사가 위치한 경상남도 양산시(梁山市)는 2001년 현재, 인구 19만 5,721명으로 북동쪽은 울산광역시, 남동쪽은 부산광역시 기장군과 금정구, 남서쪽은 김해시, 북서쪽은 밀양시에 인접해 있다. 양산시 북쪽에서 동쪽으로는 영취산(취서산: 1059m)에서 원효산(992m)을 거쳐 금정산(802m)에 이르는 태백산맥의 주능선이 뻗어 있다. 북쪽에는 태백산맥의 말단부에 속하는 영취산, 정족산, 향로봉, 염수산, 천성산, 원효산 등이 늘어서 있고, 동쪽에는 대운산, 용천산, 철마산, 적은산 등이 솟아 있다. 양산시 중앙으로는 양산천(梁山川)이 남쪽으로 흐르고 있으며, 하천 양안에는 양산평야라는 충적평야가 발달해 있다. 따라서 양산시는 전체적으로 북쪽에서 남쪽으로 갈수록 낮아지는 지세를 하고 있다.

산지가 많은 양산시는 낙동강으로 유입하는 양산천 하류에 소규모로 평야가 발달되어 있을 뿐 전체적으로 경지율이 매우 낮은 편이다. 영취산에서 발원하여 직선상의 구조곡을 흐르는 양산천은 골짜기가 시원하게 트여 있고 하안 단구가 발달하여 있다. 과거에 양산천 골짜기는 외부와의 교통이 불편한 감이 없지 않았지만 경부고속도로가 통과하고 인터체인지가 설치되면서 외부와의 접촉이 쉬워졌다.

양산시는 부산에 인접하여 있는 지리적 이점과 양산천과 덕계천의 유리한 수리 조건을 이용한 채소나 화훼를 재배하는 근교농업이 발달하였다. 또한 통도사와 내원사가 위치한 가지산 도립공원과 홍룡 폭포, 배내골 등의 명승지

주변에는 관광산업이 발달하였다. 특히, 양산 신도시의 건설과 함께 양산 지방 산업단지, 북정 · 산막 · 소주 공업지구, 웅상 농공단지, 어곡 지방산업단지가 건설되면서 양산시는 신흥 공업도시 또는 부산의 위성도시로 거듭나고 있다.

양산시의 중앙을 가로지르는 양산천 구조곡은 경주에서 낙동강 유역으로 접근하는 통로였다. 때문에 현재의 양산시 일대는 일찍이 신라와 김해의 가락국이 오랫동안 서로 쟁탈을 벌이던 지역이었다. 양산시 중부동의 양산 읍성은 신라 때 쌓은 후 조선시대에 증축한 것으로, 그 주변에는 신라시대의 산성들이 남아 있다. 그리고 물금과 삼랑진 사이에서 낙동강 계곡은 매우 좁아지는데, 이 협곡으로는 낙동강 계곡을 따라 동래부로 가는 조선시대의 역로가 통과하였다.

현재에는 이곳으로 경부선 철도를 비롯하여 국도 7호선, 경부고속도로, 35번 국도가 통과하고 있다. 따라서 현재의 양산시는 부산시나 울산시를 연결하는 남북 방향의 내왕이 용이한 반면 동서 방향의 교통은 불편하다. 동서 방향의 교통 편리를 위해 국가 지원으로 지방도 60호선이 계획되어 있지만 연결 도로망이 미흡한 것은 여전하다.

양산시 제일의 관광지인 통도사가 위치한 양산시 하북면은 울주군 삼남면과 이웃하고 있다. 하북면의 북단에는 '영남의 알프스' 라 불리는 1,059m의 영취산이 솟아 있다. 취서산이라고도 불리는 이 산의 남쪽으로는 능선 하나가 뻗어 있는데, 그 능선의 산록에 통도사가 자리 잡고 있다. 행정 구역상으로 양산시 하북면 지산리에 속하는 통도사는 북쪽으로는 산봉우리가 둘러쳐져 있지만 사찰 전면으로는 넓은 들이 펼쳐져 있다.

한국의 불교는 기독교에 비해 훨씬 오랫동안 일상생활에 뿌리를 내리고 한국 문명의 필수적인 요소가 되어 왔다. 한국에서 불교의 역사는 삼국시대로부터 비롯되었지만 불교가 한국인의 일상생활의 일부가 된 시기는 고려시대이다. 삼국시대만 해도 불교는 일반 백성들을 위한 종교라기보다는 일반 백성들에 대하여 왕권을 강화하는 이데올로기(이념)적 도구로 이용되었다. 불교가 왕족 또는 귀족의 상류층으로부터 귀족의 하류층과 일반 백성들에게 종교로 전달된 것은 고려시대에 들어와서이다.

고려시대에 들어와 불교와 국가와의 관계는 더욱 긴밀해지고, 한국인의 생활에서 불교가 차지하는 중요성은 더욱 증대되었다. 이 시기에 불교는 일상적인 종교로 그치지 않고 정치 · 사회적 권력의 경쟁에 이데올로기로 이용되었던 것이다. 조선시대(1392~1910)에 들어서면서 불교는 그 이전에 향유하던 국가의 비호를 상실하고 유교의 지배를 받는 위치로 전락하였다. 불교 사찰들은 면세되던 토지의 대부분을 빼앗기고, 승려들은 이제 더 이상 조정에 왕사(王師)로 초빙되지 않았다. 수도 한양의 사대문 안에는 불교 사찰의 건설과 승려의 출입이 왕명으로 금지되었다. 신우학을 숭상하는 지배 집단은 불교의 교리와 의식을 무속과 같이 미신과 무지의 소산이라고 경멸하였다. 이 시기에 불교 사찰들은 대부분 정치 · 사회적 권력의 지원이 중단된 상태에서 신도는 일반 백성이나 부녀자에 불과하였다.

통도사는 오늘날 한국의 불교 전통을 대표하고 있는 3대 사찰—통도사, 해인사, 송광사—의 하나이다. 삼국시대 신라의 영토에서 창건된 통도사는 다른 사찰들과 달리 조선시대의 어려운 상황을 뚫고 오늘날까지 지속적으로 성장을 해왔다. 현재 통도사는 서로 다른 시대에 건립된 건물들이 빽빽하게 들어차 있고, 참배하러 오는 사람들로 일년 내내 경내가 분주하다.

통도사를 창건한 사람은 신라 선덕여왕의 왕사로 활약한 자장 율사이다. 자장은 643년 선덕 여왕의 부름을 받아 당(唐)으로부터 귀국하여 선덕 여왕의 왕사로 부임하였다. 자장은 부처가 수도를 하였던 동굴이 있는 인도의 기사굴산과 닮은 모양의 산을 경주 근처에서 찾아낸 다음, 그 산 아래로 흐르는 시냇물 옆에 통도사라는 사찰을 건립하였다.(그림 2-15) 그는 이 산의 이름을 영취산(靈鷲山)으로 변경하였는데, 이는 기사굴 산이라는 인도 이름을 중국어로 번역한 것이었다. 지금도 이 산에는 자장이 수도를 하였다는 동굴이 아직까지 남아 있다. 그가 이곳에 통도사를 건립한 이유는, 신라 왕국의 수도인 금성(金城:

그림 2-15

통도사 정문
영취산문(靈鷲山門)이라는
이름을 가진 정문 뒤로
영취산이 보인다.

현재의 경주)으로부터 그다지 멀지 않았기 때문으로 보인다.

자장은 율종(律宗)의 종지를 선양하기 위하여 석가모니의 유해와 유품을 중국에서 가지고 와서 통도사 경내에 보관하기로 하였다. 그는 석축으로 제단을 쌓은 다음 금강계단(金剛戒壇)이라고 명명하고, 그 중앙에 복발형 탑파를 건립하였다. 이 탑파의 하부 석실에는 자장이 중국에서 손수 가져온 부처님의 정골, 사리, 친착 가사를 보장하는 공간이 있었다. 그리고 그는 승려가 되려는 사람은 누구든지 이 신성한 제단 앞에서 승려가 되는 의식을 반드시 거치게 하였다. 이 제단은 통도사 창건의 근본정신을 상징하고 있는 최상의 성지로서 통도사를 방문하는 참배객들이 반드시 거쳐야 하는 가장 권위 있는 장소이다.

그런데 금강계단의 현재 모습은, 과거에 여러 번 전란으로 파괴된 것을 크고 작은 수리 작업을 거쳐 복구된 결과이다.(그림 2-16) 삼국유사에 의하면, 금강계단에는 원래 지금과 같은 모양의 축대와 문비(門扉)가 없이 그냥 제단만 있었다고 한다. 이는 금강계단의 모습이 조선 후기에 단순한 제단의 형태에서 능묘의 형태로 변형되었음을 암시하는 자료이다. 조상 숭배가 최우선의 사회 윤리로 통용되던 조선 후기에 통도사가 불교 종가임을 표방하고, 불보 종찰임을 과시하기 위하여 금강계단을 능묘 형태로 변형시킨 것으로 보인다. 또한, 대웅전의 건물도 금강계단을 정면으로 바라보는 위치에서 보면 일반적으로 왕릉 아래에 짓는 정자각(丁字閣)의 형태를 하고 있다.(그림 2-17) 이러한 사실은 조선 후기에 유교가 지배적인 사회 이념이 되었을 때, 통도사와 같은 불교 사찰에도 유교적인 건축 양식이 침투되었음을 시사하는 것이다.

통도사를 신성한 장소로 치장하는 또 다른 물리적 요소는 전설로 오늘날까지 전해 내려오는 구룡지(九龍池)라는 연못이다. 삼국유사에 의하면, 자장이 당나라 종남산(終南山) 운제사(雲際寺) 문수보살상 앞에서 기도를 드리고 있을 때 문수보살이 승려로 화하여 가사 한 벌과 진신 사리 백 알, 불두골과 손가락뼈, 염주, 경전 등을 건네주면서 다음과 같은 말을 하였다고 한다.

그림 2-16

금강계단
신라시대에 최초로 축조된 이 단(壇)은, 임진왜란 때 파괴된 직후 재건되었다. 그 입구와 주위에 설치된 출입문과 담장은 조선 후기에 유행한 유교적인 건축 양식을 보이고 있다.

"그대의 나라 남쪽 취서산(영취산의 옛이름) 기슭에 독룡이 거처하는 신지(神池)가 있는데, 거기에 사는 용들이 독해를 품어서 비비람을 일으켜 곡식을 상하게 하고 백성들을 괴롭히고 있다. 그러니 그대가 그 용이 사는 연못에 금강계단을 쌓고 이 불가사리와 가사를 봉안하면 삼재(三災: 물·바람·불의 재앙)를 면하게 되어 만대에 이르도록 멸하지 않고 불법이 오랫동안 머물러 천룡(天龍)이 그곳을 옹호하게 되느니라."

이 말을 들은 자장은 신라에 돌아와 영취산 아래에 있는 연못을 메우고 석가모니의 유골과 유품을 보관하는 금강계단을 설치하였다는 것이다. 물론, 이런 신화적 이야기는 비록 상징적 표현으로 가득 차 있지만 통도사가 석가모

그림 2-17

대웅보전
금강계단(金剛戒壇)이라는 현판이 붙어 있는 대웅보전에는 다른 사찰과 달리 불상이 봉안되어 있지 않다.

니의 유골과 유품 일부를 보관하는 신성한 장소라는 특별한 의미를 구체적으로 부여하고 있다.

구전(口傳)에 의하면, 현재의 금강계단 옆에 있는 구룡지에는 자장에 의해 퇴치되기 전까지 아홉 마리의 용이 살고 있었다고 한다. 자장이 용을 쫓아낼 때, 아홉 마리 가운데 한 마리가 자장에게 연못에 남아 사찰을 수호하고 싶다고 진정으로 애원했다. 이에 자장은 그 한 마리만 연못에 남아 있도록 허용하였다고 한다. 그는 연못을 다 메우지 않고 일부분을 남겨 용이 살게 하였는데, 이에 따라 아홉 마리의 용이 살던 커다란 연못은 금강계단의 건축을 위해 메워지고 한 마리의 용이 겨우 살 만한 정도의 작은 연못으로 축소되었다. 이 작은 연못이 바로 지금까지 남아 있는 구룡지이며, 타원형의 연못 위로는 아담한 돌다리가 놓여 있다.(그림 2-18)

조선시대의 억불 정책에도 불구하고 통도사는 성장을 계속하여 사찰 경내에 석가모니 이외의 부처들을 숭배하는 전각들이 지속적으로 건립되었다. 이 전각들은 그동안 화재나 전란으로 소실되어 다시 지을 때 건축 양식이 바뀌기도 하였지만, 본래의 위치와 명칭은 그대로 전승되고 있다. 금강계단을 비롯하여 대웅전, 대광명전, 영산전, 극락보전, 약사전 등은 조선시대에 중건되었지만 초창 연대가 신라시대까지 올라가는 건물들이다. 또한, 사찰 경내에는 비록 신라시대는 아니지만 고려시대의 전통을 계승하는 전각들도 적지 않다. 명부전(지장전), 용화전, 황화각, 불이문, 천왕문, 일주문 등은 고려시대에 초창된 다음 조선시대에 중창되었다. 그리고 조선시대 이후에 최초로 지어진 전각으로는 응진전(나한전)과 관음전이 있다.

또한 통도사 경내에 건립된 조선시대 전각 중에는 불교가 아니라 유교나 무속과 관련이 있는 것들도 있다. 개산조당(開山祖堂)이라고 하는 현판이 붙은 건물은 해장보각(海藏寶閣)의 출입문으로 솟을 삼문(三門)의 모양을 하고 있다. 이 정문은 양반 가문의 사당 정문과 같이 중문(中門)이 좌측문과 우측문에 비해 높게 솟아 있다. 해장보각은 자장 율사의 영정을 봉안한 이른바 조사당으로 영조 3년(1727)에 초창되었으며, 현재의 건물은 고종 4년

그림 2-19

구룡지
대웅보전 뒤쪽 산령각과
삼성각 앞에 위치하고 있다.

(1900)에 크게 수리한 것이다. 일반적으로 사당에는 조상의 위패를 봉안하지만, 영당(影堂)에는 조상의 영정(影幀)을 안치한다. 이러한 조상 숭배의 고급 상징물인 영당과 솟을 삼문은 조선 후기부터 전국적으로 유행하였다. 성리학이 정치적 이데올로기로서 사회적 권력을 장악하자, 통도사는 일반 백성들에게 다가가기 위하여 불교 교리에 배치되는 유교적 상징물을 사찰 경내에 수용하는 태도를 가지게 되었던 것이다.

성리학이 세력의 주도권을 장악하는 시기에 통도사는 종교적 고난을 이겨 내는 또 다른 방법으로 산령각(山靈閣)과 같은 무속적인 전각이나 삼성각(三聖閣)과 같은 도교적인 전각을 건립하기도 했다. 산령각은 보통 산신각이라고 불리는 것으로, 영조 37년(1761)에 최초로 건립되었다. 산령각에는 호랑이를 옆에 데리고 있는 산신 할아버지를 그린 산신탱이 벽면에 걸려 있다. 산신을 숭배하는 토속 신앙은 전국 각지에서 오늘날까지 면면히 이어져 내려오고 있는 한민족 고유의 종교 전통이다. 불교에 대한 억압정책이 더욱 강화된 조선 후기에는 통도사와 같이 전국적인 규모의 사찰에도 산령각이 건립되었던 것이다.

삼성각은 고종 7년(1870)에 처음으로 세워졌는데, 중앙에는 삼성탱을 안치하고 그 오른쪽과 왼쪽에는 칠성탱과 독성탱을 안치하였다. 삼성탱에 그려져 있는 인물들은 지공, 나옹, 무학의 3대 화상(和尙)으로 고려시대 이래로 존경을 받아온 고승들이다. 칠성은 북두칠성을 가리키는데 인간의 복(福)과 명(命)을 관장하는 민간 신앙의 대상이 되는 도교적인 신이다. 독성(獨聖)은 나반존자(那般尊者)라고도 하는데, 12인연(因緣)의 이치를 홀연히 깨달아 성인의 지위에 오른 인물이다. 따라서 삼성각은 3명의 고승과 나반존자를 추앙하는 것 이외에, 인간의 장수와 만복을 빌고 불교 이치의 깨달음을 기원하는 민간 신앙의 장소인 것이다.

이와 같이 무속적이고 도교적인 전각들이 구룡지와 대웅보전(금강보전)의 뒤쪽으로 높은 곳에 위치해 있는 것은 일반 백성들을 사찰로 유인하려는 숨은 의도가 있었을지도 모른다. 이 장소는 금강계단과 인접하여 있으며 통도사에서 가장 신성한 중심 구역의 일부를 점유하고 있다. 불교가 신라시대와 고려시대 같이 세력의 주도권을 장악하였을 때는 무속적이거나 도교적인 전각을 굳이 사찰 경내에 건립할 필요성이 없었을 것이다. 왜냐하면 이런 전각들을 통도사에서 가장 신성한 금강계단에 인접하여 배치한다는 것은 불교 교리에 전면적으로 배치되기 때문이다.

5. 조계산의 송광사

송광사가 위치한 전남의 서남 해안은 넓은 평야와 산지가 공존하고 있는 지역이다. 영산강 유역은 화강암 심층 풍화로 인하여 낮은 구릉성 평야가 넓게 발달해 있고, 노령산지와 연결되고 있는 서북부와 지리산으로 연결되는 동북부는 높은 산지를 형성하고 있다. 특히 지리산을 중심으로 하는 동북부의 산지는 남해안으로 끊어지지 않고 넓게 연속되어 있다. 이 일대에는 전체적으로 200m에서 500m에 이르는 높은 산지가 30km에서 70km의 폭으로 발달하여 있다. 해안에는 만입, 반도, 도서들이 육지부의 산열과 연결되어 전형적인 리아스식 해안을 형성하고 있으므로 천연적인 항구 조건을 갖춘 곳이 많다.

이러한 자연환경은 전남의 서남 해안에 화엄사를 비롯한 불교 사찰들이 자리 잡는 배경이 되었다. 특히 이 지역은 신라 말기에 중국으로부터 새로이 전래된 선종 불교의 사찰이 입지하기에 매우 적합하다고 인식되었다. 중국의 선종 사찰은 특성상 도회지보다는 깊은 산중을 최적의 입지로 여기는 전통을 가지고 있었던 것이다. 소위 구산선문 가운데 전남의 서남 해안에 개창된 것으로는, 국내 최초의 산문인 장흥의 보림사, 곡성 동리산의 태안사, 사자산파의 근본 사찰인 화순의 쌍봉사, 남원의 실상사 등이 있다. 실제적으로 구산선문 중에서 4개나 되는 사찰들이 전남의 서남 해안에 자리를 잡은 셈이다.

신라 말기에 남해안과 중국을 연결하는 항로는 완도에 중심을 둔 청해진의 장보고 세력이 장악하고 있었기 때문에 지식인이나 선승들은 모두 전남의 영암과 회진을 기점으로 중국을 출입했다. 그 결과, 전남의 서남 해안은 중국의 선진 사상을 다른 지역보다 상대적으로 빨리 받아들이는 지역이었다. 선승들은 교통 조건이 유리할 뿐만 아니라 정권 다툼으로 혼란스런 경주에서 멀리 떨어져서 참선에 몰두할 수 있는 곳으로 전남의 서남 해안을 생각했던 것이다. 이 지역은 고려시대에 들어와서도 불교계에서 중심적인 역할을 했으며, 조선시대에 숭유억불 정책이 극심하였을 때도 순천의 송광사만은 예외적인 권위를 누렸다.

서남 해안의 산지에 입지하고 있는 사찰들의 주변 지세를 보면 동북–서남 방향으로 산줄기들이 넓게 펼쳐지고 있다. 이 사찰들은 예외 없이 모두 깊은 산속에 입지하였는데, 이는 세속으로부터 벗어나 온전히 수도에 몰두하기 위한 장소를 물색한 결과로 보인다. 입산을 출가와 동일한 개념으로 보며 총림(叢林)이나 산문이 사찰과 같은 의미로 쓰이는 만큼 선종 불교는 참선 수행의 공간으로서 산지 환경을 특별히 선호하였다.

산지 가운데에서도 깊은 골짜기가 있는 곳이나 좁은 침식분지가 나타나는 장소가 선종 사찰의 입지로 가장 많이 이용되었다. 사실, 전남 지방은 평야 지대가 많은 것처럼 알려져 있지만 산지 또한 매우 넓게 펼쳐지고 있는 곳이다. 특히 남부로는 동북–서남 방향의 산열들이 넓은 지역에 걸쳐 발달하고 그 사이에는 좁고 긴 골짜기가 많이 형성되어 있다. 이와 같이 좁고 긴 골짜기는 선종 사찰이 입지하는 천혜의 조건으로 평가되었던 것으로 보인다.

종교는 일반적으로 신격, 경전, 성직자의 3대 요소가 갖추어지면 교단이 형성되게 마련이다. 불교 교단에서는 이러한 3대 요소를 불(佛), 법(法), 승(僧)으로 보며 이들을 총칭하여 '삼보(三寶)'라고 한다. 그런데 언제부터인지는 정확히 몰라도 한국의 사찰 중에는 자기 고유의 유물과 유적을 토대로 삼보 가운데 하나를 전국적으로 대표하는 사찰, 즉 종찰(宗刹)임을 표방하는 풍조가 생겨났다. 통도사는 신라의 자장 율사가 모셔왔다는 석가모니의 정골사리(頂骨舍利)와 금란가사(金襴袈裟)가 봉안되어 있다 하여 일찍부터 불보 종찰임을 자처하게 되었다. 해인사는 고려 팔만대장경 경판(高麗 八萬大藏經 經板)을 보장하고 있다는 이유에서 법보 종찰임을 내세우게 되었다. 송광사는 고려시대 이래 16국사(國師)를 배출하였다는 사실을 근거로 승보 종찰임을 자긍하게 되었다.

그러나 이러한 독특한 사격(寺格)은 국가가 장려하지도 공인하지도 않은 것으로 그야말로 사찰 스스로가 생존 전략의 일환으로 대중적인 이미지를 인위적으로 만든 결과이다. 해인사에 팔만대장경이 옮겨져 보관된 것은 조선 정종(定宗) 원년(1399)의 일이고, 송광사의 16국사 중 마지막에 해당하는 고봉화상(高峯和尙) 법장(法藏, 1350~1428)이 대규모 불사를 일으킨 것도 또한 정종 원년이다. 따라서 해인사와 송광사가 삼보 중 하나를 대표하는 종찰로 이미지를 구축한 시기는 아무리 올려 잡아도 조선 초기를 넘어가지 못한다. 아마도 이러한 이미지의 특화 현상은 숭유억불이라는 조선시대의 정치 · 사회적 분위기 속에서 사찰이 세력을 보존하려는 전략의 일환이었을 것이다. 즉 성리학 이념이 지배적인 통치 이념으로 채택된 조선시대에, 불교의 삼보 중 적어도 하나의 적통(嫡統)을 이어가는 종가(宗家)임을 표방하는 것이 사찰의 존속에 필요했을 것이다.

송광사(松廣寺)는 창건 당시부터 지금까지 중앙 권력의 비호를 받으면서 전국적인 사찰로 성장하여 오늘에 이르렀다. 불일 보조국사 지눌(佛日 普照國師 智訥, 1158~1210)은 타락해 가는 고려 불교의 승풍을 쇄신시키기 위하여 선종의 입장에서 교종을 통합하려는 의지를 가지고 있었다. 그런데 뜻밖에 '돈오점수(頓悟漸修: 홀연히 깨닫고 나서 그 깨달음의 경지를 잃지 않도록 계속 수행하여야 한다)'로 표현되는 그의 혁신 사상은 당시에 진행 중인 무신의 난을 합리화시켜 주기에 적합한 면이 있었다. 우선 깨치고 그 다음에 점차 닦아 나간다는 논지가 기존 질서를 무력으로 깨뜨리고 있던 무신들에게 자기 합리화의 길을 열어주었던 것이다. 그래서 최충헌(崔忠獻, 1149~1219)은 이러한 보조국사의 사상에 호감을 가지고 이것을 새로운 통치 이념으로 받아들여 무신정권체제를 확립하려 한 것으로 보인다.

최충헌은 대권을 잡은 다음 해인 명종 27년(1197), 송광사의 전신인 길상사(吉祥寺)에서 대대적인 불사를 감행하였다. 여기에는 그의 강력한 정적들의 세력 기반인 경주를 견제할 만한 세력 기반을 경주 반대쪽에 확보하려는 정치적 의도가 깔려 있었다고도 추측된다. 그리고 구산 선문 가운데 4개의 선종 사찰(보림사, 태안사, 쌍봉사, 실상사)에 가까이 있는 송광사의 위치가 국내의 선종 종파들을 조계종으로 통합하기에 적합하다는 사실에 착안하였을지도 모른다. 이와 같이 최씨 정권의 비호를 받으며 급성장한 조계산문은 왕권과 밀착되어 세력 기반을 계속해서 확장해 나간 것으로 보인다.

최씨 형제가 옹립한 임금인 신종은 즉위 3년(1200)에 마침내 보조국사로 하여금 길상사에 입주하고 불교 혁신을 지향하는 정혜결사(定慧結社)를 표방하도록 하였다. 그후 보조 국사를 스승으로 섬기던 희종은 송광산(松廣山) 길상사를 조계산(漕溪山) 수선사(修禪社)로 이름을 변경하게 하고 어필사액(御筆賜額)을 내렸다. 또한 이때 송광산이라는 이름은 중국 남종선, 즉 조계종의 본산의 이름과 같은 조계산으로 변경되었다. 왕조 권력은 산 이름을 임의적으로 변경하면서까지 조계산 수선사가 남종선, 즉 조계종을 대표하는 사찰임을 표방하고자 하였던 것이다. 수선사가 기대어 있는 산을 신성한 장소로 만들려는 의도에서 송광산이라는 토착 지명을 대신하여 조계산이라는 중국 지명을 부여하였던 것이다. 수선사라는 이름을 현재와 같은 송광사로 고쳐 부른 것은 이보다 훨씬 늦은 조선 초기였다.

조선시대에 불교가 선교양종(禪敎兩宗)으로 통폐합되도록 강요될 때 송광사의 상대적 지위는 더욱 높아지게 되었다. 조선 왕조의 개국에 적극적으로 협력하고 참여한 무학왕사(無學王師, 1327~1405)와 그 사제인 고봉(高峯, 1305~1428)은 불교의 종파들이 조계종 하나로 통합되도록 유도하기 위하여 송광사의 주지직에 나가기도 하고 대충창 불사를 일으키기도 했다. 그 결과 송광사는 조선 왕조의 가혹한 억불 정책에도 불구하고 그 사세가 조금도 위축되지 않고 오히려 승보 종찰로서의 지위를 점차 굳혀 나갔다. 다시 말해서, 오늘날과 같이 송광사가 조계종의 근본 도량으로 자리를 굳힌 것은 조선 초기에 왕권에 의한 인정과 비호가 있었기 때문이다.

건립 초기에 송광사의 건물들은 대웅보전을 중심으로 동심원상으로 배열되어 있었다. 이러한 동심원적인 공간 배열은 화엄종의 창시자인 의상(625~702)이 화엄경의 교리를 다이어그램으로 표현한 법계도(法界圖)를 본 딴 것이라고 한다. 실제로 '송광사사고(松廣寺史庫)'에는 의상대사의 법계도에 따라서 송광사의 절터를 정사각형으로 잡았다는 기록이 있다. 여기에서 법계도란 의상대사가 210자 7언의 시로 묘사되어 있는 법성게를 하나의 도표로 표현한 화엄일승법계도(華嚴一乘法界圖)를 가리키는 것이다. 이러한 법계도의 전체적인 윤곽은 불교에서 해탈의 경지를 의미하는 '卍'이라는 상징을 모방한 것이었다고 한다.

오늘날에도 건물들이 들어서 있는 사찰의 경내 윤곽은 원형이나 정방형에 가깝다. 한국의 여느 사찰들이 종축선을 중심으로 상하로 길게 배열되어 있는 것에 반해, 송광사는 대웅보전을 중심으로 건물들이 겹겹이 동심원상으로 에워싸고 있다. 비록 현재의 송광사가 창건 초기의 모습을 많이 상실했지만 대웅보전 마당을 중심으로 여러 겹의 동심원적 구성을 진입축이 가로지르는 공간 구성은 여전히 남아 있다. 지금도 송광사에서는 스님들이 마당에 그린 법계도의 형태를 따라서 행진을 하는 이른바 법계도 요잡이라는 수도 행위를 하고 있다. 이때 행진의 경로는 침계루를 출발하여 대웅보전을 돌아 앞마당에 그려진 법계도를 한바퀴 돈 다음 승보전과 지장전을 거쳐 국사전에 도달하는 것이다.

한국전쟁(1950) 이전에 송광사는 조계종의 종찰로서 크고 작은 60동의 건물이 빽빽하게 들어차 있는 대형 사찰이었다. 송광사사고와 조선고적도보(朝鮮古蹟圖譜, 1933)에 의하면, 대웅보전 전면으로 법왕문, 종고루, 대장전, 해탈문 등이 중심축을 구성하고 있고, 대웅보전 좌우로는 명부전과 대지전(大持殿)이 대칭으로 배치되어 있었다. 하지만 이러한 공간 배치는 1951년 대웅보전을 포함한 건물 20동이 송광사를 은신처로 삼은 무장 공비들의 방화에 의해 소실되면서 근본적으로 바뀌었다. 이때 소실된 건물들은 대부분 대웅보전 주변에 집중되어 있었기 때문에, 지금의 송광사 공간 구성은 의상의 법계도를 거의 연상시키지 못한다.(그림 2-19)

오늘날까지도 파괴된 건물들을 복원하려는 노력이 중단되지는 않았지만, 그 성과는 애초에 기대한 것만 못하다. 대웅전 주위에 있는 공지 대부분에는 아직도 건물이 다시 지어지지 않고 있다. 특히 이곳은 무장 공비들에 의해 파괴되기 전에 건물들이 가장 밀집되어 있었던 구역으로, 지금은 대규모의 대

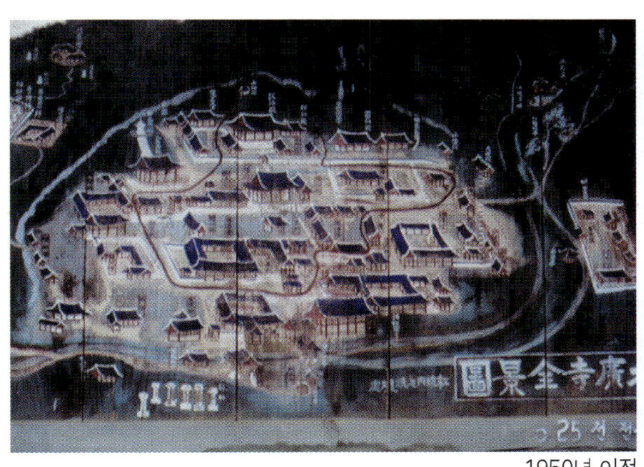

1950년 이전

1950년 이후

그림 2-19

한국 전쟁 전후의 송광사의 공간 구성　창건 시 화엄 세계를 상징하는 법계도를 연상시켰던 공간 구성은, 한국전쟁을 계기로 사라지고 말았다.

웅전 앞 공터를 중심으로 건물들이 드둔드문 들어서 있다. 이처럼 어색한 공간 구성은 한국의 사찰에서 일반적으로 받는 것과 전혀 다른 이상한 느낌을 준다.

송광사의 또 다른 경관적 특징은 사찰 내부에 석탑이나 석등이 전혀 없고, 대웅보전 위쪽으로 수선사(修禪社)와 설법전(說法殿)이 위치하고 있다는 것이다. 이 건물들은 참선과 불경 공부를 통하여 수행을 하고 있는 승려들을 위한 공간으로 송광사가 승려를 위한 최고의 사찰이라는 특별한 의미를 부여한다. 누구나 참선을 열심히 하여 깨우치기만 하면 부처가 될 수 있다는 선종의 교리에 충실하였던 것이다. 이러한 송광사의 파격적인 건물 배치는 창건 초기부터로, 이는 선종을 바탕에 두고 수선을 중시한 보조국사 지눌의 불교관을 반영한 것이라고 하겠다.

또한, 이 건물들보다 고도가 높은 지점에는 고려시대에 송광사가 배출한 16인 국사의 부도들이 분산적으로 배치되어 있다. 이런 부도들 주위에는 이들을 보호하고 관리하는 암자들이 건립되어 있는데, 여기에는 보통 승려 1인이 수도생활을 겸하고 있다. 예를 들면, 송광사에서 삼일암(三日庵)은 보조국사(普照國師)의 부도, 광진암은 진각국사(眞覺國師)의 부도, 청진암은 청진국사(淸眞國師)의 부도, 천자암은 심당국사(甚堂國師)의 부도를 관리하는 탑전(塔殿)으로 여겨지기도 한다. 이는 송광사에서는 지눌을 비롯한 16국사의 중요성이 대웅보전의 부처와 수선전과 설법전의 스님들보다 높게 인식되었다는 것을 의미한다.

한국의 선종 사찰들도 중국의 조계종을 본받아 명당에 탑을 세워 조사의 유골을 봉안하는 것으로 일문의 개창을 표방하였다. 송광사에는 조계종조인 보조 국사 지눌의 부도가 방장의 거처인 삼일암 왼쪽 높은 언덕 위에 있는 명당에 배치되어 있다. 이와 마찬가지로, 보조 국사의 뒤를 이은 국사들의 부도들도 송광사 배후에 있는 산속 명당에 위치하고 있다.

사실, 송광사가 조선시대에 들어와 승보 종찰로서의 지위를 확보할 수 있었던 것은 종법(宗法)사상과 풍수사상을 철저히 실천한 결과로 보인다. 송광사는 조사(祖師)의 숭배와 법맥의 상승(相承)이라는 윤리를 실현하려는 종법사상을 근거로 승려의 인맥이 끊임없이 이어왔다. 특히 조선 후기에는 유교적 이념인 효도가 풍수사상이나 도교 이념과 결합하여 사회·정치적 권력을 관리하는 지배 이데올로기로 발전하였다. 유교적 가치가 지배적인 사회에서 지눌의 부도는 그의 후세 승려들이 기념하고 숭배해야 하는 조상의 묘지와 다름 없었던 것이다.

지눌의 부도는 처음에는 가장 높은 곳에 배치되었지만, 1477년부터 1770년까지 도합 일곱번이나 그 위치가 변경되었다. 1477년에 감로암 근처로 옮긴 지눌의 부도는, 그 위치로 바람과 물에 모인다는 이유로 지금의 위치로 옮겨졌다. 1687년에 풍수가의 권고에 따라 부도의 위치를 고봉원 근처로 변경하였지만, 1723년에 여기에도 물이 고인다는 이유로 지금의 위치로 환원되었다. 그 다음에는 1766년에 부휴탑 뒤편으로 다시 한번 부도의 위치를 옮겼지만, 1770년에 다시 지금의 위치로 환원되었다. 이러한 위치의 빈번한 변경은 풍수 사상에 부합되는 위치를 찾고자 하는 열망의 표현으로 조선 후기의 시대적 상황을 반영하는 것이었다. 즉 억불정책이 최고조에 달한 조선 후기에 송광사의 운명이 그만큼 지눌의 부도와 연계되어 좌우되었음을 의미한다.

3

민속 경관

한국에서 정교한 조직과 교리를 가진 외래 종교는 지배 집단에 의해 수용된 반면, 단순한 조직과 교리를 가진 토착 신앙은 피지배 집단, 특히 여성에 의해 유지되었다. 한국의 토착 신앙들이 오늘날 농촌뿐만 아니라 도시에도 남아 있음에도 불구하고 중국의 도교나 일본의 신도와 같이 고급 종교로 진화하지는 못하였다. 이것들은 사회적 지위가 상대적으로 낮은 집단들에 의해 단순히 무속 신앙(샤머니즘)과 조앙신, 동신, 산신 등을 숭배하는 이른바 민간 신앙의 형태로 존재한다. 따라서 여기서 민속 경관이란 무속 신앙을 비롯한 민간 신앙에 의하여 형성된 문화 경관을 가리킨다.

넓은 의미의 민간 신앙은 무속 신앙을 포함하지만 엄밀히 구별하면 무속 신앙과는 근본적으로 다른 종교 현상이다. 민간 신앙은 현재 소멸되어 가고 있는 민속 문화로서, 일부 농촌 지역에서 부녀자들과 촌락 주민들에 의해 그 명맥이 겨우 보전되고 있다. 이에 반해, 주로 여성들이 믿는 무속 신앙은 농촌이나 도시를 막론하고 전국 각지에서 아직도 번성하고 있는 대중문화에 속한다. 하지만 마을 주민 개인의 차원에서 민간 신앙과 무속 신앙의 경계는 선명하지 않은 경우가 대부분이다. 개별적인 가정의 제의에는 무속적인 의식이 침투되어 있지만, 마을 주민들이 공동으로 지내는 동제(洞祭)에는 유교적인 의식이 깃들어 있다. 한국에서 민간 신앙과 무속 신앙은 지금까지 내부적 특성을 보전하는 한편, 외래 종교와의 접촉을 통하여 외부적 형태를 바꾸어 왔다. 조선시대에 민간 신앙은 대체로 유교에

Folk Landscape

동화되면서도 자기 고유의 특성을 상실하지 않는 속성을 유지하였다. 무속 신앙은 민간에 전승되어 오는 신위들을 받아들였으며, 무당들은 이런 신위들에 제사를 지내는 동제에 초빙되기도 하였다. 또한, 불교와 무속 신앙은 서로 구별되기 어려울 만큼 그 경계가 불분명하게 서로 뒤섞여 있는 경우가 있다. 때문에 민속 경관을 통하여 해독하는 대상은 무속 신앙이나 민간 신앙의 단일한 역사가 아니라 외래 종교와 토착 신앙을 모두 망라한 복합적인 역사이다.

그러나 이러한 토착 신앙들은 조선시대에 들어와 피지배층을 구성하는 일반 백성이나 여성들의 몫이 되었다. 일반적으로 권력이 없는 하류층은 권력이 있는 상류층에 의해 부과되는 생활의 고초를 극복하기 위하여 상류층의 문화를 모방하는 경향이 있다. 예를 들어, 민간 신앙의 하나인 동제 의식에는 유교적 요소가 많이 유입되어 있지만 개인이 지내는 무속적 제의에는 불교적 요소가 많이 혼합되어 있다. 하류층은 오직 자신들의 생존에 필요한 경우에만 상류층의 문화를 학습하였기 때문에, 그들이 모방한 상류층의 문화 요소는 매우 선택적인 것이었다. 민간 신앙과 무속 신앙은 외래 종교의 문화 요소를 선택함에 있어서 유연하고도 선택적인 태도를 견지해 왔던 것이다. 그 결과, 오늘날 한국의 민속 경관에는 지배적인 문화나 이데올로기에 대하여 일반 대중이 저항해 온 방식이 어느 정도 반영되어 있는 경우가 있다.

1. 계룡산의 굿당

계룡산(鷄龍山)은 차령산지(금남정맥)의 연봉(連峯)으로 충청남도 공주시, 논산시, 대전광역시에 걸쳐 있다. 계룡산은 주봉인 천황봉을 비롯해 연천봉, 삼불봉, 관음봉, 형제봉 등 20여 개의 봉우리로 구성되어 있다. 천황봉과 쌀개봉을 잇는 능선의 모양이 마치 닭 벼슬과 같고 봉우리들이 이어지는 모습이 마치 용이 굼실거리는 것과 닮았다는 이유로 일찍이 계룡산이라 불리었다.

계룡산은 천황봉(845m)을 중심으로 산줄기가 크게 다섯 갈래로 뻗어 있다. 북쪽으로 쌀개봉(828m), 관음봉(816m), 삼불봉(775m), 수정봉(662m)으로 이어지고, 남쪽으로는 향적산(574m), 국사봉(431m)으로 이어진다. 그리고 쌀개봉에 이른 봉우리는 다시 동쪽을 향하여 천왕봉(605m), 황적봉(664m), 치개봉으로 갈라져 나가고, 서쪽을 향하여 관음봉, 문필봉(816m), 연천봉(739m)으로 갈라져 나간다. 삼불봉에 이른 봉우리는 북동쪽으로 갈라진 다음 신선봉(642m), 장군봉(500m)으로 이어진다.

동학사 계곡과 상신 계곡을 흐르는 하천들은 용수천으로 흘러 들어간 다음 공주시 반포면에서 금강 본류와 합류한다. 신도안 계곡을 흐르는 두 계천은 위왕산 기린봉 앞 무도리를 지나 대전광역시의 갑천으로 이어진 다음, 계속 북류(北流)하여 금강으로 흘러 들어간다. 갑사 계곡과 신원사 계곡을 흐르는 하천들은 노성천으로 흘러 들어간 다음 논산과 강경을 경유해 금강에 유입된다.

계룡산 계곡의 사면은 경사가 대단히 급하여 비가 오면 물이 금방 산 밑으로 흘러 내려간다. 계곡의 바닥은 평탄하지 않고 곳곳에 웅덩이가 파여 있고, 경사가 급변하는 지점에는 급류와 폭포가 형성되어 있다. 웅덩이가 파인 곳에 물이 고이면 연못이 형성되는데, 신도안 계곡의 숫용추나 암용추가 이런 연못에 해당된다.

계룡산 일대는 봉우리가 흰색의 화강암 암반으로 되어 있고 계곡의 사면과 바닥은 토양층이 얇기 때문에 식생의 서식지로는 적합하지 않다. 우기에는 계곡을 흐르는 물이 순식간에 불어나지만 평소에는 현저하게 줄어든다. 따라서 농사를 짓기에는 물이 절대적으로 부족하므로 우기에 물을 받아 저장하는 저수지가 필요하다.

역사적인 자료에 근거하면, 계룡산은 계람산(鷄藍山), 옹산(甕山), 서악(西岳), 중악(中岳), 계악(鷄岳), 계립(鷄立), 마목현(麻木峴), 마골산(麻骨山), 마곡산(麻穀山) 등으로 다양한 명칭을 가졌다. 백제시대에는 계산(鷄山) 또는 계람산으로 불렸지만, 통일신라 이후에는 이른바 신라 오악 중 하나인 서악으로도 불렸다. 조선시대에는 연천봉의 남쪽 하단에 위치한 신원사 경내에 중악단(中嶽壇)을 설치하여 산신에게 제사를 드리기도 했다.

조선의 개국과 함께 계룡산은 중앙으로부터 더욱 주목을 받는 장소가 되었다. 개국 초기인 태조 2년(1393년)에 계룡산 부근을 조선 왕조의 수도로 정하고 이성계가 현장을 직접 답사하고 나서 공사를 시작하였기 때문이다. 같은 해 말 공사가 돌연 중단되고 천도 예정지가 한양으로 변경되었지만, 이는 계룡산이 풍수상 길지로 인식되는 계기가 되었다.

한국은 무속 신앙이 오늘날까지 비교적 원형에 가깝게 남아 있는 국가 중 하나이다. 한국에서 무속 신앙을 추종하는 사람들이 얼마나 되는지 정확한 통계는 나와 있지 않지만, 비공식 집계에 의하면 상당히 많다고 추정되고 있다. 1990년에는 문화공보부에 신고한 무속인(무당)들은 20만 명가량에 달했지만, 실제적인 숫자는 훨씬 더 많았을 것이다. 오늘날 다수의 무속인(무당)들은 자기 스스로를 보살이라고 부르고 자신들이 사는 집 앞에 불교 사찰의 상징인 卍자를 그려 넣은 깃발을 내걸기도 한다. 무속인들과 그들의 고객들은 보통, 종교가 무엇이냐는 질문에 불교라고 대답하는 경우가 많다. 그러므로 실제로는 무속 신앙을 믿으면서도 불교도라고 자칭하는 사람들이 얼마나 되는지 정확하게 집계하는 것은 어렵다.

교회도 없고 종교적 집회도 없는 것이 무속 신앙이 다른 고급 종교들과 차별되는 고유한 특징이다. 다만 무당들은 고객들을 위하여 굿을 할 때 개별적으로 신내림을 통하여 신이나 영혼과의 접촉을 한다고 주장한다. 무당은 거의 예외 없이 여성으로, '굿'이란 종교 의식을 주관하는 사람이다. 무당들은 문맹자가 상대적으로 많고, 그들은 오직 구전에 근거하여 기도를 드리고 기원을 한다. 일반적으로, 무당 한 명은 자기 자신의 수호신을 안치하고 굿에 사용하는 도구들을 보관하는 '당집'을 가지고 있다. 이런 당집은 대개 단칸방으로 무당 개인의 소유로 되어 있다. 때로는 무당이 거처하는 방 한구석에 이러한 것들을 배치하는 공간을 마련하기도 하는데, 이러한 신성한 장소를 가리켜 흔히 '당(堂)'이라고도 부른다. 이러한 당집이나 당에는 꽃으로 장식되어 있는 제단에 향불과 과일이 놓여 있는 것이 상례이다.

추측건대 무속 신앙은 무엇보다도 여성층의 관심에 힘입어 소멸되지 않고 지금까지 존속하였을 것이다. 조선시대 여성들은 마을의 유교적 제의에 참여하는 것이 금지되는 대신 오직 자기 가정을 관리하는 역할만을 담당하였다. 물론 평소에는 가정에서도 무속적 제의가 금지되었지만, 만일 불행이 가정의 번영과 평화를 위협할 때는 가정주부들이 무당을 불러 굿을 하는 것이 허용되기도 하였다. 유교적 신념에 투철한 양반 사대부들은 부인들이 굿을 하겠다고 하면 굿이 무슨 소용이 있느냐 하며 무시하는 태도를 보이다가도 정작 굿을 하려고 하면 거의 반대하지 않았다. 여성들은 양반 신분이든 상민 신분이든 상관없이 굿판에 참여하는 동안에는 여성을 억압하는 유교적 이념으로부터 벗어나는 것이 허용되었던 것이다.

한국에서 계룡산은 무속인(무당)들이 기도를 하거나 굿을 하기 위하여 방문하는 산 가운데 가장 중요한 곳으로 알려져 있다. 계룡산에는 무당과 무속적인 방법으로 치성을 드리는 사람들을 유인하는 장소가 많이 있다. 이들이 자연 속에서 영혼과 접촉하는 장소로 가장 선호하는 곳이 높은 봉우리와 깊은 계곡이 있는 산이다. 그들은 보통 이런 산속에 오랫동안 머물며 기도를 하여 초자연적인 능력을 얻기도 하고, 때로는 자기 고객들에게 굿을 해주는 '굿당'을 마련하기도 한다.

계룡산은 자연지리적인 측면에서 한국의 다른 산들과 구별되는 고유한 특징이 있다. 계룡산(845m)은 차령산지의 동남쪽에 외따로 솟아 있지만, 신비로운 외양으로 인해 멀리서도 쉽게 눈에 뜨인다. 계룡산은 일부가 토양과 식생으로 얇게 덮여 있을 뿐 그 대부분이 세립자로 구성된 화강암과 반암으로 되어 있다. 이곳에서는 보통 건조기에 계곡의 하천이 말라버리므로 농사지을 물이 부족하다는 문제점이 있다. 계룡산의 서쪽 경계는 깊이 개석(開析)된 계곡으로 되어 있는데, 이는 공주시의 동쪽으로부터 논산시의 동쪽으로 뻗어 있다.

계룡산은 다섯 방향으로 달리는 V자 형태의 계곡으로 개석되어 있고, 이러한 계곡에서 경사가 급변하는 지점에는 폭포가 발달하였다. 계곡들을 분리하는 능선들은 톱니와 같이 들쭉날쭉한 모양을 하고 있어서 신비로운 느낌을 주기에 충분하다. 계곡의 급사면에는 산꼭대기에서 풍화되어 흘러내리는 암석들로 뒤덮여 있다. 화강암으로 되어 있는 봉우리와 웅덩이가 있는 폭포는 신비로운 모습을 하고 있거나 은밀한 곳에 있기 때문에 무당을 비롯한 무속 행위자들에게 매력적인 장소이다. 이러한 장소 중에서 그동안 무속인들의 관심과 주의를 가장 많이 끌어온 것은 숫용추와 암용추, 삼불봉, 연천봉 등이다.

계룡산에서 숫용추와 암용추는 무속인들이 와서 기도하지 않을 수 없을 만큼 가장 중요한 장소이다. 동국여지승람에 의하면, 사람들은 예부터 항상 숫용과 암용이 구름을 타고 이곳에 출입하면서 서로 만난다고 믿어왔다. 또한 무속인들은 이 연못들이 천신, 지신, 수신을 함께 만나기에 가장 이상적인 장소라고 믿는다. 실제로 심야에 폭포수가 바위로 떨어지는 소리와 숲과 바위가 만드는 검은 그림자는 신비로운 분위기를 연출하기에 충분하다.

숫용추와 암용추는 암석 계곡에서 폭포수의 침식에 의하여 파인 웅덩이로 깊이가 4~5m나 된다. 숫용과 암용은 서로 다른 연못에 떨어져 산다는 전설이 있기는 하지만, 숫용추와 암용추란 이름은 연못이 생긴 모양을 본 따 붙은 것으로 보인다. 실제로 위에서 내려다보았을 때 숫용추는 남성의 성기 모양을 하고 있고, 암용추는 여성의 성기 모양을 하고 있는 듯하다. 이와 같이 지형·지물을 남녀의 성기로 상징하여 숭배하는 행위는 남녀의 성기를 신앙의 대상으로 하는 원시 신앙의 잔존물로 보인다.

숫용추와 암용추는 무속인들이 계룡산에서 가장 신성하게 여기는 장소이지만, 지금은 군인을 제외한 일반인의 출입이 완전히 통제되고 있다. 이 연못들은 위쪽으로 폭포와 연결되어 있으며, 그 아래쪽으로 1989년부터 육해공군 삼군사령부가 들어섰다. 이때부터 군사 기지를 보호한다는 명목으로 일반인의 출입이 엄격하게 통제되었다. 하지만 이런 열악한 상황에서도 무속인들은 영적 체험을 위해 밤이면 신성한 장소로 몰래 숨어 들어간다고 한다.

1983년까지만 하여도 숫용추에는 아들을 낳게 해달라고 비는 부녀자들의 발길이 끊이질 않았다. 숫용추 주위에 있는 암석에는 이곳에서 진심으로 기도한 사람들의 이름이 많이 새겨져 있다. 특히 이곳엔 야간에 기도하러 와서 음식을 차리고 촛불을 켜놓는 여성들로 붐볐다. 하지만 출입이 통제된 지금은 단지 소수의 무속인들만이 숫용추와 암용추를 몰래 찾아와서 기도를 한다고 한다.

삼불봉(三佛峰: 775.1m)이란 세 개의 봉우리가 마치 부처님 세 분이 서 있는 형국처럼 보인다고 하여 붙여진 이름이다.(그림 3-1) 이런 삼불봉은, 무속 신앙의 대상이 되는 '삼불(三佛)' 또는 '삼신(三神) 할머니'를 상징하기 때문에, 계룡산에서 기도의 효험이 가장 큰 곳의 하나로 알려져 있다. 삼신이나 삼불이라고 불리는 신위는 득남을 기원하는 굿에서 무당들이 일반적으로 의지하는 초자연적 존재이다. 삼신이나 삼불은 임신이나 출산을 대변하며, 이는 한국의 무속 신앙에서 다산을 상징하는 존재로 인식되고 있다. 따라서 부녀자들은 이 봉우리 밑으로, 무당과 함께 혹은 혼자 찾아와서 아들 낳기를 기원하곤 하였다.

조선시대 성리학에 따르면 부인은 남편의 가계(家系)를 이어 나갈 아들을 낳을 의무가 있었는데, 만일 그런 아들을 낳지 못했을 경우 무당에 의지하여 득남하게 해달라는 소원을 빌었다. 아들을 반드시 낳아야 한다는 당위성은, 마지막 수단으로 득남을 기원하는 굿을 허용하는 조건이 되었다. 이와 같이, 무속 신앙은 조상 숭배를 강조하는 유교의 가치관을 실현하는 보조 수단으로 존재하였던 것이다.

삼불봉
계룡산은 마치 성벽과 같이 봉우리가 연이어 있으며 고대 이후 인간의 눈에 다양한 모습으로 비쳐졌다. 이런 봉우리 중에서 삼불봉은 세 명의 부처가 서 있는 모습을 하고 있다고 해서 붙여진 이름이다.

무속 신앙은 도교와 불교로부터 영향을 받았기 때문에 도교적이고도 불교적인 유형의 아이콘(icon)을 가지고 있다. 현재로서는 다른 유형의 신위가 섞이지 않은 순수하게 무속적인 유형의 신위는 존재하지 않는다. 삼신이라는 무속의 전통적 개념조차도 오랜 세월에 걸쳐 불교적인 요소와 혼합되었다. 이러한 삼신은 무속 신앙에서 흔히 세 명의 불교 승려로 표현되기 때문에 삼불이라고도 불린다. 삼불 숭배는 출산 과정과 직접적으로 관련된 삼신 신앙의 내용을 불교적인 형태로 표현한 것이다. 불교와 유교가 정치·사회적 세력의 주도권을 잡았을 때, 무속 신앙은 겉으로만 불교의 모습을 띠고 득남을 절대 절명의 과제로 여기는 부녀자들에게 다가갔던 것이다. 무속 신앙은 불교와 유교에 부분적으로 영합함으로써, 고려시대 불교와 조선시대 성리학의 탄압을 효과적으로 극복하였던 것이다.

연천봉은 다수의 무속인들이 영적인 경험을 하러 오는 또 하나의 중요한 봉우리이다. 이 봉우리는 계룡산의 최고봉인 천황봉을 가까이에서 올려다 볼 수 있는 위치에 있다는 이유에서 무속인들이 이상적인 장소로 평가하고 있다. 무속인들은 천신이 천황봉으로 강림한다고 믿는 까닭에 천황봉을 계룡산에서 가장 신성한 봉우리로 친다.(그림 3-2) 이 봉우리 밑에는 등운암(騰雲庵)이라는 자그마한 암자가 건립되었으며, 지금은 이곳에 불교 신자는 물론이고 무속인들도 출입하고 있다. 그밖에 계룡산 구석구석에는 다수의 암자가 산재하고 있

그림 3-2

천황봉 정상에 있는 산제단(天祭壇)
계룡산의 최고봉인 천황봉에는
예부터 산신에게 제사를 지내는
제단이 설치되어 있다. 여기에서
기암절벽의 정상에 서면 신원사를
비롯한 계룡산 전역이 한눈에
들어온다.

으며, 이곳에는 야간 기도를 하러 오는 무속인들이 머문다. 밤에 느끼는 신비로운 분위기 때문에 많은 무속인들이 계룡산 골짜기에 있는 암자를 찾는 것이다. 계룡산의 등운암과 같이 불교적인 이름을 가진 암자조차도 실제 내용은 무당이 굿을 하는 굿당이다. 삼불봉이나 연천봉은 계룡산 국립공원 안에 위치하여 무속 행위가 금지되어 있기 때문에 일부 무속인들은 불교 신도를 가장하여 암자에 와서 굿을 한다. 다시 말해서, 불교 사찰들은 굿당이 없어지면서 공식적인 기도처를 잃은 무속인들에게 장소를 제공하고 있는 것이다.

특히 신원사의 부속 암자인 금룡암 옆에 있는 계곡은 암석과 물이 어우러져 있는 명기도처로 전국에서 기도하려는 사람들이 단체로 모여드는 곳이다. 이곳에서는 천황봉에서 연천봉으로 이어지는 쌀개봉이 하늘과 맞닿은 듯이 보이고, 천황봉과 연천봉 사이에 있는 골짜기의 물이 흘러 내려오다가 약간 깊은 웅덩이를 이룬다. 무속인들은 이러한 지형 조건을 보고 이곳을 천신(天神), 지신(地神), 용신(龍神)을 모두 만나기에 적합한 장소로 믿어왔다. 금룡암에는 무속인들이 이 웅덩이를 바라보며 기도하는 장소로 금룡동천(金龍洞天)이라는 건물이 세워져 있다. 이 건물에는 무속인 이외에도 불교도, 역술인, 개인적으로 치성을 드리는 사람들이 출입하고 있다.

사실, 종교정화운동(1975) 이전에는 100개 이상의 굿당들이 가옥, 토굴, 석굴, 천막 형태로 고유한 명칭도 없이 계룡산 전역에 분포하고 있었다. 이런

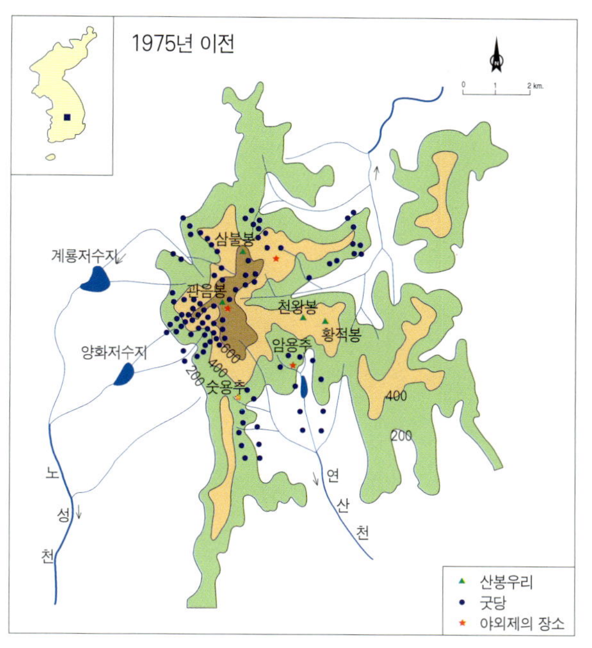

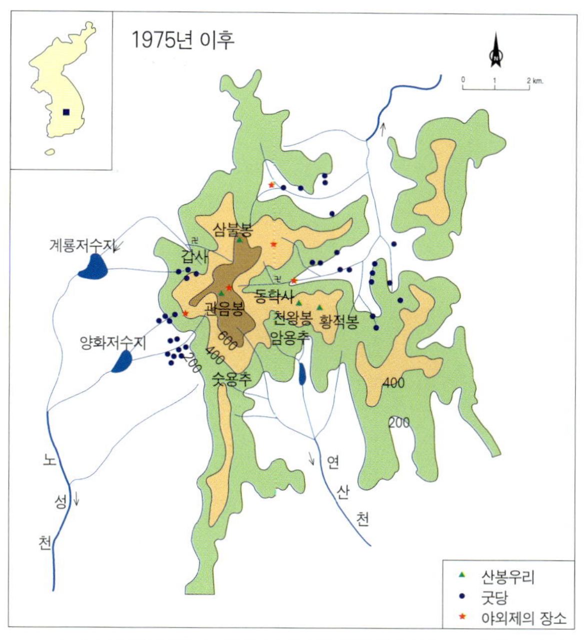

출처: 金秀東, 鷄龍山의 場所性에 關한 硏究, 한국교원대학교 석사학위논문, 1997, p.51, 52.

그림 3-3

계룡산의 굿당 분포　무속 행위에 대한 금지 조치(1975년)가 내려지기 이전까지는 봉우리와 연못이 무속인들이 기도를 드리는 대상으로 가장 중요하였다. 하지만 금지 조처가 내려진 후에는 이곳의 굿당은 소멸되고 사찰 부근의 굿당이 증가하였다.

굿당들은 신원사 계곡과 그 옆의 연애골, 신도안 계곡의 삼불봉 아래, 갑사 계곡, 동학사 계곡, 하신 계곡 등에 걸쳐 보편적으로 분포하였다. 현재는 굿당이 계룡산국립공원 밖으로, 신도안의 삼군사령부를 벗어난 동학사 입구, 상신 계곡, 신원사 계곡에만 국지적으로 분포하고 있을 뿐이다.(그림 3-3) 그리고 이곳의 굿당들은 예전과 달리 불교식 명칭을 가진 암자의 형태를 하고 있다. 현대에 들어와 무속 신앙을 억압하는 사회적 분위기에 무속인들은 정부의 의심에 찬 눈초리를 피하기 위하여 불교 신자임을 가장하지 않으면 안 되었던 것이다.

2. 제주도의 본향당

제주도는 한반도의 남서 해상에 위치한 한국 최대의 섬으로 인구는 현재(2000년) 53만 9,493명이다. 북쪽으로 목포와 141.6km, 북동쪽으로 부산과 286.5km, 동쪽으로 일본 쓰시마 섬(대마도)과 255.1km 떨어져 있다. 특히 동쪽으로는 대한해협을 사이에 두고 일본의 쓰시마 섬과 규슈의 나가사키 현과 대면하고 있다. 서쪽으로는 동중국해를 사이에 두고 중국 본토의 상하이와 마주하고 있다.

제주도의 형체는 동서 약 74km, 남북 약 32km의 타원형 모양의 화산도로 동서 방향으로 길고 남북 방향으로 짧다. 이 동서 방향의 장축을 따라 한라산이 솟아 있고, 제주도 기생화산의 2/3 가량이 분포한다. 제주도의 90%는 신생대 제3기 말에서 제4기까지 5회에 걸쳐 분출한 용암으로부터 형성된 현무암으로 덮여 있다. 한라산을 정점으로 남사면과 북사면은 5~7°의 급경사를 하고 있지만 동사면과 서사면은 3~5°의 완만한 경사를 하고 있다.

제주도의 하계망은 한라산을 중심으로 하는 방사상으로 펼쳐지고 있지만, 경사가 완만한 동부와 서부는 수계의 발달이 미약하다. 제주도의 하천들은 대부분 1,000~1,600m 지점에서 발원하여 북쪽 또는 남쪽 방향으로 직선상으로 흐른다. 하지만 이런 하천들조차도 투수층(透水層)과 하상에 발달하는 주상절리(柱狀節理)에 스며들어 지하로 흐르는 이른바 건천(乾川)이 대부분이다. 이와 같이, 제주도는 지표면을 흐르는 물의 양이 적은 데다가 토양층의 발달이 미약하기 때문에 논농사를 짓기에 매우 불리한 지형 환경을 가지고 있다.

전통적으로, 남제주군 동부를 남북으로 흐르는 효돈천과 북제주군 동부를 남북으로 흐르는 천미천 상류와 원당봉(元堂峰)을 연결하는 경계선을 기준으로 제주도를 동부 지역과 서부 지역으로 양분한다. 제주도민들은 동부 지역을, 속칭 '동촌'이라고 하는 반면 서부 지역은 '서촌'이라고 한다. 조선시대 제주목의 중면(현재의 제주시)을 기준으로 동쪽의 좌면과 정의현은 동촌에 해당하고, 서쪽의 우면과 대정현은 서촌과 일치한다. 이러한 주민들의 관습적인 지역 구분과 그에 따른 호칭은 조선시대부터 지금까지 지속되어 온 생활권의 동서 차이를 반영하고 있는 것으로 보인다. 동촌과 서촌은 주민의 이동과 교류, 통혼권, 관혼상제의 형식, 단어의 발음에 있어서 서로 상당한 차이가 있다. 최근에는 제주도 의회에서 동촌 지역을 동제주군, 서촌 지역을 서제주군으로 행정 구역을 개편하자는 의견이 논의되기도 하였다.

고려 건국 이전에는 제주도에 대한 자치가 어느 정도 용인되었지만, 고려 숙종 10년(1105년)에는 탐라국을 해체하고 탐라군이라는 지방 행정구역을 설치하였다. 고려 고종 16년(1229년)에는 탐라(耽羅)라는 명칭을 제주(濟州)라고 변경하고, 중앙집권적인 정책을 적극적으로 실시하였다. 조선이 건국되면서부터는 중앙에서 관원을 파견하였으며, 태종 8년(1408년) 공부(貢賦)제도를 실시하면서 9개의 목마장을 설치하였다. 태종 16년(1416년)에는 제주목, 정의현, 대정현으로 행정구역을 분할하여 통치하였고, 광해군 원년(1609년)에는 면리제(面里制)를 실시하였다.

조선시대를 거치면서도 제주도는 유교의 영향을 비교적 적게 받았기 때문에, 토착 신앙이 한국의 다른 지방에 비해 많이 남아 있다. 본향제(本鄕祭)라고 하는 동제를 지낼 때는 무당이 와서 마을 사람들을 위하여 굿을 한다. 실제로 제주도는 한국의 무속 신앙을 비교적 온전하게 보전하고 있는 최후의 보루라고 해도 과언이 아니다. 제주도의 토착 신앙은 외래 종교에 동화되어 기본 성격을 상실하기 보다는, 오히려 외래 종교의 표면적인 요소만을 수용하면서 자기 고유성을 유지하여 왔다. 때문에 제주도는 다른 지방에 비해 고대의 유산을 비교적 많이 보전하고 있다.

특히, 산신은 한국의 민간 신앙에서는 물론이고 무속 신앙에서도 가장 보편적인 최고의 신으로 숭배되고 있다. 용왕신은 과거에는 산신만큼 중요한 신이었지만, 지금은 해안이나 도서 등 국한된 일부 지역에서 숭배되고 있다. 일반적으로, 한국인들은 용왕신이 바다와 하천에 살면서 자신의 힘을 이용하여 비와 폭풍을 가져다준다고 믿었다. 제주도의 무속 신들은 대부분 산신 유형으로 분류되는 것이 다수이지만 그렇다고 용왕의 유형에 속하는 것이 전혀 없는 것은 아니다. 산신 유형 중에서 가장 흔한 것은 제주도의 최고봉인 한라산에서 내려온 신들이다. 그러나 한국의 다른 지방과 달리 제주도의 산신은, 남성신인 '할르방(할아버지의 제주도 방언)' 보다는 여성신인 '할망(할머니의 제주도 방언)' 이 더 많다. 할망은 할머니를 의미하는 보통 명사이지만, 신화 속에서는 여신의 고유 명칭 다음에 존칭으로 붙는 접미사이기도 하다. 과거 제주도에서 여성들은, 한국의 다른 지방에 비해 많은 일을 했을 뿐만 아니라 남성으로부터 독립적인 존재로 가사 노동에 얽매이지 않았다. 이와 같이 상대적으로 높은 제주도 여성의 사회적 지위는 제주도 산신의 성별 분화에서 여성신이 상대적으로 우세한 현상과 결코 무관하지는 않을 것이다.

바다로 사방이 둘러싸여 있는 제주도, 특히 제주도의 해안에서 용왕신은 옛날부터 오늘날까지 변함없이 중요한 숭배 대상이 되어왔다. 해안에 사는 사람들은 유교의 영향을 적게 받으면서 용왕신을 숭배하는 전통을 오늘날까지 유지해 오고 있다. 해안에 사는 사람들에게 바다는 생계의 터전이 되기도 하지만 생명을 위협하는 자연환경이기도 하다. 특히 봄에는 풍어와 항해의 안전을 기원하는 용왕제가 해안의 어촌에서 정기적으로 열린다. 다른 지방과 달리, '심방' 이라고 불리는 제주도의 무당들은 대부분 남성인 것이 특징이다. 남성 무당이 굿을 주관하는 고대의 전통이 무속 신앙의 보루인 제주도에 여전히 살아 있는 것이다. 제주도의 무당들은 모두 강신무가 아니고 세습무이다. 그들은 이른바 무병을 앓고 강신굿을 통해 무당이 되는 것이 아니라 가업의 세습을 통해 무당에 관한 전문적 지식과 지위를 얻는 것이다. 그들은 대도시에서와 같이 고객들을 수시로 접대하지 않고 몇 개의 마을을 대상으로 마을 사람들이 부를 때에 한하여 무당의 일을 본다.

일반적으로 무당 한 명에게 할당되어 있는 마을들을 한데 묶어 '당골'이라고 부른다. 이런 무당들은 제단과 그 위에 무신도가 걸려 있는 방이나 집 한 칸을 가지고 있다. 무당들은 영구적으로든 아니면 일시적으로든 야외에 자기 소유의 당을 장만하기도 한다. 제주도에는 무당이 기도하고 굿을 하는 장소로서의 당이 마을 하나에도 여러 개가 존재할 정도로 무속 신앙은 매우 보편적인 현상이다. 하나의 마을에서 마을 주민 전체를 위한 본향당(本鄕堂)을 제외하고도 가족과 개인을 위한 당이 복수로 마련되어 있다. 이런 당을 대표하는 것으로 산신당, 일뤠당, 여드렛당, 돈짓당, 갯당, 소당, 개당, 도깨비당 등이 있다. 고려시대 제주도에는 이런 당의 숫자가 지금보다 엄청나게 많아서 "당 오백, 절 오백"이라는 말이 생겨날 정도였다고 한다. 하지만 조선시대에 들어서면서 유교의 보급에 따른 무속 신앙과 불교의 탄압으로 당의 숫자가 현저하게 감소하고 불교 사찰은 거의 소멸되었다고 한다.

본향당은 제주도에서 무속 신앙과 유교가 타협하는 과정에서 탄생한 제주도 고유의 동제이다. 본향당이란 이름은 문자 그대로 한 개 마을에 있는 여러 개의 당 중에서 가장 기본이 되는 것이다. 조선시대 제주목 감영은 제주도에서 차지하는 무속 신앙의 사회적 영향력을 축소시키려고 마을 하나에 본향당 하나만을 남기고 나머지 당들을 폐쇄하는 조치를 취하였다. 서촌에서는 당들이 대부분 소멸되면서 본향당 자체도 유명무실한 존재로 되어갔다. 이에 반해, 동촌에서는 본향당을 비롯한 당들이 조선시대의 탄압에도 불구하고 마을에 존속하였다. 자연지리적 측면에서 제주도 동부는 서부와 극명한 대조를 보인다. 제주도 동부에서는 강우량이 지하로 쉽게 스며들고 지표면을 흐르는 표층수의 양이 적기 때문에 하계망의 발달이 미약하다. 하천의 밑바닥은 보통 일년 내내 말라 있고, 지표면은 20cm 이상의 깊이를 가진 토양층으로 덮여 있다. 이곳의 토양은 유기질이 적을 뿐만 아니라 비옥도 또한 낮은 특징이 있다. 제주도 동부의 대부분은 농사짓기에 적합하지 않은 대신 오직 목축만이 가능할 정도로 초지가 발달하였다. 또한 제주도 동부의 해안지대는 겨울에 북서 계절풍이 강하게 불어 닥치므로 어업에도 부적합한 곳이다. 여기에서는 해녀라고 불리는 여성들이 바닷물 속으로 잠수하여 미역을 비롯한 해산물들을 채취하며 생계를 유지하였다.

이에 반해, 제주도 서부인 서촌은 농경과 어업에 상대적으로 적합한 자연조건을 가지고 있다. 조선시대 이 지역에는 유교가 보다 쉽게 침투하여 집성촌이라고 불리는 종족 촌락들이 제주도 동부에 비해 많이 발달하였다. 유교가 정치·사회적 세력을 구축하자 무속 신앙을 비롯한 토착 신앙들은 유교에게 사회적 주도권을 내주었던 것이다. 여기에서는 포제라고 불리는 동제는, 본래 무속적인 제의로 여성의 참여가 허용되었지만 결국 유교적인 제의로 변질되면서 여성의 참여가 배제되었다. 마을 주민 전체가 참여하는 공동 제의인 동제조차도 유교의 원리에 따라 여성들이 참여하는 것이 엄격하게 금지되었던 것이다.

이와 정반대로, 제주도 동부에서는 무속적 제의를 중심으로 하는 본향제가 지금까지 보전되어 왔다. 이런 본향제에는 유교적인 요소보다는 무속적인 요소가 여전히 강하게 남아 있고, 여성의 참여 또한 허용되어 있다. 이 지역에서 여성들은 생계 활동에 적극적으로 참여하여 왔으므로 그들이 지니는 사회적 권력(세력)은 다른 지방의 여성들에 비해 강한 것이 특징이다. 또한 그들의 막강한 사회적 권력은 자신들만을 위한 동제를 조직하기에 충분하였다.

제주도 여성들은 자신들만의 동제를 정기적으로 지내기 위해 본향당에 모이기도 한다. 일반적으로 제주도의 본향당을 비롯한 당들은, 대부분 다른 지방과 달리 실내가 아니라 야외에 설치되어 있다. 이들 당들은 보통 돌담으로 둘러싸인 자그마한 터로 초라한 모습을 하고 있으며, 때로는 여기에 둥치가 굵은 나무를 심어 놓기도 한다. 이때 심는 나무들은 침엽수가 아닌 팽나무, 녹나무, 구룬비나무 등 낙엽수와 상록수이다. 이 나무들은 지전(紙錢: 한지를 잘라 낸 것으로 노자[路資]를 상징함)으로 장식하여 한껏 신비롭고 무속적인 분위기를 자아낸다. 그중에서 특히 본향당은 마을 바깥에 있는 숲 속에 조용하고도 은밀한 장소에 들어앉아 있기 때문에 외부인의 눈에 잘 뜨이지 않는다.(그림 3-4) 현재 마을 내부에 자리 잡고 있는 본향당들도 예전에는 마을 밖에 있는 숲에 위치하고 있었던 것들이 적지 않다고 한다.

그림 3-4

본향당을 에워싸고 있는 숲
이 숲 속에는 여러 색깔의 천으로 장식된 신목과 그 주위를 둘러싼 돌담이 있다. 본향제를 지내는 기간에도 마을의 여성 주민들은 개인적으로 술과 음식을 제물로 바치기 위하여 본향당을 찾는다.

이와 같이 본향당이 외부에서 쉽게 식별하기 어려운 위치에 있는 것은 조선시대에 비롯되었을 것으로 추정된다. 18세기 초반, 제주도 사람들이 유교 세력에 의해 가해지는 지독한 탄압에 효과적으로 저항하는 방법 중 하나가 자주 자신들의 당을 비밀스러운 장소로 옮기는 것이었다. 이 시기에는 당을 한두 번 옮기는 정도에 그친 마을도 있었지만, 스무번이 넘게 옮긴 마을도 있었다. 마치 게릴라 전술과 같은 이러한 입지 전략은, 실제로 유교 세력이 사회적 주도권을 장악하였을 때 무속 신앙이 생존하기 위한 불가피한 선택이었다.

제주도의 토착 신앙이 시련을 극복하는 또 다른 전략은 토착신의 개념과 형태를 유교적 유형으로 변화시키는 것이었다. 유교의 세력이 성장하고 확대됨에 따라 본향당에서 숭배되는 신들은 자연신(바위와 나무)에서 인격신(여성신인 할머니)으로 바뀌었다. 그리고 그후 여성신으로부터 남성신(할아버지)으로 인격신 자체가 전환되는 과정을 겪었다. 그런데 이런 인격신들은 대부분 현실적으로 존재하는 것들로 그들에 관한 신화는 '본풀이'라고 하는 구전을 통하여 세대에서 세대로 전해 내려왔다. 제주도 동부에서 노파(할머니)를 신으로 모시는 전통은 수렵이 주된 생계 활동으로 되어 있던 고대로 소급된다. 나중에 이런 여성(할망)신들 다수가 한라산에서 내려온 남성(하르방)신들에 의해 대체되었다고 한다.(그림 3-5) 이러한 본향당의 신 가운데 일부는 인간들과 함께 살기 위해 마을로 일부러 내려왔다고 하기도 하고, 일부는 마치 세속적 인간과 같이 음식과 의

그림 3-5

한라산 정상(1,950m)의 분화구인 백록담이 눈으로 덮인 모습

화산 활동으로 형성된 한라산은 오랜 전부터 제주도 사람들에게 신성한 산으로 여겨져 왔다. 제주도의 신화들 중에는 한라산과 관련되어 있는 것들이 적지 않다.

제주도 동부(동촌)의 본향당 영역
송당신은 모두 김씨(金氏)
성(姓)을 가진 남성신이지만,
산신과 외래신은 대부분 성이 없는
여성신으로 남아 있다.

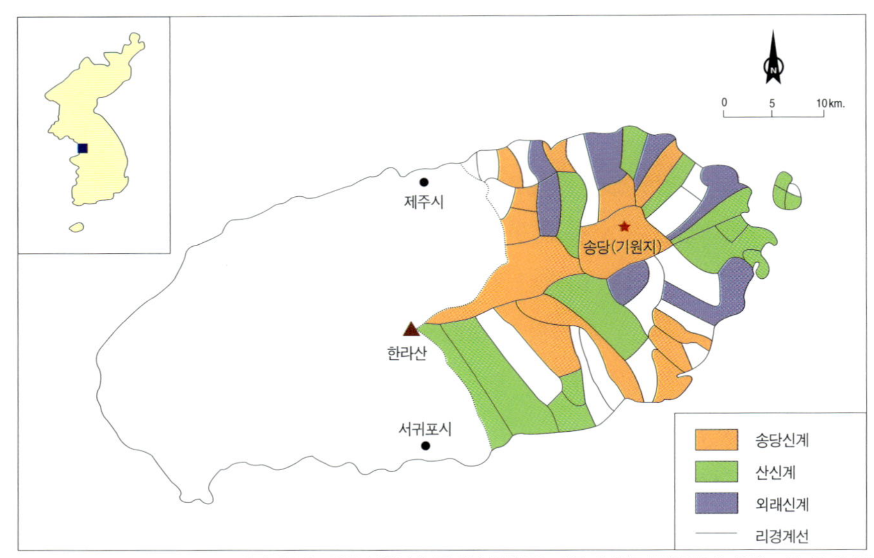

출처: 宋仁旌, 濟州道 本鄕堂의 勢力圈 變遷에 關한 研究, 한국교원대학교 석사학위 논문, 1998, p.32, 47, 63, 67

복을 제공하지 않으면 화를 냈다고도 한다. 이와 같이, 본향당의 신들은 제주도 이외의 동제에서 숭배되는 신들과 달리 지극히 인간적인 모습을 하고 있다.

제주도 동부에서 가장 중요한 신으로 믿어지는 '김씨 하르방(김씨 할아버지)'이라는 남성신은 과거에 신들의 위치가 대체되거나 이동된 역사를 간직하고 있었다. 또한 이런 신들의 성격은 수렵신으로부터 농경신과 목축신으로 바뀌었을 뿐만 아니라 무속적인 유형에서 유교적인 유형으로 변경되었다. 결론적으로 제주도에서 신격의 변화는 촌락 주민들이 환경의 변화에 대하여 지속적으로 유연하게 적응해 온 결과로 볼 수 있다.(그림 3-6) 제주도 구좌읍 부근에 있는 본향당에는 '세명주'라고 하는 할망신이 모셔져 있다. 서울에 살던 '금백조'라는 여성이 한라산에서 수렵으로 생계를 유지하는 '소천국'이라는 사람에게 시집을 왔다고 한다. 이때 소천국의 전처인 세명주는 마을에서 해안으로 쫓겨나고, 금백조는 구좌읍 부근의 본향당에 신으로 새로이 모셔졌다.(그림 3-7)

그후 금백조의 아들들은 조정으로부터 김씨 성을 하사받았으며, 제주도 동부의 다른 곳에 새로운 마을을 개척하였다. 이 마을들에서 그들은 남성신인 김씨 하르방신(송당신이라고도 함)이 되어 여성신인 송씨 할망신을 대체하게 되었다. 오늘날 김씨 하르방을 신으로 숭배하는 본향당이 있는 마을들은 제주도 동부 전역에 분포한다. 여기에서 마을 사람들은 김씨 하르방을 자신들의 농경과 목축을 돌보아 주는 조상신으로 섬긴다.

김씨 하르방이라는 신들은 때때로 출신 배경이 다른 부인들과 함께 숭배된다. 이런 처신들 일부는 산신, 용왕신, 송씨 할망신 등으로 모두가 제주도의 토착신들이다. 이는 마을 사람들이 생계의 필요에 따라 출신 배경이 다른 신들을 수용한 결과로, 신앙의 유연성과 실용적인 태도를 엿볼 수 있다. 마을 주민들에게 가장 중요한 것은 신격과 신위보다는 생계 그 자체였던 것이다. 이처럼 마을 주민의 탄력적이고도 유연한 태도는 신격과 신위를 역동적으로 변화시키고 유교에 의한 탄압을 극복하는 것을 가능하게 하였다. 오늘날 제주도 동부에서 본향당이 남아 있는 마을은 49개이지만, 마을 주민들이 공동으로 제의를 지내는 곳은 29개에 불과하다. 전체적으로 보면, 해안지대에서 해녀의 잠수 활동이 활발한 마을들과 중산간지대에서 목축 활동이 유지되고 있는 마을들이다.(그림 3-8) 즉 본향제는 집단적인 생산 활동이 활발한 마을에서는 지금까지 보전되고 있지만 그렇지 못한 마을에서는 거의 유명무실한 상태가 된 것이다. 그리고 본향제를 지내지 않는 본향당에서는 악기를 울리지 않고 요령만을 흔들어 개인 중심으로 기원하는 무속 행위를 하고 있을 뿐이다.

그림 3-7

제주도 구좌읍에 있는 본향당
이 본향당은 김씨 하르방 또는 송당신(금백조의 아들)이라고 불리는 동신들의 기원지에 위치하고 있다. 이곳에는 금백조와 그녀의 남편인 소천국의 신위가 함께 봉안되어 있다.

그림 3-8

성읍에 있는 본향당　건물이 전체적으로 솟을 삼문을 비롯하여 유교식 건축 양식으로 되어 있으며, 내부에는 과거에 실제로 존재한 인물의 영정이 봉안되어 있다.(왼쪽)
해녀들의 본향당　기와 지붕과 돌담으로 되어 있는 소박한 형태의 단칸집으로 바닷가에 위치한다.(오른쪽)

3. 옥천읍 일대의 선돌

충청북도 남부에 위치한 옥천군은 남쪽으로 영동군과 인접하고, 북쪽으로 보은군과 이웃하고 있다. 동쪽으로는 소백산맥을 경계로 경상북도 상주시와 분리되어 있고, 서쪽으로는 대전광역시와 금산군으로 이어진다. 덕유산과 속리산에서 발원하는 금강 상류는 옥천군을 남북 방향으로 관통한다.

옥천군은 전체적으로 산이 많고 들이 적으며, 지세는 동쪽이 높고 서쪽이 낮은 동고서저의 특징을 보인다. 옥천읍은 지름이 약 10km에 이르는 원형의 옥천 분지 중앙에 위치하고 있으며, 이 옥천 분지는 남쪽, 북쪽, 동쪽 방면으로 400m 이상의 산들로 에워싸여 있다. 동쪽 방면으로는 소백산맥이 달리는 가운데 팔음산(762m)이라는 최고봉이 솟아 있다. 남쪽 방면으로는 천금산(464m), 천관산, 도덕봉(440m), 월이산(551m) 등이 있고, 북쪽 방면으로는 삼승산(574m), 금적산(652m), 덕대산(593m) 등이 있다.

옥천 분지는 전체적으로 평야가 적으며 150m 내외의 낮은 구릉지가 넓게 펼쳐져 있다. 분지의 외곽은 200m 이상의 능선으로 둘러싸여 있으며, 금강 본류와 대청호 유역에는 200m 미만의 저지가 넓게 분포되어 있다. 또한 보청천 연안의 청산 분지는 옥천 분지에 비해 규모는 작지만 인간 생활에 중요한 의미를 가지는 옥천군의 지형 단위이다.

금강은 산간 계곡을 흐를 때 남북 방향으로 흐르다가 옥천 분지의 중앙부에 이르면 서쪽으로 방향을 바꾸어 흐른다. 이 일대에서 금강은 협곡을 따라 마치 뱀처럼 구불구불 흐르는 이른바 감입사행천(嵌入蛇行川)의 형상을 하고 있다. 금강 본류와 지류들은 대부분 심한 협곡을 통과하므로 하천 연안의 사면이 매우 가파른 것이 특징이다. 그리고 금강 본류에 유입하는 주요 하천들로는 보청천, 옥천천, 건천, 서화천, 월외천 등이 있다.

　옥천군은 한반도의 중남부 내륙에 위치한 까닭에 한랭 건조한 겨울과 고온다습한 여름이 비교적 길게 지속되는 대륙성 기후를 나타낸다. 연평균 강수량은 중부 내륙의 산간 지방에 위치하는 관계로 지형성 강수가 많다. 특히 6~8월에는 강우량이 일년 강수량의 54%를 차지하는데, 이 기간에 하천 유역에서는 관개용수를 충분히 확보할 수 있는 반면, 집중호우로 인하여 수해를 입는 경우도 적지 않았다.

　오늘날 옥천군은 행정구역으로는 충청북도에 속해 있지만 생활권으로는 대전광역시의 외곽에 위치한다. 옥천군을 통과하는 주요 교통로는 경부선 철도, 경부고속도로, 옥천-보은 또는 옥천-금산 간 국도가 있다. 이러한 교통로는 대부분 금강 본류의 협곡을 따라 개설되어 있는데, 옥천읍은 이러한 협곡 통로가 교차하는 결절 지점에 위치하고 있다. 최근에 옥천읍 일대에는 대전광역시에서 출퇴근이 가능한 거리에 있다는 이점을 이용하여 기계제품이나 섬유제품을 생산하는 공장들이 입지하고 있다.

마을들은 저마다 다른 역사와 자연환경을 가지고 있으므로 동제에 있어서 신격과 제의 형태가 마을마다 차이가 있다. 동제를 일컫는 명칭은 당산제, 산신제, 당제, 서낭제, 포제, 별신제 등으로 지역별은 물론 촌락별로 차이가 많이 난다. 일반적으로 동제는, 절차에 있어서 서로 다른 종교적 요소가 혼합되어 있지만 대체로 유교적 유형과 무속적 유형의 두 가지로 분류된다. 어떤 마을이나 지역이 유교와의 관계가 가까우면 가까울수록 동제에 침투된 유교적 요소는 더욱 많았다.

동제에는 다수의 신들이 숭배되며, 이러한 동신의 복수성은 한국의 동제가 지니는 중요한 특징의 하나이다. 하나의 마을이 도시로부터 고립되어 있으면 있을수록 그 마을은 복수의 동신을 숭배할 가능성이 그만큼 크다. 실제로 동신들은 나무, 바위, 돌무더기, 장승, 위패, 초상화(영정), 그림, 한지 등으로 자연신으로부터 인물신에 이르기까지 다양하다. 그리고 하나의 마을이 유교의 영향을 많이 받으면 받을수록 자연신보다 인격신이 숭배될 가능성이 그만큼 커진다.

마을 입구는 마을의 경계를 구성하는 요소 가운데 하나이다. 마을 주민들에게 마을 내부는 안전하고 신성한 세계이지만, 마을 외부는 불안하고 세속적인 세계이다. 마을 주민들은 모든 불행, 재앙, 질병(특히 전염병)들이 마을 외부로부터 마을 입구를 거쳐 내부로 침입한다고 믿는다. 그러므로 마을 주민들은 이런 나쁜 요소들을 물리치는 수호신으로 장승, 바위, 돌무더기, 나무, 돌탑 등을 마을 입구에 배치하는 것이다.(그림 3-9) '하당신'이라고도 불리는 이러한 수호신들은 마을 입구에서 불운이 들어오는 것을 막는 한편, 마을의 행운이 나가는 것을 막는 역할을 한다. 특히 옥천읍을 중심으로 하는 금강 상류 유역에는 예외적으로 상당신과 하당신을 모두 숭배하는 동제가 비교적 잘 유지되고 있다. 여기서는 일년에 한번씩 동제를 지내며, 마을 주민들은 상당신인 산신에게 먼저 제의를 지낸 다음 마을 입구에 있는 하당신을 찾는다.

한국에서 동제가 급격하게 소멸하고 있는 최근의 동향과는 반대로 금강 상류 유역에는 아직도 동제가 원형에 가깝게 보전되고 있다. 여기서도 유교적 요소가 동제의 모든 절차에 깊이 침투되어 있는 현상은 다른 지방과 마찬가지이지만 신격만큼은 여전히 자연신 위주로 유지되고 있다. 이런 자연신 가운데 특히 외부인에게 인상적으로 다가오는 것은 다름 아닌 마을 입구에 하당신으로 서 있는 선돌이다. 선돌들은 일반적으로 형태가 예사롭지 않을 뿐더러 고인돌과 나란히 서 있을 경우에는 신령한 기운이 감돌기도 한다. 선돌은 한 개 또는 두 개가 마을 입구에 서 있는 경우가 보통이지만, 때로는 네 개 또는 다섯 개가 마을의 외곽 경계를 따라 모든 방향으로 배치되어 있는 경우도 있다. 옥천읍 일대에 서는 이런 선돌을 '수구맥이, 수살맥이, 두말맥이, 장승, 장군석, 삽작지등, 산신돌, 탑, 조산' 등으로 매우 다양하게 부르고 있다. 이중에서 장승이나 장군 석이라는 명칭이 가장 많이 불리고, 수구맥이나 수살 맥이라는 명칭이 그 다음으로 많이 쓰인다.

그림 3-9

마을 입구에 있는 목장승
장승은 하당신으로, 과거 한국 농촌의 보편적인 현상이었으며 일반적으로 남녀 한 쌍으로 건립되었다. 흔히 남성 장승은 머리에 관모를 쓰고 천하대장군(天下大將軍)이라고 쓰여 있고, 여성 장승은 관모 없이지하여장군(地下女將軍) 이라고 쓰여 있다.

일설에 의하면, 고대의 금강 상류 유역에는 매우 많은 선돌이 고인돌과 짝을 이루고 배치되어 있었다고 한다. 마을 주민들은 이런 선돌에 신령이 깃들어 있으므로 만일 그것 들을 건드리면 재앙이 온다는 믿음에서, 옮기지도 만지지도 않는 것을 철칙으 로 지키고 살아왔다. 실제로 금강 상류 유역에는 처음부터 위치가 바뀌지 않고 지금까지 그대로 서 있는 선돌들이 많이 남아 있다. 이처럼 이 지역의 동제에 는 선돌과 같은 자연물에 초자연적인 영혼이 들어 있다고 믿는 애니미즘의 전 통이 여전히 유지되고 있는 것이다.

사실 크고 작은 돌을 숭배하는 관습은 매우 오래된 것으로, 멀리는 선사 시대까지 소급된다. 선돌(입석)은 청동기시대에 살았던 사람들의 무덤인 고인 돌(지석묘) 입구를 알려주는 기념물로 세워진 것으로 추정된다. 옥천읍을 중심 으로 하는 금강 상류 유역에는 고인돌과 선돌이 풍부하게 남아 있으며, 이것들 이 발견되는 곳은 깊은 산속이 아니라 작은 하천을 끼고 있는 평야나 구릉지이 다. 따라서 여기에 사는 사람들은 주위에서 쉽게 접할 수 있는 선돌을 자연스 럽게 동신으로 숭배하게 되었을 것이다. 처음 이러한 선돌들은 개별적으로 숭 배되다가 점차 마을 주민 전체의 수호신으로 승격되었을 것으로 추정된다.

오늘날 고인돌은 때때로 인간에게 장수(長壽)를 가져다주는 거북바위 또 는 칠성바위로 상징된다.(그림 3-10) 이와 대조적으로 선돌은 때때로 남성과 여성의 성기로 상징되어 풍년과 다산을 기원하는 대상이 된다. 이처럼 금강 상 류 유역의 동제에는 고대로부터 전해 내려오는 신격이나 그에 대한 기도 내용 이 전혀 달라진 바가 없는 것처럼 보인다.

그런데 한 가지 특기할 만한 사실은 이러한 바위와 선돌들이 일반적으로 하천 부근에 위치하고 있다는 것이다.(그림 3-11) 고대에 고인돌이 거북이를

그림 3-10

금강 상류 유역에 있는 고인돌
거대한 크기와 신비스런 모양을
지닌 고인돌은 마을 주민들에게
초자연적인 존재로 믿어져
왔다. 이는 덮개 돌이 둘레
320cm, 두께 35cm, 넓이
210㎠의 화강암으로 되어 있는
북방식 고인돌이다.

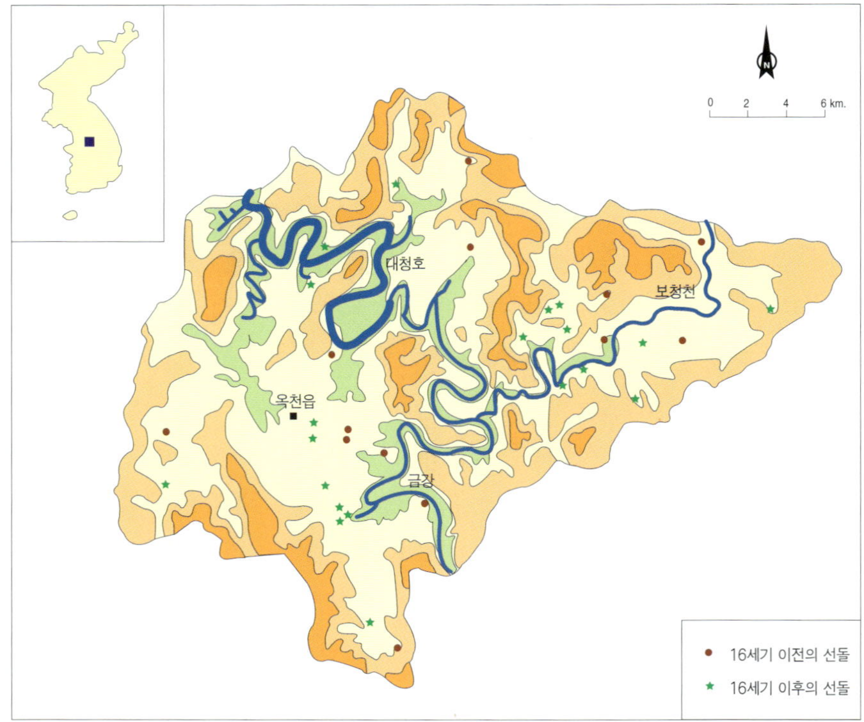

출처: 梁榮植, 民俗文化景觀의 分布에 關한 研究, 한국교원대학교 석사학위논문, 1993, p.88.

그림 3-11

옥천읍을 중심으로 하는 선돌의 분포(16세기 전후)　선돌은 하당신으로 16세기 이후 농촌 전역에서
보편적인 현상이었다. 이 시기에 농촌의 인구 성장은 논벼 재배의 확대와 함께 선돌의 전국적인 확산에
기여한 것으로 보인다.

상징하였다는 증거가 되는 것은, 거북이의 머리에 해당하는 부분이 하천이 흐르는 방향과 일치하게 배치되어 있었다는 사실이다. 또한 선돌은 고인돌에 인접하여 있으면서도 하천이 내려다보이는 언덕에 위치하고 있었다. 남성을 상징하는 선돌은 머리 부분이 뾰족하게 되어 있지만, 여성을 상징하는 선돌은 머리 부분이 둥글게 되어 있다.(그림 3-12) 때때로 선돌의 몸체에 일부러 구멍을 내기도 했는데, 이는 여성의 성기를 표현하기 위한 것이었다. 선돌 중에서 머리도 몸체도 둥근 것은 가끔 임신부를 상징하였으며, 여성들은 이것을 보고 득남을 기원하였다고 추정된다.(그림 3-13)

선돌이 마을 입구에서 외부 세계로부터 마을을 보호하는 하당신으로 자리 잡은 것은 조선시대로 추정하고 있다. 마을마다 동제를 지내기 시작한 시기는 집성촌이라고 불리는 종족 촌락이 논농사와 함께 보편적인 현상이 된 16세기부터로, 이때부터 선돌에는 일상생활과 관계가 있는 또 다른 상징적 의미들이 부여되었다. 선돌은 풍년과 득남을 가져다주는 상당신에서 사악한 영혼이나 전염병과 홍수와 같은 자연 재해로부터 마을을 보호하는 하당신으로 바뀌었다. 특히, 금강 상류 유역에는 홍수로부터 마을을 보호하는 기능을 가진 선돌이 마을에서 하천을 정면으로 응시하는 위치에 세워져 있다. 이러한 유형은 하천 부근에 위치하여 홍수에 노출되어 있는 마을에서 가장 많이 발견된다. 이때 선돌은 '수구맥이' 또는 '수살맥이'라는 풍수지리적인 명칭으로도 불리는데, 이는 문자 그대로 '수구를 막아주는 것' 또는 '홍수에 의한 죽음의 위협을

그림 3-12

옥천읍 일대에 있는 남성형 선돌
머리 부분이 뾰족하고 몸체가 새끼줄로 감겨 남성 신격을 상징하거나,(왼쪽) 초자연적인 힘을 느끼게 할 만큼 신비스럽고 영험한 인상을 풍기기도 한다.(오른쪽)

그림 3-13

옥천읍 일대에 있는 여성형 선돌
높이가 195cm인 이 선돌은
아랫부분에 지름 90cm의 원이
그려져 있고 원의 중앙에 약간의
홈이 파여 있다. 고고학적인
유추에 의하면, 이 선돌은
고대인들에게 배가 부풀어 오른
임신부의 모습을 상징하였으며,
여기에 새겨진 원은 태아가
자라는 여성의 자궁을 묘사한
것이었다.

막아주는 것'을 의미한다. 사실 선돌은 홍수가 닥쳤을 때, 물에 가라앉지도 않고 떠내려가지도 않아 확고부동한 표지판으로 손색이 없다. 마을 주민들은 이런 선돌을 홍수를 미연에 방지하거나 극복하는 구심점으로 삼고자 하였을 것이다.

금강 상류 유역에 자연신이 상대적으로 많이 남아 있는 이유는 고립된 위치와 협곡으로 대변되는 자연환경 때문이다. 감입곡류천이 구불구불 흘러가는 협곡은 일단 들어가 정착하면 외부 세계와 단절하고 살아가기 적합한 곳이다. 이러한 협곡은 극심하게 곡선을 그리며 전개되고 있기 때문에 여기에 자리 잡은 마을들은 외부에서 쉽게 눈에 뜨이지 않는 특징이 있다. 15세기에 양반 신분을 가진 가족 집단들이 임진왜란과 병자호란을 피하여, 이와 같이 고립된 협곡으로 찾아들어 왔다고 한다.

15세기 이후에는 이러한 협곡에 정착하기 위해 들어오는 가족 집단들이 더욱 증가하였다. 이들은 대부분 외부 세계와 어느 정도 단절된 세계를 희구하는 사회적 성향을 가지고 있었다. 그들의 거주 구역은 협곡의 좁은 골짜기에 의해 작게 쪼개져 있었으므로, 특정한 종족 집단이 지리적으로 넓게 자기 세력을 확대하고 과시하는 것은 어려웠다. 그 결과 금강 상류 유역은, 전체적으로 사회적 성격이 상대적으로 동질적이라고 할 수 있었다. 이러한 사회적 동질성은 이 지역 전체에 선돌이 보편적으로 분포하는 요인의 하나가 되고 있다.

하천 근처에 있는 마을들은 홍수 피해에 노출되어 있기 때문에, 마을 주민들은 선돌의 초자연적 능력을 믿는 경향이 상대적으로 농후하였다. 협곡의 가파른 사면으로 인하여 여름철 우기에 집중 폭우가 쏟아지면, 하천의 물이 제방을 넘어 범람해 마을 주민들의 생명과 재산을 위협하는 홍수가 되기 쉬웠다. 조선시대 마을 주민들이 홍수로부터 마을을 보호하는 유일한 방법은 아마도 육체노동에 의한 협동밖에 없었을 것이다. 선돌은 이런 마을 주민들에게 언제나 홍수에 대한 경각심을 가지게 하고, 홍수를 방지하는 공동 노력의 필요성을 주지시키기도 하였을 것이다. 때문에 풍수 이론에 따른 수살맥이라는 선돌이 홍수를 막아주는 비보물이라고 믿는 일반 백성들은, 선돌이 가지는 초자연적 능력을 의심하지 않았을 것이다.

4. 금산읍 일대의 돌탑

충청북도의 옥천군·영동군에서 전라북도의 진안군·완주군으로 이어지는 노령산지는 중간에 충청남도의 남동부에 위치한 금산군을 지난다. 금산군은 1963년 전라북도에서 충청남도로 편입된 다음부터 대전광역시의 도시화에 막대한 영향을 받아왔다. 현재의 금산군은 동쪽으로 충청북도 영동군·옥천군, 북서쪽으로 논산시·대전광역시, 남쪽으로 전라북도 완주군·진안군·무주군과 인접해 있다.

금산읍이 자리 잡고 있는 이른바 금산 분지는 남서쪽으로 뻗어 내린 노령산지의 지맥과 남동쪽으로 달리는 소백산지에 의해 둘러싸인

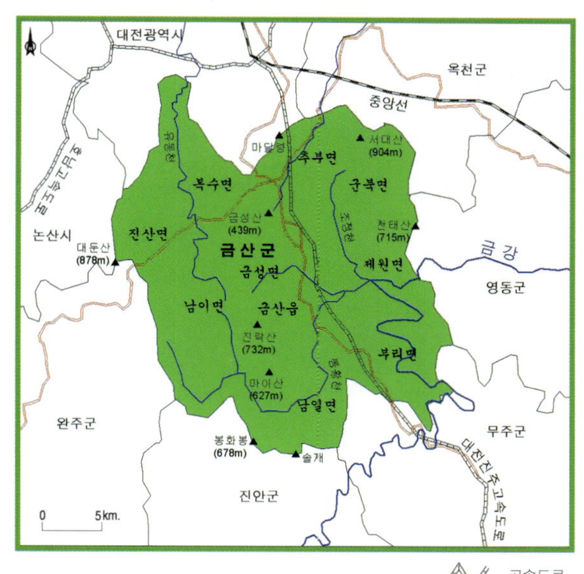

사각형 모양을 하고 있다. 금강 상류는 금산군에서 협곡 사이를 심하게 감입곡류하고 있지만, 예외적으로 봉황천 유역에 금산 분지가 비교적 넓게 발달되어 있다. 이러한 금산 분지에는 200m 내외의 구릉지가 널리 분포하며, 금산읍 시가지는 약 160m의 분지 중앙에 위치하고 있다. 금산군을 통과하는 5대 하천으로는 서화천, 천내강, 유등천, 벌곡천, 장산천 등이 있다.

금산 분지는 대성산(705m), 서대산(904m), 천태산(715m), 국사봉(668m), 대둔산(878m), 진락산(732m), 마이산(627m) 등과 같은 높은 산들로 겹겹이 포위되어 있다. 또한 금산 분지 외곽의 산간지대에는, 금강의 지류들에 의해 침식된 소규모의 산간 분지들이 형성되어 있다. 이러한 지형적 특징은 일찍이 『동국여지승람』(1481년)에서 '산이 지극히 높다'로 묘사되었고, 고려시대의 문장가였던 이규보(李奎報)는 '산이 지극히 높아서 들어갈수록 점점 그윽하고 깊다'라고 구체적으로 표현하기도 했다.

노령 산지의 주능선은 금산 분지 동쪽의 서대산을 출발하여 중앙의 금성

산를 지나 월봉산을 거쳐 서쪽의 대둔산으로 연결된다. 이런 동서 방향의 분수령을 기준으로 금산군의 지형은 양분되는데, 조선시대에는 분수령 북쪽과 남쪽은 진산현(현 진산면)과 금산현으로 분리되어 있었다. 현재의 금산군은 조선시대의 진산현과 금산현을 1914년에 금산군으로 통합한 결과이다.

금산군은 과거 백제의 변방으로 신라와의 영토 분쟁 때 치열한 격전지였다. 오늘날까지 금산군 일대에 남아 있는 삼국시대 산성들은 바로 이러한 사실을 뒷받침하고 있다. 금산읍의 북쪽 구릉에는 임진왜란 때 왜군과 싸우다 전멸한 의병들을 추모하고자 성역화한 칠백의총이 있다. 또한 배티재는 임진왜란 당시 금산군을 점령한 왜군이 군량 확보를 위해 호남지방으로 진출하려다 권율 장군에게 대패한 고개이다.

금산군은 전통적으로 강화군 또는 풍기군과 함께 전국적으로 유명한 인삼 집산지이다. 하지만 최근에는 전국 최고의 인삼 생산지라는 명성을 전라북도 진안군에 넘겨주고 말았다. 그럼에도 불구하고 전국 인삼 거래량의 80%가 금산읍에 있는 인삼 상가와 인삼 백화점을 중심으로 여전히 거래되고 있다. 금산읍에서 인삼은 5일마다 열리는 정기 시장을 통해 주로 거래되며, 매년 10월 초에는 인삼 축제가 대규모로 열리고 있다.

전 북 장수군으로부터 대전광역시 외곽의 대청댐에 이르는 금강 상
류 유역에는 마을 입구에 돌을 원추 모양으로 쌓은 돌탑들이 많
이 있다. 이러한 돌탑은 금강 유역 전역과 동남 해안이나 제주도와 같은 다른
지방에서도 발견되지만, 금강 상류 유역에 가장 밀집되어 있는 민속 문화이
다.(그림 3-14) 돌탑은 대청댐 이하의 중류 유역에도 산발적으로 분포하지만
그 밀집도가 상류 유역에 감히 비할 바가 아니다. 특히 금산군은 장수군, 무주
군, 진안군, 금산군, 영동군, 옥천군에 비해 입구에 돌탑을 쌓아 놓은 마을들이
비일비재하다. 이에 반해 옥천군과 영동군은, 마을의 하당신으로 돌탑보다는
선돌을 더 많이 숭배하고 있다.

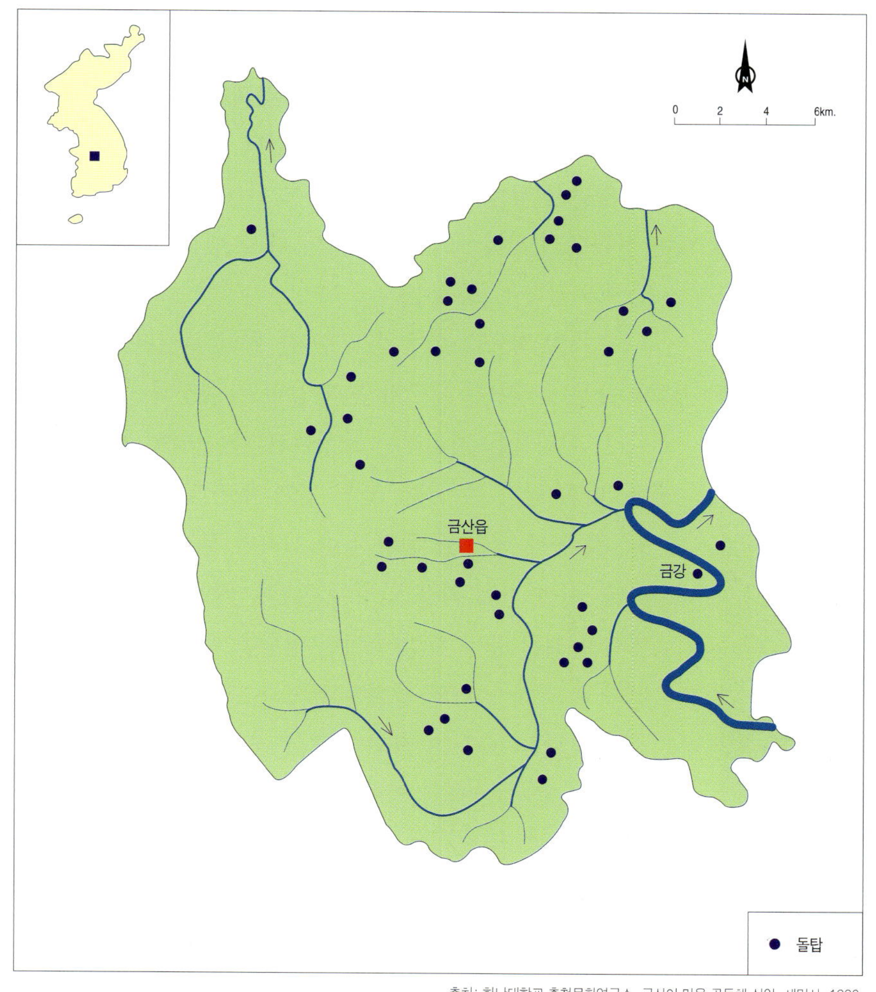

출처: 한남대학교 충청문화연구소, 금산의 마을 공동체 신앙, 세민사, 1990.

그림 3-14

**금산읍 일대(금강 상류 유역)
돌탑의 분포**
금강 유역에서 돌탑은 대부분
금강의 지류변에 위치하고 있다.
이 일대의 지세는 심하게 곡류하는
하천에 의해 깊게 파인 협곡으로
특징지어진다.

이처럼 금강 상류 유역이 전체적으로 어느 정도의 동질성을 가진 '돌탑 민속 문화 지역'으로 묶여지는 데에는 자연환경의 영향이 적지 않았다. 금강 상류의 계곡은 폭이 좁은데다가 곡선으로 휘어 있기 때문에 외부에서 길을 찾아 들어가기가 용이하지 않다. 하천을 흐르는 계곡의 주위가 험준한 산들로 에워싸여 있기 때문에 마을과 마을 사이를 연결하는 교통로는 좁은 계곡을 따라 구불구불 이어진다. 이러한 고립적 위치를 가지는 지형적 특성으로 인하여 금강 상류 유역은 조선시대에 피난이나 은둔을 목적으로 들어온 입향조(入鄕祖)들을 가진 마을들이 적지 않다. 다시 말해서 외부 세계와 격리되는 위치를 만들어 주는 금강 상류 유역의 지형 환경은 '돌탑 민속 문화 지역'의 형성에 물적 토대가 되었던 것이다. 금산읍 일대에 있는 돌탑 중에서 가장 큰 것은 높이가 2.6m이고 둘레가 18m이지만, 가장 작은 것은 높이가 1.3m이고 둘레가 4~5m이다. 그리고 이중에서 가장 흔한 것은 높이가 1.5m이고 둘레가 6~10m이다. 일반적으로 하천에 면한 마을의 전방 경계를 기준으로 내부에 한 개와 외부에 한 개 도합 한 쌍의 돌탑이 배치되어 있다. 더구나 돌탑의 꼭대기나 앞에는 돌탑의 모양을 신비롭게 하는 선돌이 서 있는 경우도 있다. 돌탑 꼭대기에 얹혀 있는 선돌은 멀리서 보면 그 모양이 흡사 뱀 대가리나 남성의 성기와 같다.(그림 3-15)

일반적으로 마을에 있는 한 쌍의 돌탑은 입지와 성별 구분에 있어서 제각기 음과 양 또는 여성과 남성을 상징한다. 이것들을 가리키는 호칭들은 할아버지 탑과 할머니 탑, 남자 탑과 여자 탑, 남편 탑과 부인 탑, 바깥 탑과 안 탑, 큰 탑과 작은 탑 등과 같이 제각기 서로 대칭을 이루고 있다. 이와 같이 짝을 맞추어 돌탑을 쌓는 관습에는, 도교에서 유래된 음양 사상이 어떤 영향을 주었을 것으로 추정된다. 이러한 돌탑의 성별은 규모와 형상을 기준으로 쉽게 구별이 된다. 규모가 크고 본체의 경사면이 가파르면 남성이지만, 규모가 작고 본체의 경사면이 완만하면 여성으로 판별된다.

원추의 형태를 하고 있는 돌탑은 잡석을 쌓아 만드는 원추형의 서낭당과는 전혀 다른 것이다. 서낭당은 고개 마루에 있는 나무 밑에 만들어져 있으며, 그 나무의 가지에

그림 3-15

금산읍 일대에 있는 돌탑
이 돌무더기는 마을 입구에 있으며 마을 주민들에 의해 할아버지 탑으로 불린다. 마을 주민들은 남성 신격을 상징하기 위해 뱀 머리를 닮은 모양의 돌을 돌탑 꼭대기에 얹어 놓았다.

는 오색천이 묶여져 있다. 이런 서낭당에는 여행자들이 멈추어 서서 자신들의 무사와 안전을 염원하고 여행을 계속한다. 따라서 입지와 기능의 측면에서 볼 때, 돌탑은 서낭당과 엄연히 다른 민속 문화인 것이다.(그림 3-16)

금산읍 일대의 마을 주민들은 대개 마을 뒷산에서 산신제를 지내고 난 다음 마을로 내려와서 마을 입구에서 탑제를 지낸다. 그들은 산에 산신이 거주하는 것처럼 돌탑에는 탑신(塔神)이 거처한다고 믿는다. 산신제는 오직 소수의 남성들만이 참여하며, 제의는 유교의 제사 의식과 매우 유사하다. 산신제가 끝나면 마을 주민들은 풍물을 치며 마을을 한바퀴 돈 다음 돌탑으로 가서 탑제를 지낸다. 이런 탑제에는 여성은 물론 마을 주민 전체가 참여하는 것이 허용되며 무속과 불교 양식이 혼합되어 있다.

마을 주민들 대부분은 자기 마을의 돌탑이 축조된 정확한 연대를 알지 못한다. 그나마 그들이 어렴풋이 기억하는 것은 단지 지관이나 무당의 의견을 좇아 돌탑을 쌓았다고 하는 구전 내용뿐이다. 전염병과 같은 질병이 마을에 번졌을 때 마을 주민들이 무당이나 지관에게 이에 대처할 처방을 물어보았다고 한다. 하지만 최근에 마을 주민들에게 가장 심각한 재앙은 전염병이 아니라 마을에서 다른 곳으로 이주한 청년들의 사고사(事故死)이다. 마을 주민들의 요청에 부응하여 지관이나 무당은, 그들에게 한 쌍의 돌탑을 세우고 무당을 불러 그 앞에서 굿을 하라고 권유하기도 한다. 실제로, 10년 내지 100년 전에 이러한 재앙을 당하고 나서 돌탑을 최초로 쌓았다고 하는 마을이 적지 않다.

탑제에는 무속과 도교의 요소 이외에도 풍수 사상과 불교의 요소가 가미되어 있다. 먼저 서낭당과 같이 생긴 돌무더기가 '돌탑'이라고도 불리는 이유는, 무엇보다도 그것의 위치와 형상이 불교 사찰의 석탑을 연상시키기 때문이다. 풍수 사상을 믿는 마을 주민들이 지관에게 가서 조언을 구하면 지관은 그들에게 한 쌍의 돌탑을 세울 위치를 구체적으로 일러준다. 이런 경우에 마을 주민들은 한 쌍의 돌탑이 마을의 터가 가지는 풍수상의 결함을 보충하는 역할, 즉 비보의 역

그림 3-16
문경읍으로 통하는 오솔길 (구영남대로)에 있는 서낭당
서낭당이라고 불리는 돌무더기는 나무 옆에 쌓여 있고, 그 뒤로 처녀의 화상을 봉안한 당집이 자리하고 있다.

할을 하는 것으로 믿는다.

특히 최근에는 금산읍 일대에서 돌탑의 복구와 유지에 여성들이 적극적으로 참여하는 양상이 돋보인다. 마을의 남성 주민들이 지내다가 그만 둔 탑제를 여성 주민들이 나서서 무당을 불러 굿을 하고 되살린 경우가 간혹 있다. 이런 마을에서는 탑제가 무속적 요소와 불교적 요소가 혼합된 형태로 치러진다. 예를 들어, 금산군 부리면의 어떤 마을에서는 여성들이 촛불을 들고 돌탑 주위를 돌면서 아미타불을 독송한다. 이 마을에서 돌탑은 마을 주민 전체가 모시는 하당신이기도 하거니와 여성들이 개인적으로 숭배하는 초자연적 존재이기도 하다. 여성들은 이런 돌탑에 와서 자신들의 소원을 빌기도 하는데, 그들의 소원은 가정의 평화와 안전에 관한 것이 대부분이다. 특히 조선시대에는 아들을 낳고 또한 태어난 아들이 아무 탈 없이 성장하는 것이 여성들에게 가장 간절한 소원이었다.

또한 마을 주민들은 돌탑에 거처하는 탑신이 홍수와 같은 자연 재해로부터 자신들의 생명과 재산을 보호해 준다고 믿었다. 금강 상류 유역에 위치한 그들은, 홍수의 위험에 대처하는 것이 자신들의 안전을 위하여 무엇보다도 중요하다고 생각하였다. 특별한 운반도구 없이 맨손으로 돌을 날라다 제방을 쌓는 작업은, 마을 주민 전체가 참여한다고 해도 매우 고된 노동이었다. 만일 제방을 견고하게 쌓지 않으면 여름철에 발생하는 홍수에 의해 마을은 쉽게 무너지고 물난리를 겪게 된다. 마을 주민들은 이른바 탑신의 초자연적 능력을 믿기 때문에, 돌을 차곡차곡 쌓아 돌탑을 완성하는 고된 작업에 기꺼이 동참하였다. 이러한 공동 노동에는 모든 가정의 구성원들이 남녀노소를 불문하고 빠짐없이 참여할 의무가 있었다. 그들은 조그마한 돌 조각이라도 정성스럽게 운반하여 쌓아 돌탑을 견고하게 만들면, 탑신이 마을의 안전과 평화를 더 잘 지켜줄 것이라고 믿었기 때문이다.

5. 다도해의 당제

전라남도 신안군(新安郡)은 동쪽으로는 바다 건너 무안군과 목포시, 서쪽으로 황해, 남쪽으로 다도해, 북쪽으로 영광군의 낙월군도와 접하고 있다. 이러한 신안군은 남서해안 다도해의 대부분을 차지하며, 전국 시·군 단위 자치단체 중에서 가장 많은 섬[島嶼]을 보유하고 있다. 즉 신안군 소속의 도서는 총 829개로 전국 도서의 26%, 전라남도 도서의 42%를 점유하고 있다. 신안군의 도서 중에서 규모가 비교적 큰 것으로는 안좌도, 압해도, 비금도, 도초도, 임자도, 암태도, 증도, 장산도, 하의도, 흑산도 등이 있다. 이런 도서들의 해역은 대부분 대륙붕 지대로서 수심이 15m 미만인 얕은 바다로 되어 있다.

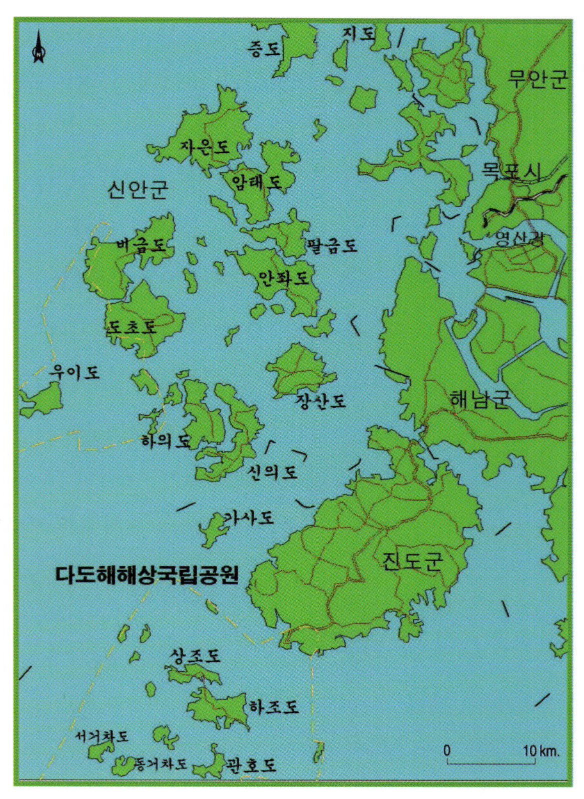

다도해에 있는 도서의 대부분은 지금으로부터 대략 1억 년을 전후한 중생대 백악기의 지각 변동과 화산 활동으로 인하여 생성되었다. 흑산도, 비금도, 도초도, 하의도, 장산도, 안좌도, 자은도를 포함한 도서의 거의 대부분은 화산암 또는 화산쇄설암(응회암)으로 구성되어 있다. 하지만 중생대 백악기 말기에 관입된 화강암으로 구성된 섬들도 예외적으로 발견되는데, 그 대표적인 예가 화산 활동이 끝나가는 백악기 말기(6500만 년 전)에 형성된 암태도이다. 이처럼 화산암을 기반암으로 하는 남서 해안은 토양에 산성이 강하기 때문에 식생이 자라는 데는 적합하지 않다.

한편, 다도해의 도서들은 과거에 빙하의 후퇴와 함께 해수면이 상승할 때 소백산지와 노령산지가 끝나는 해안의 구릉지대가 침수되면서 형성되었다.

신안군을 포함한 남서 해안의 섬들은 구릉성 산지가 많고 평지의 발달이 미약하다. 다만 도서 연안의 갯벌을 인위적으로 간척하여 얻은 평지가 국지적으로 분포할 따름이다. 일반적으로 모든 도서 산지의 대부분이 해발 고도가 100m를 넘지 않으며, 300m를 초과하는 산은 매우 드물다. 다도해의 해안선은 굴곡이 매우 심해, 세계적으로 손꼽히는 리아스식 해안으로 평가되고 있다.

신안군의 크고 작은 섬들은 자연적인 방파제가 되기 때문에 목포를 중심으로 하는 남서 해안에서 수산물 양식과 항구가 발달하는 배경이 되고 있다. 다도해의 해역에는 낮은 수심으로 넓게 펼쳐진 천연 갯벌에 낙지와 어패류 등의 수산자원이 풍부하다. 더구나 근대를 전후하여 이 일대에 개척된 대규모의 염전은 오늘날까지 전남에 공급하는 소금의 80%를 생산하고 있다. 그리고 신안군과 그 주변의 해역에서는 조기, 갈치, 홍어, 장어, 새우 등이 많이 잡히며, 특히 대흑산도는 홍어잡이로 매우 유명하다. 대흑산도의 예리항은 서해 어장의 주요 어업전진기지로서 7월 중순부터 3개월 동안 이른바 파시(波市)가 열린다.

예부터 다도해의 도서들은 육지와의 교류는 비교적 단절되어 있었던 반면, 도서 상호간 교류는 비교적 빈번하였다. 특히 근대 이후 철도를 비롯한 육상 교통로가 발달하기 이전에는 바다는 문화·경제적인 교류의 주요 통로로 이용되었다. 조선시대에도 서남 해안의 해상 교통로는 전국적 또는 국제적인 규모의 무역로 또는 조운로로 이용되었다.

한국의 서남해에는 크고 작은 도서들이 부지기수로 널려 있다. 도서들은 해안의 만입으로부터 원해(遠海)에 이르는 넓은 범위에 걸쳐 크고 작은 무리를 짓고 있으며, 이 때문에 언제부터인가 '다도해(多島海)'라는 별칭이 붙었다. 이러한 도서군(島嶼群)들은 육지에서 멀어지면서 대체로 연해(沿海), 근해(近海), 원해(遠海)의 권역을 동심원적으로 구성하고 있다. 연해와 근해에서는 도서들이 서로 가까이 모여 있는 크고 작은 도서군들이 35km의 폭에 걸쳐 분포한다. 여기서 바다 쪽으로 20km를 나아가면 도서가 없는 바다가 보이지만, 이곳에서 더 나아가면 작은 도서들이 성글게 무리를 짓고 있는 원해에 다다른다. 이곳에는 유명한 대흑산도와 소흑산도가 있는데, 그중에서 소흑산도는 육지에서 무려 126km나 떨어져 있는 황해 상에 위치하고 있다.

다도해의 중심에 위치한 전라남도 신안군 하나만 해도, 유인도 111개, 무인도 719개로 총 830개의 도서가 있다. 이러한 도서들에서도 동제는 명칭과 제의 형태에 있어서 지역적 편차가 다양하다. 동제의 명칭은 도서의 위치가 육지로부터 점차적으로 멀어지면서 산신제, 당제(堂祭), 용왕제로 바뀌어 가는 경향이 분명하다. 또한 그 형태는 도서의 위치가 육지에서 멀어질수록 유교적인 요소는 감소하고 무속적인 요소가 증가하는 경향이 있다. 다시 말해서 원해의 도서들에는 연·근해의 도서들에 비해 무속적인 제의가 순수하게 남아 있을 가능성이 크다는 것이다. 다도해 당제의 공통점은 신위와 신격은 단수가 아닌 복수이며, 그중에는 멀리 고대까지 소급되는 것들도 있다는 것이다.

특히 신안군에 속한 다도해는 연해로부터 근해를 거쳐 원해까지 넓게 펼쳐진다. 이러한 도서들은 육지로부터 떨어진 거리에 따라 연해 도서, 근해 도서, 원해 도서 등으로 분류된다. 연해 도서 중 큰 것들은 임자도, 지도, 자은도, 하의도, 안좌도, 장산도, 암태도 등이며, 근해 도서에는 비금도, 도초도, 우도 등이 있다. 원해 도서로는 흑산도, 홍도, 태도, 가거도(소흑산도) 등이 속한다.(그림 3-17)

연해의 도서에서는 주민의 생계 활동으로 어업보다는 농업이 더욱 중요시 된다. 이런 도서는 육지와의 교통이 그다지 나쁘지 않으므로, 어업은 단순히 농업을 보조하는 생계 활동에 머물러 있다. 또한 교통과 통신을 이용한 육지와의 문화 접촉이 빈번해 육지의 동제와 크게 다른 바가 없는 것이 특징이다. 육지의 농촌에서 농악대를 따라 마을을 한바퀴 돌며 하는 지신밟기와 남녀별로

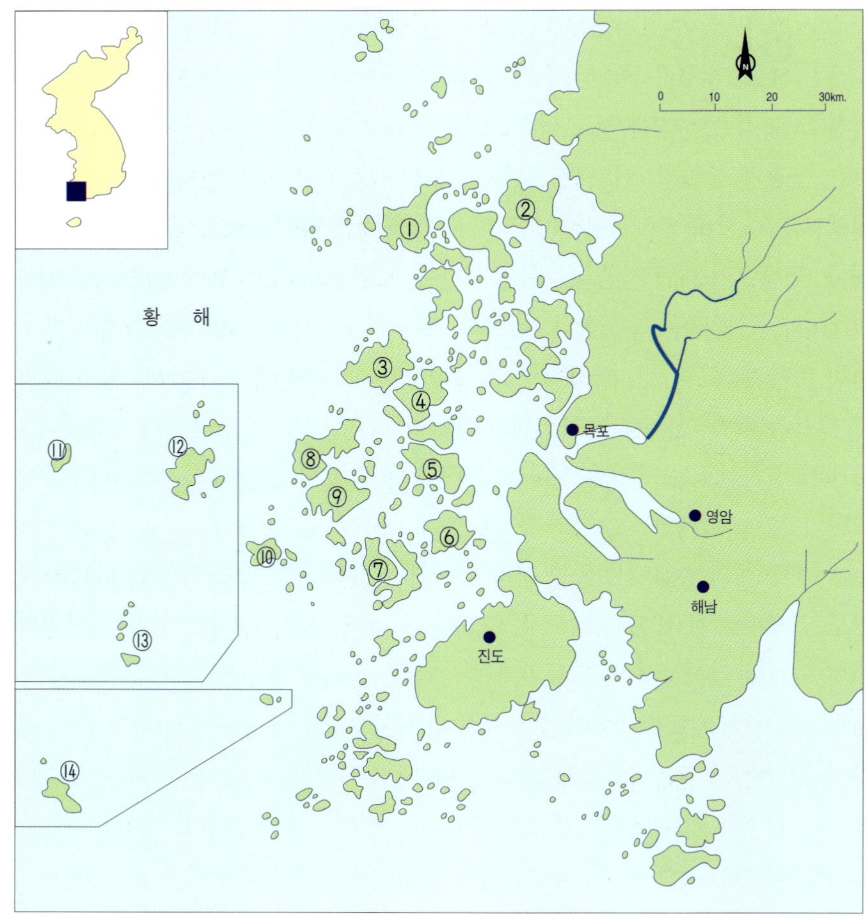

동서로 편을 갈라 하는 줄다리기 놀이 같은 풍습이 연해의 도서에도 있다.

더구나 연해 도서에서도 산신은 상당신이고, 나무와 바위는 하당신으로 인접한 해안 지방과 다를 바가 없다. 또한 동제의 절차와 의식은 유교의 영향을 강하게 반영하고 있다. 이런 동제에서 동신에게 바칠 음식을 진열하고 축문을 읽는 방식은 다분히 조상을 숭배하는 유교적 제의와 유사하다. 이는 연해 도서의 동제가, 육지와 가까운 거리로 인해 도서 고유의 특징을 보전해 오지 못했기 때문이다. 다시 말해서, 이는 예부터 도서 지방에 전해 내려오는 동제의 무속적 유형이 육지의 유교적 유형에 동화되어 버린 결과로 볼 수 있다.

자연 조건이 농업의 발전을 저해하는 근해와 원해에서는 어업이 농업을 대신하여 가장 중요한 생계 활동이 된다. 근해 도서인 비금도, 도초도, 우도 등에서 동제는 연해 도서와 원해 도서의 중간적 성격을 가지고 있다. 이들 도서는 주요 어장이 있는 원해로 가는 길목에 위치하고 있어, 어선을 수리하는 공장들이 있으며 파시라고 불리는 시장이 계절에 따라 열린다. 이 도서들에서는 농업이 국지적으로만 가능하며, 단지 보조적인 생계 활동에 지나지 않는 것이다.

원해에 있는 흑산도, 홍도, 태도, 가거도(소흑산도) 등은 마을 주민들 대부분이 어업에 종사하고 있는 도서들이다. 이 도서들은 과거 한국 남부와 중국 남부 사이를 오가는 해양 교통로 상에 위치한 국제 항구로 발달한 역사를 가지고 있다. 하지만 지금 이 도서들은 국제 항구로서의 기능을 상실한 채, 황해와 동중국해 상에서 고기잡이하는 어선들의 기지로 활용되고 있을 뿐이다.

동신의 신격과 제의 형태는 육지에서 바다 쪽으로 갈수록 중간 중간에 혼합(점이)지대를 거치며 점차적으로 바뀌는 경향을 보인다. 특히 근해 도서와 원해 도서 사이에는 동제의 유형이 서로 중복 또는 교차되는 모습으로 나타난다. 이는 도서와 도서 사이 또는 육지와 도서 사이를 왕래하는 것이 그다지 어렵지 않았기 때문이다. 다도해에서는 도서들이 서로 인접하여 있으므로 도서와 도서를 연결하는 교통과 문화 교류가 전혀 단절되어 있지 않았던 것이다. 작은 배를 타고 육지를 출발하여 원해 도서에 도달하는 것은, 마치 징검다리를 건너는 것처럼, 하나의 도서에서 다음의 도서로 나아가는 것을 반복하면 얼마든지 가능하였다.

근해 도서에서 동신의 신격으로 가장 흔한 것은 '할아버지 당'과 '할머니 당'이라고 불리는 나무와 돌 같은 자연물이다.(그림 3-18) 이처럼 애니미즘의 대상인 자연신을 숭배하는 전통은 '할아버지'와 '할머니'라는 동신의 명칭과 함께 다도해 연안의 해안 지방에서 흔히 발견된다. 이러한 동신들(할아버지와 할머니)은 서로 다른 장소에 따로 배치되기도 하고, 같은 장소에 함께 배치되기도 한다. 이것들을 분리하여 배치하는 경우에는 할머니 당은 가장 높은 지점에 배치되고, 할아버지 당은 할

그림 3-18

고흥읍 일대의 당산나무
마을 입구에 있는 당산나무는 느티나무와 같이 나뭇가지와 잎이 무성하게 자라는 수종이 선호되었다.

머니 당보다 낮은 지점에 두었다. 이는 육지의 해안 지방에서 할아버지 당이 할머니 당보다 높은 지점에 위치하고 있는 것과 정반대되는 현상이다.

또한 근해 도서에 사는 마을 주민들은 우선적으로 할머니 당에 가서 동제(당제)를 지낸 다음 할아버지 당으로 가는 경우가 많다. 예를 들어, 지도에 있는 탄동이라는 마을에서 할머니의 신위는 사옥도의 기망산 중턱 기슭에 있는 높이 40cm, 폭 30cm의 선돌이고, 할아버지 신위는 마을 입구에 있는 나무이다. 이와 같이 제주도와 같이 여성신을 남성신보다 더욱 중요하게 섬기는 풍습은 동남아시아의 고대 전통과 유사한 것이다.

근해와 원해의 도서에서는 인물신과 자연신 이외에도 애니미즘의 대상이 되는 신격들이 다양하게 숭배되고 있다. 예를 들면, 육지에 없는 말과 쥐 같은 동물신이 동신으로 숭배되고 있는 경우도 드물지 않다. 특히 쥐를 동신으로 숭배하는 풍습은, 근해와 원해 도서에 널리 퍼져 있다. 추측건대 쥐신을 무속적인 제의로 섬기는 풍습은, 육지에서는 완전히 소멸되어 버린 고대의 애니미즘 전통이 잔존하고 있는 것이다.

비금도의 월포리라고 하는 마을은 뒷산 중턱에 상당신으로 신목인 고송(古松)과 석단(石壇)이 있고, 여기에는 산신령, 할머니, 할아버지, 쥐신의 신위들이 모셔져 있다. 하당신으로는 억울하게 죽은 5명의 영혼으로 몽달 귀신, 총각 귀신, 다 못 살고 죽은 귀신, 거지 귀신, 목매달아 죽은 귀신 등을 모신다. 이와 같이 월포리의 동제에는 무속적 전통이 강하게 남아 있으며, 동신의 종류가 자연신, 인격신, 동물신, 귀신 등으로 다양하여 다신교적 특징을 가지고 있다. 특히 쥐를 신으로 숭배하는 제의는 원시적 신앙인 애니미즘의 잔존으로 추정되는데, 이러한 신앙은 근해의 도초도, 비금도, 우이도로부터 원해 도서인 흑산도와 홍도에까지 널리 퍼져 있다.(그림 3-19)

근·원해의 도서는 육지로부터 멀리 떨어져 있는 관계로 육지와의 문화적 접촉이 지극히 제한되어 있었다. 이러한 도서에서는 때때로 고려시대에 비롯되었다고 추정되는 유형의 동제가 발견되기도 한다. 예를 들어, 도초도에서 고란리라고 불리는 마을은 고려시대로부터 전해 내려오는 마신(馬神)을 숭배하고 있다. 이 마을의 상당에는 할머니, 할아버지, 며느리, 아들, 딸 이외에 마신(馬神), 천신(天神), 지신(地神)이 모셔져 있다. 이 경우에 마신(馬神)의 몸은 대나무로 되어 있지만 머리는 짚으로 엮은 다음 종이를 감싸서 만들었다. 또한 종이로 감싼 머리 부분에는 코와 눈을 먹으로 사실적으로 그려서 실물과 비슷하게 보이도록 하였다.

원해의 도서에 있는 마을들은 대부분 산신이나 할머니 신을 모시는 상당제와는 별도로 용왕신을 섬기는 하당제를 지낸다. 이와 같이 용왕신을 숭배하는 동제를 다도해에서는 '갯제' 또는 '둑제'라고 특별히 지칭한다. 원해의 도서에서는 상당제를 연해과 근해의 도서와 별다른 차이가 없이 지낸 다음, 갯가로 와서 용신을 모시는 하당제를 지낸다. 이때 갯제는 물 속에 있는 용왕신에게 주로 풍어를 기원하는데, 해상 사고가 없기를 기원하는 용왕굿으로 배 고사(告祀)와 같은 제례를 갖추기도 한다. 특히 흑산도 북쪽과 서쪽에는 상당제와 별도로 날짜를 정하여 갯제 또는 둑제를 독립적으로 지내는 마을들이 있다.

용왕신을 모시는 갯제 또는 둑제를 지낼 때는 마을 주민들이 마을 앞에 있는 바닷가에 함께 모인다. 제주(祭主)가 큰 솥에 밥을 해두면, 집집마다 장만한 제상(祭床)을 부녀자들이 들고 나와 갯가에 차려 놓고, 풍어와 해상 안전을 빈다. 이러한 갯제에서 용왕의 신체는 짚으로 엮은 허수아비의 형체를 하고 있다. 부녀자들은 음식과 술을 허수아비에게 먹이면서 자기 남편이 고기를 많이 잡아 가지고 귀가하기를 소원한다. 그 다음에 남성들은 허수아비를 배에 태워 바다로 나가서 멀리 떠나보낸다. 이런 유형의 동제는 유구열도(琉球列島), 중국 남부, 동남아시아 등지에서 지내는 해신제(海神祭)와 유사한 점이 있다.

그림 3-19

제단이 있는 당산
당산제는 원래 무속적 제의로 거행되었지만 조선 후기부터 차츰 유교적 제의에 동화되었다. 이 당산에는 당산 나무 밑에 유교식으로 음식을 차려 놓고 제사를 지내는 제단이 설치되어 있다.

4

언어 경관

알타이 어족에 속하는 어군에는 터키어, 몽골어, 퉁구스어 또는 퉁구스–만주어 등이 있다. 그중에서 한국어는 퉁구스 어군에 속한다고 생각하는 언어학자들이 많이 있다. 하지만 한국어가 알타이 어족의 다른 언어들과의 유사성이 별로 뚜렷하지 않다는 문제점이 있다. 즉 한국어가 알타이 어족의 몇 가지 중요한 특성을 가지고 있다고는 하지만, 한국어와 알타이 어족과의 친족 관계는 앞으로 좀더 구체적으로 증명되어야 할 문제로 남아 있다. 한국어와 일본어는 때때로 똑같이 알타이 어족에 속하면서 서로 가까운 관계에 있다고 언급된다.

한국의 방언은 전통적으로 조선시대의 행정 구역인 8도에 상응하여 8개의 집단으로 분류된다. 이런 8개의 방언은 함경도 방언, 평안도 방언, 경기도 방언, 충청도 방언, 전라도 방언, 경상도 방언, 제주도 방언, 강원도 방언 등이다. 언어의 친족 관계를 기준으로 8개의 방언은 북부 방언과 남부 방언의 두 집단으로 합쳐진다. 북부 방언은 조선시대의 함경도, 평안도, 경기도, 충청도와 강원도 북부에서 사용되지만, 남부 방언은 조선시대의 경상도, 전라도, 충청도와 강원도 남부에서 쓰인다.

오늘날 표준 한국어는 일반적으로 서울과 경기도에 사는 중산층의 일상적인 언어이다. 서울은 1392년부터 600여 년간 조선 왕조의 수도로 내려왔다. 개성은 918년부터 1392년까지 500년 이상 고려 왕조의 수도로 되어 있었다. 이 도시들이 경기도에 속하였기 때문에 경기도 방언은 1000년 이상 표준어의 근원이 되었다.

한편 통일신라(668~892)의 수도였던 경주도 빼놓을 수 없다. 나당연합군이 백제(660)와 고구려(668)를 멸망시키기 전에 한반도는 3개 왕국으로 600년 이상 분할되어 있었다. 이때까지 현재의 경주를 수도로 하는 신라의 영토는 대체로 조선시대의 경상도에 해당하였다. 현재의 공주 또는 부여를 수도로 하는 백제의 영토는 조선시대의 충청도, 전라도와 일치하였다. 현재의 평양을 수도로 하는 고구려의 영토는 조선시대의 경기도, 강원도, 함

Linguistic Landscape

경도, 평안도를 포함하였다.

북부 방언은 고구려의 영토에서 비롯되었지만, 남부 방언은 신라와 백제의 영토에서 유래된 것이다. 경기도 방언은 지난 1000년 이상 표준 한국어로 사용되어 왔기 때문에 북부 방언과 남부 방언에 대하여 지대한 영향을 주어왔다. 방언을 사용하는 지역이 개성과 서울에 가까울수록 표준 한국어로부터 영향을 더욱 많이 받아왔다. 수도에서 멀리 고립되어 있는 곳에서는 고대 언어의 잔재가 때때로 '언어의 섬' 형태로 오늘날까지 남아 있다. 특히 남부의 경상도 방언과 전라도 방언의 차이는 여전히 현저하며, 이러한 방언들의 일부는 삼국시대의 유물이다.

한글이 창제된 1446년까지 한국인은 자기 언어를 표기하는 문자를 가지고 있지 않았다. 하지만 한글이 창제된 이후에도 공문서는 계속해서 한문으로 기록되었다. 더욱이 일제 강점기(1910~1945) 공문서의 기록은 일문과 한자가 혼용되었다. 따라서 1945년까지만 해도 공문서의 토착어 지명은 음절 하나 하나를 정확하게 표현하지 못하는 한자로 기록되었다.

지명을 한자로 표기하는 처음 방법은 마치 이두(吏讀) 표현과 같이 한국어 발음이나 의미에 가까운 한자를 빌려다 사용하는 것이었다. 또한 두 음절로 되어 있는 지명을 한자로 표기하는 경우, 첫째 음절은 발음을 표현하고 둘째 음절은 의미를 재현하는 절충적인 방법도 있었다. 따라서 어떤 지명이 가지는 본래의 발음과 의미를 알려면 토착 지명이 과거에 한자로 표기되는 과정이 철저히 규명되어야 한다. 하지만 토착 지명이 이두 표현과 같이 한자로 표기되기보다는 아예 발음과 의미가 일치하는 한자 지명으로 대체되는 경우도 있었다. 이런 경우에는 토착 지명의 본래 발음과 의미는 완전히 무시되고 한자에 따라 그 지명의 발음과 의미가 새로이 부여되었다.

1. 동해안의 등어선

한국의 동해안은 태백산맥의 동쪽 사면과 동해(東海) 사이에 남북 방향으로 길게 펼쳐져 있다. 강원도의 동해안은 속칭 영동(嶺東) 지방이라고 불리는데, 이는 대관령의 동쪽을 뜻하는 용어이다. 영동 지방은 강원도 면적의 24%를 차지하고 있지만, 1990년 현재 강원도 인구의 42.1%를 점유하고 있다. 태백산맥의 분수계에서 동해안까지의 거리는 10~30km이며, 도시를 비롯한 주요 취락은 해안지대에 집중되어 있다. 영동 지방에 발달한 주요 취락으로는 강릉시, 동해시, 속초시, 삼척시, 태백시, 양양읍, 고성읍 등이 있다. 영동 지방은 과거에 서울 방면으로의 교통이 불편하여 낙후되어 있었지만, 영동고속도로가 개통되자 관광업을 중심으로 산업이 발달하였다.

이른바 경동지괴(傾動地塊)의 급사면에 해당하는 태백산맥 동사면에는 해안 평야가 좁고 길게 전개되고 있다. 동해안에는 강릉시를 경계로 남쪽과 북쪽은 각각 암석해안과 사빈해안으로 되어 있으며, 남강과 남대천 하류에는 평탄한 충적지가 형성되어 있다.

태백산맥이 북서계절풍을 막아주고 따뜻한 난류의 영향을 받으므로, 동해안은 같은 위도에 있는 다른 지방에 비해 겨울이 따뜻하고 여름은 시원하다. 때문에, 일반적으로 동서 방향으로 달리는 등온선이 동해안에서는 남북 방향으로 이어진다. 대나무, 감나무, 탱자나무 등과 같이 겨울이 따뜻한 곳에서 자라는 식물들의 북한계선이 동해안을 따라 북쪽으로 길게 휘어져 있다.

영동 지방은 강릉시를 중심으로 북부와 남부 지방으로 구분된다. 영동 북부 지방은 1975년 영동고속도로, 1981년 양양-인제 간 한계령(920m) 도로, 1984년 간성-인제 간 진부령(520m) 도로, 1985년 간성-인제 간 미시령(767m) 도로가 잇달아 개통되거나 확장 · 정비되어 서울과의 교통이 편리해졌다. 이에 따라 영동 북부 지방에는 속초시, 고성읍, 양양읍을 중심으로 전통적인 산업인 수산업은 물론 관광업이 새로이 발달하였다.

영동 지방의 관문인 강릉시는 옛날 예국(濊國)의 도읍지로 고대부터 영동 지방의 중심지라는 위치를 고수하여 왔다. 예부터 대관령이 한강 유역에서 영동 지방으로 진입하는 유일한 통로였기 때문에 현재의 강릉시는 교통의 중심지로 발달하였다. 신라 경덕왕 때는 신라 9주 중의 하나인 명주(溟州)의 치소가 있었고, 조선시대에는 대도호부의 행정적 지위를 가지고 있었다.

남대천 하류 유역에 자리 잡은 강릉시는 기후가 온난하고 농산물 · 수산물 · 임산물 등이 골고루 풍족해 영동 지방에서도 살기 좋은 고장으로 꼽혀 왔다. 강릉시가 관광도시로 급속하게 성장한 것은 영동고속도로의 개통에 따라 수도권으로부터 관광객이 급증하였기 때문이었다.

영동 남부 지방에 속하는 동해시와 삼척시는 태백산맥이 해안 가까이에 다가서 있으므로 경지율이 매우 낮다. 경작지는 논보다 밭으로 많이 이용되며, 밭에서는 특히 고랭지 채소의 재배가 활발하다. 동해시의 묵호항과 삼척시의 정라진항을 제외하면 어항들은 대부분 그 규모가 영세하다.

방언 지역은 일반적으로 어휘, 어법, 발음, 성조 등을 근거로 구분된다. 등어선이라고도 불리는 방언 지역의 경계는 서로 일치하는 경우가 전혀 없다. 등어선들은 서로 교차하여 다발 모양의 등어지대를 이루면서 방언의 경계지대를 구성한다. 다시 말해서, 방언의 경계는 일반적인 문화의 경계처럼 선명하지 않다. 지도상에서 방언의 경계는 단일한 선이 아닌 복수의 선으로 구성된다.

방언 지역은 단일한 방언이 분포하는 핵심부와 복수의 방언이 혼합되어 있는 주변부로 구성된다. 어떤 지역은 복수의 방언들이 등어선을 긋기가 곤란할 정도로 혼용되고 있는 경우도 있다. 언어의 섬 또는 방언 도서는 지역의 규모가 작으므로 방언 지역의 구분에 포함되기 어려운 단점이 있다.

한국에서 북부 방언과 남부 방언을 구분하는 등어선들은 동쪽의 강원도로부터 서쪽의 충청도를 향하여 뻗어 있다. 특히 동해안과 서해안에는 언어 전파에 대한 자연적 장애물이 적기 때문에 등어선들이 서로 교차하면서 다발 모양을 형성한다. 지대의 형태로 그어지는 동해안의 등어선은 서로 다른 방언들이 통용되는 강릉–삼척 시 구간에 걸쳐 있다.(그림 4-1) 이 일대는 하나의 장소에서 경상도·경기도·함경도 방언이 함께 사용되거나 잡종(혼합) 방언이 사용되는 기이한 현상이 일어나고 있다. 특히 강릉에서 사용되는 방언은 어느 방언에 속하는지 분간을 하지 못할 정도로 다양한 종류의 방언이 뒤섞여 있다. 이와 같이, 이른바 강릉 아방언은 경상도 방언과 경기도 방언이 혼합되어 있는 '잡종 방언'인 것이다.

이러한 잡종 방언은 강릉시에서 남쪽에 있는 삼척시를 향하여 내려가면서 분명히 귀에 들어온다. 강릉시와 삼척시 사이에서는, '나비'를 〔나비〕라고 발음하면서도 '모기'는 〔모구〕라고 발음하는 사람들이 많다. 또한 이곳에 사는 사람들은 '마루'를 〔마루/마룽/마리〕라고 발음한다. 이러한 발음의 병렬적 혼재 현상은 강릉시와 삼척시 사이에서 가장 심각하며, 삼척시 이남인 울진읍으로 가면 다소 약화된다.

강릉 아방언의 발음은 경기도 방언에 비해 경상도 방언의 영향을 많이 받았다. 이 방언에서 자음 ㄱ, ㅂ, ㅅ은 경상도 방언과 같이 단어 중간에 유지되는 경향이 있다. 경상도 방언에서는 자음 ㅋ, ㅂ, ㅅ 모두가 단어 중간에 유지되지만, 강릉 아방언에서는 자음 ㄱ, ㅂ, ㅅ 가운데 일부만이 유지되는 경향이 있다. 즉 강릉 아방언에서 자음 ㅂ, ㅅ은 가끔씩 생략되지만, 자음 ㄱ은 단

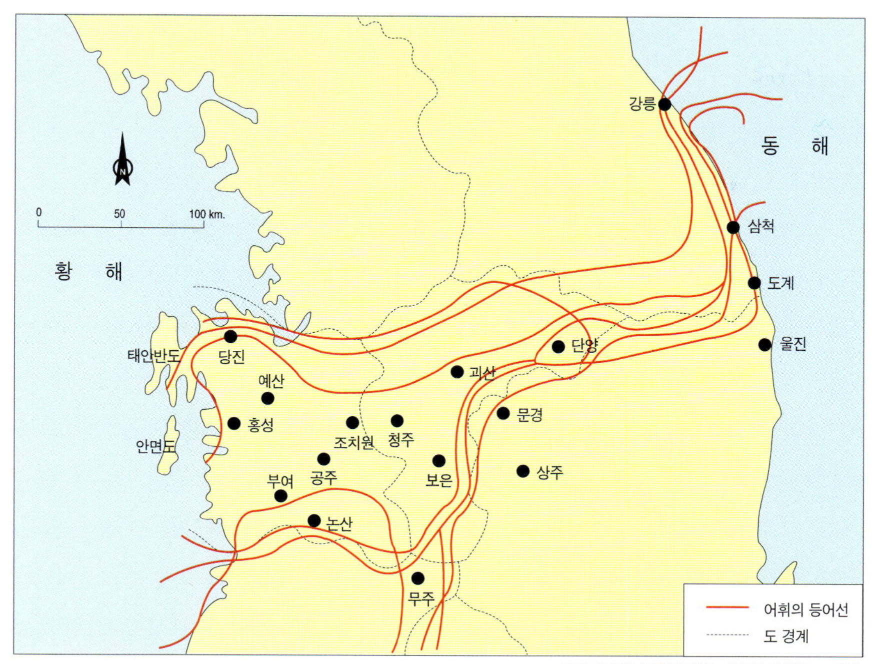

그림 4-1

어휘에 근거한 등어선
등어선의 간격은 동해안에서 서해안으로 이동하면서 더욱 확대된다. 특히 동해안의 등어선은 강릉시와 삼척시 사이 구간을 통과하는데, 이 구간에는 일종의 잡종 방언인 강릉 사투리가 사용되고 있다.

출처: 崔學根, 韓國方言學 下, 오성사, 1986-b, p.506.

어 중간에서는 절대로 생략되지 않는다.

강릉시에 사는 사람들은 '홀어미'를 〔호부레미〕라고 발음하고 '벙어리'를 〔버버리〕라고 발음하지만 '구워서'와 '더워서'는 그대로 〔구워서〕와 〔더워서〕라고 발음한다. 그들은 또 '마을'을 〔마실〕이라고 발음하지만 '가을'은 〔갈〕, '부엌'은 〔버그〕라고 발음한다. 경상북도에서 북쪽으로 가면서 자음 ㅂ, ㅅ이 단어 중간에서 생략되지만, 자음 ㄱ만큼은 단어 중간에 반드시 유지되는 경향이 있다. 이곳에서 사람들은 경상도 방언과 같이 '모래'를 〔몰게미〕 또는 '몰게'라고 발음하고, '바위'를 〔방구〕라고 발음한다.

경상도 방언에서는 '쌀'을 〔살〕, '싹'을 〔삭〕이라고 발음하지만, '고추'를 〔꼬추〕, '두꺼비'를 〔뚜꺼비〕라고 발음한다. 이와 같이 단어의 첫음절을 된소리로 발음하는 현상은 삼척시와 강릉시 사이에서 부분적으로 발견된다. 어두(語頭)의 ㄱ, ㄷ, ㅂ, ㅈ 중에서 ㅂ을 제외한 나머지가 ㄲ, ㄸ, ㅉ으로 발음되는 경음화 현상은 울진읍에서 삼척시까지 나타난다. 하지만 경상도 방언에 보편적인 ㅅ의 비경음화 현상은 울진읍 이남으로 영덕읍까지만 완연하게 나타난다. 예를 들면, 울진읍 일대는 '씨'와 '혀'가 〔시〕와 〔세〕로 발음되지만 '쌀'과

'싹'은 그대로 〔쌀〕과 〔싹〕으로 발음된다. 이러한 음운의 혼재 현상은 울진읍 이북으로 삼척시를 거쳐 강릉시에 이르기까지 계속해서 발견된다. 즉 강릉시 일대에서도 '쌀'과 '싹'이 〔살〕과 〔삭〕으로 발음되지 않고 〔쌀〕과 〔싹〕으로 발음된다.

또한, 강릉 아방언에는 현재의 경상도 방언에서 발견되지 않는 옛날 어휘가 남아 있는 경우가 있다. 일반적으로 언어학자들은 어휘가 언어 변화에 저항하는 능력이 가장 뛰어난 언어 요소이라고 주장한다. 삼척시 일대에서 사용되는 어휘들 대부분은 경상도 방언에 동화되었지만 경상도 방언에서는 사용되지 않는 어휘가 아직 일부 남아 있다. 예를 들면, 표준어로 '쟁기'는 삼척시 이북에서는 〔보구레〕지만 삼척시 이남에서는 〔쟁기〕이다. 또한 표준어 '벼'는 삼척시 이북에서는 〔벼〕 또는 〔베〕라고 하지만 삼척시 이남에서는 〔나락〕이라고 한다. 이런 현상은 강릉시 아방언이 과거에 한동안 독립된 방언으로, 나중에 경상도 방언에 동화된 다음 상당히 오랫동안 경기도 방언의 영향을 받지 않았기 때문이다.

강릉 아방언은 어법의 영역에서 경기도 방언의 영향을 많이 받았다. 언어학자들은 방언을 사용하는 사람들이 표준어에서 가장 배우기 쉬운 것이 어법이라고 주장한다. 강릉 아방언을 사용하는 사람들은 표준어의 어법을 모방하는 것이 비교적 수월하였을 것이다. 강릉시와 삼척시 사이의 방언지대에는 다른 지방에 없는 단어들이 의문종결어미로 다양하게 사용된다. 강릉 아방언은 주의 깊게 들으면 경상도 방언과 전혀 다른 방언처럼 느껴질 때가 많다. 왜냐하면 강릉시 일대의 방언이 발음과 어휘는 경상도 방언의 영향을 받았지만, 어법은 표준어의 영향을 받았기 때문이다.

삼척시와 강릉시 사이에는 경상도 방언에서 흔히 사용되는 의문종결어미인 '-까, -꺼, -겨, -교, -기오, -다, -도, -더, -제'가 완전하게 재현되지 않는다. 삼척시 일대에서 사용되는 의문종결어미인 "머 하등겨?", "머 하다나?", "머 할랑가?", "머 했읍니껴?"는 경상도 방언의 영향을 부분적으로 반영하고 있다. 그리고 강릉시 일대에서 사용되는 의문종결어미는 삼척시 일대보다 경상도 방언의 영향을 적게 반영하고 있다. 즉 "머 함미까?", "머 하낌미가?", "머 하낌니까?"는 표준어와 경상도 방언의 의문종결어미가 혼합된 형태를 하고 있다.

동해안에서 형성된 잡종 방언에 가장 중요한 영향을 끼친 요인은 지세와 지정학적인 위치이다. 동해안은 태백산맥을 등지고 있으므로 옛날에는 서울과의 교통이 불편하였다. 따라서 해안 평야를 따라 남북으로 왕래하는 것이 태백산맥을 넘어 동서를 오가는 것보다 훨씬 수월하였다. 경상도 방언은 남북 방향의 해안 도로를 통하여 북쪽에 있는 강원도로 전파되기가 쉬웠던 것이다.

태백산맥은 영흥만 남쪽에서 동해안을 따라 완만하게 곡선을 그리며 남쪽으로 내려오다가 포항시에 이르면 형산강 지구대로 이어져 경주시를 거쳐 대구시로 나아간다. 태백산맥은 동사면이 가파르고 서사면은 완만한 이른바 경동지괴를 구성하고 있다. 이와 같이, 가파른 동사면과 완만한 서사면이 서로 극명한 대조를 보이는 모습은 태백산맥의 근본적인 특징이다.

대관령은 태백산맥을 기준으로 분수계를 동서로 나누는 분수령의 하나로 서울과 강릉을 오가는 사람들이 반드시 넘어야 하는 고개였다. 이 고개는 동해안에서 불과 18km밖에 되지 않는 거리에 위치하고 있다. 대관령의 서쪽으로는 도로가 해발 560m 이상의 고도를 따라 서울 방향으로 동서로 길게 뻗어 있다. 이러한 강릉–서울 간 도로는 매우 완만한 경사로 서쪽으로 내려가는 반면, 대관령 동쪽으로는 도로가 매우 급한 경사로 꾸불꾸불 돌아 내려간다. 다시 말해서 서울을 출발하여 대관령을 넘어 강릉시에 당도한다는 것은 여간 힘겨운 여정이 아니었던 것이다.(그림 4-2)

동해안의 지정학적 위치가 가지는 의미는 통일신라시대와 고려시대에

그림 4-2
대관령을 넘어가는 구고속도로
대관령은 해발 고도가 832m, 총 연장 13km, 고개의 굽이가 99개소에 이른다고 한다. 지금은 이곳을 넘지 않고 산허리를 관통하는 신고속도로로 인해 교통량이 크게 감소하였다.

각각 크게 변화하였다. 고대에 동해안은 북부 방언 군에 속하는 언어가 사용되었지만, 신라의 영토로 편입된 다음부터 남부 방언 군에 속하는 경상도 방언의 영향을 받았다. 고려시대에 동해안은 경상도 방언의 영향이 남아 있는 상태에서 중앙의 표준어로부터 영향을 받았다. 그 결과 동해안에서 경상도 방언의 영향이 북쪽으로 가면서 약화되는 반면, 표준어의 영향은 강화된다. 즉 동해안에서 경상도 방언이나 표준어의 영향력은 통일신라의 수도인 경주와 고려 왕조의 수도인 개경과의 거리에 비례한다.

2. 서해안의 등어선

충청남도 서해안은 서해안에서 돌출한 태안반도로부터 금강 하구에 이르는 범위에 펼쳐져 있다. 이 일대는 서해안에서 해안선의 출입이 극심하며 행정 구역상으로 서산, 태안, 홍성, 보령, 서천의 5개 시·군을 포함한다. 금강을 제외하면 주요 하천이 없어 충적지의 발달이 미약하고, 대부분이 구릉지대로 되어 있다. 또한 해안과 도서 지방에는 동백나무, 사철나무, 굴거리나무 등의 상록활엽수가 자생하고 있다. 겨울철에는 북서계절풍이 강하게 불기 때문에 농가 주위로 대나무 숲이 조성되어 있기도 하다.

이 일대의 해안에는 20세기에 들어와 간척 사업에 의해 넓은 면적의 논이 개간되었다. 그 대표적인 것 중의 하나가 1980년대에 국내 최대의 규모로 실시된 천수만 간척사업이다. 충남 서해안은 국지적으로 석탄산업과 공업이 발달하고 있지만, 아직까지 산업의 근간은 농업과 수산업에 머물러 있다. 해안의 해수욕장을 찾는 피서객들로 붐비는 여름철에는 관광업이 일시적으로 활기를 띤다.

가야산 서쪽의 태안반도에 위치한 서산시와 태안군은 아무리 높은 산이라도 해발 고도가 300m 내외에 불과하다. 이 일대에는 해발 고도 50m 이하의 구릉지대가 넓게 분포하는데, 이러한 구릉지대에는 다른 지방과 달리 산촌이 분포하고 있다. 밭작물로는 콩, 참깨, 무, 배추, 마늘, 생강 등이 주로 재배되며, 그중 마늘과 생강이 가장 많은 생산량을 차지한다. 수산물로는 갈치, 민어, 우럭, 농어, 멸치, 대하 등이 있으며, 천수만의 굴로 만든 '어리굴젓'은 전국적으로 유명한 특산물이다.

태안반도의 중심 도시인 서산시는 천수만의 서산 A, B지구 간척 사업에 이어 대산공업단지가 건설된 후에 급속히 성장하고 있다. 대산공업단지는 해면을 매립한 부지에 조성되었으며, 울산과 여천에 이은 제3의 석유화학 공업 단지로 1991년에 가동을 시작하였다.

그밖에 홍성군, 보령시, 장항읍 등은 경부선의 천안역에서 갈라지는 장항선 철도와 천안-장항 간 도로가 나란히 달리는 교통축을 따라 분포하고 있다. 이 취락들은 과거 수도권과의 교통이 불편했지만 최근 서해안고속도로가 완공되면서 외부와의 접근도가 크게 향상되었다. 홍성군은 조선시대에 충남 서해안을 방어하는 요충지로 홍주목(洪州牧)이 설치되어 있었으며, 지금은 장항선 철도, 천안·서산·장항 방면의 도로, 서해고속도로가 통과한다.

보령시의 주요 어항인 대천항은 서해안에서는 규모가 큰 어항에 속한다. 이곳에서 안면도 남쪽에 있는 원산도와 삽시도, 대천 서쪽으로 약 40km 거리에 있는 외연도로 가는 여객선이 운항된다. 금강 하구에 위치한 장항읍은 장항선 철도의 종점이며 군산 맞은편에 위치하고 있다. 장항읍은 금강 하구언 건설로 군산과의 교통이 편리해지고, 군장산업단지(群長産業團地)가 조성되면서 지역 경제가 되살아나고 있다.

한 반도를 가로지르는 등어선들은 동해안에서 서쪽으로 가면서 내륙 지방에서 좁은 지대를 형성하지만 여기에서 다시 서해안으로 접근하면서 넓은 지대를 형성한다.(그림 4-3) 소백산맥에서 태백산(1,567m)을 출발하여 소백산(1,421m)을 거쳐 속리산(1,058m)에 도달하는 백두대간은, 언어 요소를 비롯한 문화의 전파와 확산을 저해하는 흡수적 장애 요소로, 북부 방언 지역과 남부 방언 지역을 구분하는 자연적 경계가 되어왔다.(그림 4-4)

그러나 소백산맥은 보은읍이 위치한 속리산 서쪽 기슭에서 서해안 방면으로 가면서 언어의 전파와 확산을 선택적으로 허용하는 투과적 장애가 된다. 보은읍에서 서해안으로 가면서 등어선들은 더욱 극심하게 교차해 다발 모양을 형성한다. 소백산과 속리산 사이에는 예부터 죽령, 조령, 이화령 등과 같은 고개를 넘어 사람들이 왕래하여 왔다. 이러한 고개를 통해 경상북도와 충청북도 간에 언어 요소를 비롯한 문화의 교류가 가능하였던 것이다.

속리산에서 서해안 방면으로 가면서 경상도 방언의 영향이 점차 약화되는 반면, 전라도 방언의 영향은 점차 강화된다. 예를 들면, 죽령 부근의 단양읍 일대나 조령 부근의 연풍읍 일대는 어조가 경상도 방언에 가깝지만, 보은읍 일

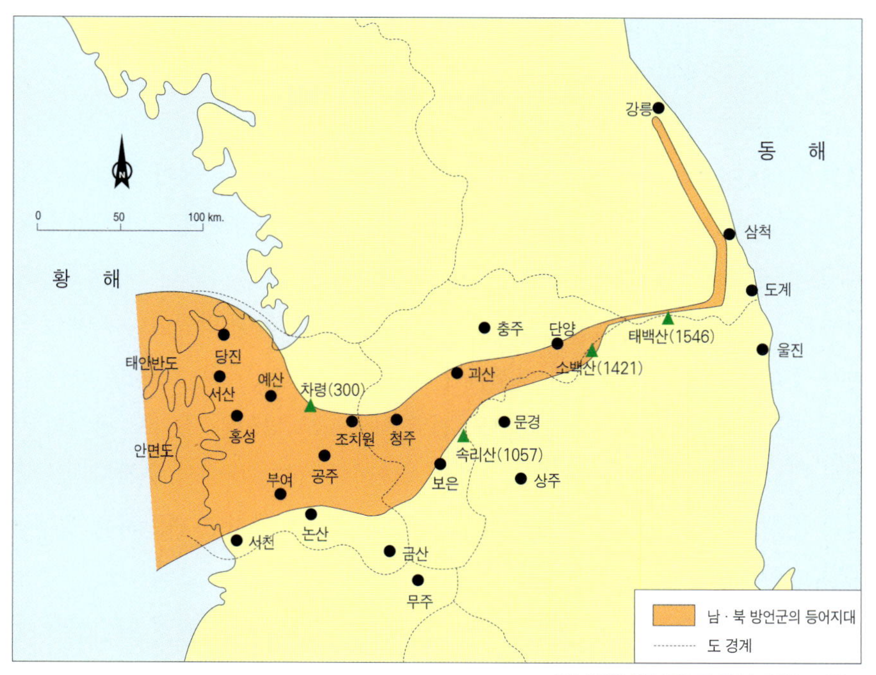

출처: 崔學根, 韓國方言學 下, 오성사, 1986-b, p.508.

그림 4-3

북부 방언과 남부 방언의 경계
방언의 경계는 태백산과 소백산 사이를 제외하면 전체적으로 지대를 형성하고 있다. 태백산과 소백산 사이에서의 경계선은 거의 선에 가까우며, 소백산에서 서쪽으로 가면서 지대로 변하고 서해안에 이르면 간격이 가장 넓어진다.

그림 4-4

태백산 정상에서 바라 본 태백산맥의 능선(백두대간과 낙동정맥)
백두대간은 백두산을 출발하여 태백산까지 내려와 속리산을 거쳐 지리산까지 뻗어 있는 산줄기이다. 낙동정맥은 태백산을 기점으로 서쪽의 소백산으로 이어지는 백두대간에서 벗어나 남쪽으로 갈라져 내려가는 산줄기이다.

대나 청주시 일대는 어조가 전라도 방언에 근접한다. 보은읍 일대가 거리로는 경상북도에 가깝지만 언어가 전라북도에 근접한 이유는, 속리산이 경상도 방언의 전파를 저지하였기 때문이다. 단양읍과 괴산읍 일대에는 경상도 방언과 전라도 방언의 어조가 혼합되어 있으므로 어떤 방언에 속하는지 분간하기 어려운 언어가 통용된다.

보은읍과 청주시의 서쪽으로 괴산-청주-조치원을 잇는 등어선과 보은-대전을 연결하는 등어선 사이에는 경기도 방언과 전라도 방언이 혼합되어 있는 충청도 방언이 사용된다. 여기에서는 기층 언어인 전라도 방언이 오랜 세월에 걸쳐 경기도 방언의 침입을 받으며 잡종 방언으로 진화되었다. 이런 충청도 방언은 느리고 점잖은 느낌을 주어, 부드럽고 상냥한 서울 방언이나 억세고 투박한 부산 방언과는 선명하게 대조가 된다.

사실, 청주시 서쪽의 충청남도 전역은 전라도 방언과 경기도 방언의 세력이 만나는 언어의 완충지대 또는 혼합지대이다. 이 일대에서 충청도 방언은 남북 방향이나 동서 방향으로 가면서 미세한 차이를 가지고 변화하는 특징을 가지고 있다.

서해안의 등어지대는 북한계선이 충남 천안시까지, 남한계선은 전북 무주읍까지 이를 정도도 그 폭이 매우 넓다. 이는 서해안이 넓게 펼쳐져 있는 구릉과 평야지대로, 사람들의 왕래가 예부터 빈번하였기 때문이다. 금강 하류 유역에 펼쳐지는 논산 · 강경 평야와 함께 '비산비야(非山非野)'라고 표현되는 나지막한 구릉들은 남북간 또는 동서간의 교통에 전혀 장애를 주지 못하였으므로, 각종 방언들이 사방에서 충남 서해안으로 유입되었던 것이다.

서해안의 등어선들은 아산만과 금강 사이에 넓은 지대를 형성하는데, 이런 등어선들은 모음의 발음을 기준으로 다음과 같이 크게 세 갈래로 묶어진다.(그림 4-5)

① 청주시-조치원-당진읍-서산시-안면도읍
② 청주시-조치원읍-예산읍-홍성읍
③ 보은읍-무주읍-금산읍-논산시-서천읍

이러한 등어선의 불일치 현상으로 말미암아 충청도 방언은 장소에 따라 경기도 방언처럼 들리기도 하고 전라도 방언처럼 들리기도 한다. 예를 들어, 당진읍 일대에서는 '저고리'를 〔저구리〕로 발음하지만 '나비'는 〔나비〕로 발

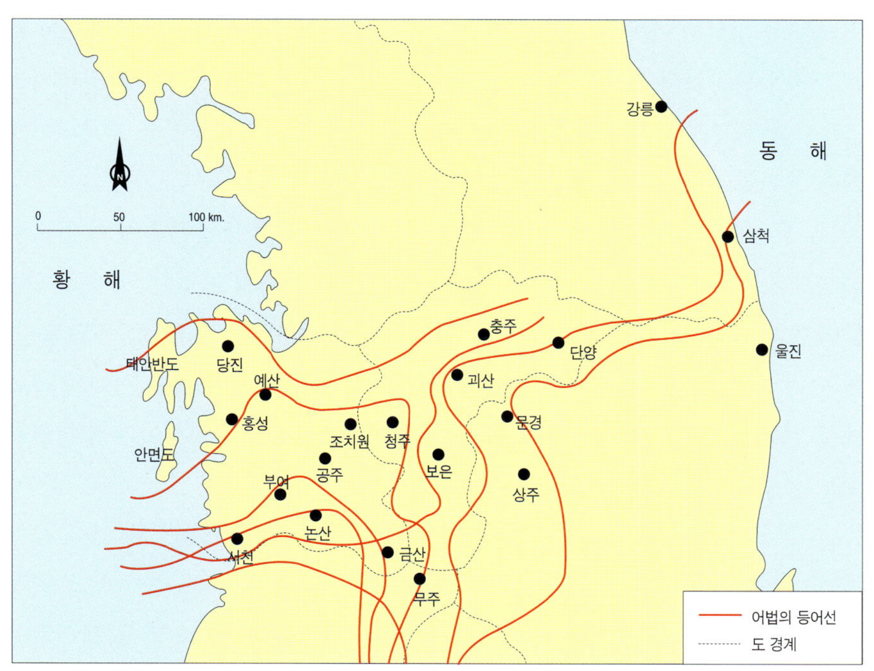

출처: 崔學根, 韓國方言學 下, 오성사, 1986-b, p.507.

그림 4-5

어법에 근거한 등어선
서해안에서 어법에 근거한 등어선은 어휘에 근거한 등어선보다 그 간격이 훨씬 더 넓다. 이 경우에 등어선은 충청남도의 경계를 벗어나 전라북도와 경상북도의 영역 속으로 깊숙이 들어가 있다.

음한다. 또한 자음 ㄱ, ㅂ, ㅅ은 동해안에서와 같이 단어 중간에서 유지되기도 하고 탈락되기도 한다.

충청도 방언에는 멀리 삼국시대까지 거슬러 올라가는 고대 어휘가 아직 일부 남아 있다. 예를 들면, 충청도 방언에서 '모래'는 [모새]로 발음되는데, 이는 백제의 어휘가 지금까지 남아 있는 것이다. 특히 충청남도는 백제 영토에 속하였으며, 현재의 공주와 부여는 백제의 수도였다. 이와 대조적으로, 신라 언어를 모체로 발전한 경상도 방언에서는 '모래'를 [몰개] 또는 [모래]라고 발음한다. 일설에 의하면, [모래]와 [모새]는 별개 계통의 어휘로서 [모래]의 고형이 [몰개]이고, [모새]의 고형은 [모새]였다고 한다. 다시 말해서, [몰개]는 신라어 계통에 속하는 반면, [모새]는 백제어 계통에 속하는 어휘인 것이다.

삼국시대의 백제 언어가 지금까지 가장 많이 남아있는 곳은 충청남도 서해안에 돌출되어 있는 태안반도이다. 태안반도는 작은 만입과 반도로 되어 있는 해안선의 드나듦이 매우 복잡해 외부 세계와 상대적으로 고립되어 있는 곳이 많은 곳이다. 태안반도는 경기만의 동남부에 있는 안성천의 하구에서 서쪽으로 뻗어 있다. 태안반도의 북부, 서부, 남부는 무딘 톱니 모양으로 들고나는 해안선을 따라 자그마한 만입과 반도들이 반복적으로 교차하고 있다.

삽교천의 서쪽으로는 산지가 남북 방향으로 달리고 있고, 그 중간에 해발 450m 고도로 가야산이 마치 성벽과 같이 솟아 있다. 예부터 태안반도의 북서부에서 출발하여 서울 방면으로 가려면, 이러한 가야산지를 삥삥 돌아가는 교통로를 따라 가야만 하였다. 따라서 태안반도는 경기도 방언이 전파되기가 매우 곤란한 위치에 있었던 것이다.

충청도 방언은 발음, 어휘, 어조 등에 있어서 경기도 방언에 동화가 많이 되어왔다. 하지만 충청도 방언은 독특한 종결어미를 가지고 있는 것이 경기도 방언과 다른 특징이다. 충청남도 서해안에서는 '-유?'와 '-남?'이 지역적 편차는 있지만 가장 보편적으로 사용되고 있다. 그중에서 '-유'형은 서해안 북쪽에서 남쪽으로 내려가면서는 의문형으로만 쓰이던 것이 긍정형이나 명령형으로도 쓰인다.

천안시과 온양읍 일대에서는 "뭐 하남?"이나 "그러세유?"가 간혹 쓰이지만, 전체적으로는 경기도 방언과 별다른 차이가 없이 '-요'형이 사용된다. 당진읍, 서산시, 안면도읍 일대에서는 '-유'형의 사용 범위가 더욱 확대되어 "몰리유", "읍시유!", "허시유!" 등으로도 표현된다. 예산읍, 홍성읍, 청양읍,

공주시 일대에서는 "아러유!", "그리유!", "갈튜!" 등으로도 표현된다.

이러한 종결어미 '-유'의 보편적 사용에 영향을 끼쳐온 지리적 요인은 차령산지와 경부선 또는 호남선이다. 차령산지 이북에 있는 천안시와 온양시 일대에서 가장 많이 쓰이는 종결어미는 '-유'가 아니라 '-요'이다. 하지만 차령산지 이남으로 내려오면 종결어미 '-유'가 더 많이 사용된다. 당진읍, 서산시, 안면도읍에서 남쪽 방면으로 예산읍, 홍성읍을 거쳐 청양읍, 공주시로 내려오면 종결어미 '-유'는 더욱 빈번하게 들린다. 투과적 장애에 불과한 차령산지는 방언의 요소 중에서 오로지 종결어미의 지역적 분화에만 영향을 주었던 것이다.

소맥산맥은 남쪽으로 달리는 도중에 고도가 급격하게 낮아지면서 차령산지로 갈라져 서해안까지 이른다. 차령산지는 서울과 나주를 연결하는 도로가 중간에 지나는 차령이라는 고개에서 따온 이름이다. 차령산지의 북쪽 부분은 주로 편마암 구릉으로 되어 있으며, 해발 고도가 700m 이상을 넘지 못한다. 남쪽 부분은 구릉과 범람원이 교차하고 여기에서 하천 하류 유역으로 내려가면 간석지가 많아진다. 일반적으로 서해안에는 해발 고도 200m 이하의 구릉지대가 연속적으로 펼쳐져 있다.

충청남도의 서해안 북쪽에서 남쪽으로 내려가면서 종결어미는, '-요'에서 '-유'를 거쳐 '-디' 또는 '-께'로 점차적으로 바뀐다. 충청남도의 남부에 있는 부여읍, 대천시, 서천읍, 논산시 일대에는 '-유'가 여전히 보편적으로 사용되면서도 전라도 방언의 영향으로 종결어미 '-디'와 '-께'가 사용된다. 이는 이 일대가 금강에 의해 전라북도와 완전히 격리되지 않는 위치에 있어 전라북도와의 문화 교류가 어느 정도 가능하였기 때문이다. 여기에서 연결 어미 '-데'는 전적으로 '-디'로 발음되어, "하는데", "알겠는데", "있겠는데", "하는가 본데" 등은 각각 "하는디", "알간디", "있간디", "하능가빈디" 등으로 표현된다. '-니까'는 모두 '-당께'로 축약되어, "그렁께(그러니까)", "그런당께(그렇다니까)", "간당께(간다니까)", "두랑께(두라니까)", "했당께(했다니까)" 등으로 표현된다.

이와 대조적으로 대전시와 조치원읍은, 그 주위에서는 종결어미 '-유'가 사용되고 있는 것과 달리 종결어미 '-요'가 사용되고 있는 언어의 섬이다. 대전시와 조치원읍은 경부선과 호남선이 통과하는 주요 역이 있는 관계로 서울과의 교류가 상대적으로 빈번한 곳이다. 때문에 철도를 통하여 이동하는 서울 사람들에 의하여 표준어가 서울시에서 대전시와 조치원읍으로 비교적 쉽게 전파되었던 것이다. 또한 여기에서는 종결어미 '-요' 이외에도 '-요'와 '-유'의 중간음으로 들리는 '-야'와 '-여'가 일상적으로 사용되고 있다. 예를 들면, "일 할티여!", "갈티여!", "간디야?", "일 한디야?!", "그려!", "그랴!", "머 한다냐!" 등과 같은 혼합 방언이 간헐적으로 사용되고 있다.

3. 서남해안과 언어의 섬

　　서남 해안은 한반도 서남단에 육지부와 도서부로 구성되어 있는데, 특히 도서부는 다도해의 중심 부분을 차지한다. 이는 행정구역상으로 목포, 무안, 영암, 강진, 장흥, 해남, 진도, 완도, 보성, 고흥, 순천, 여수, 광양 등의 시·군을 포함한다. 이 일대는 해안선의 출입이 극심하여 크고 작은 도서를 비롯하여 반도와 만입이 많이 있다. 특히 만입의 해안을 따라 넓게 펼쳐지는 간석지가 간척 사업에 의해 농경지로 전환되면서 해안선이 부분적으로 단순해지기도 하였다.

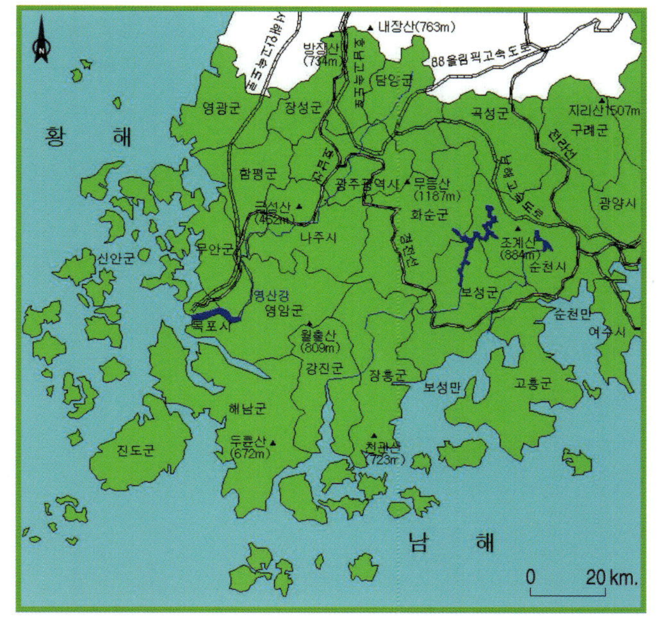

　　서남 해안은 전체적으로 수산업과 농업이 가장 중요한 산업 활동이고 축산업은 국지적으로 발달하였다. 주요 밭작물로는 쌀보리, 맥주보리, 고구마, 무, 배추, 양파, 마늘 등이 재배된다. 하지만 남서 해안은 전반적으로 산업기반이 취약하기 때문에 지금까지 농어촌 인구의 유출이 극심한 수준에 있다.

　　목포시는 전통적으로 양조, 도자기, 수산물 가공, 조선 등의 공업이 발달하였다. 최근에는 주변에 대불공업단지가 조성되면서 앞으로 공업의 급속한 성장이 예상된다. 또한 목포항은 연안 항로의 기점으로서 여객 수송량이 국내의 항만 도시 중에서 가장 많다. 목포항은 연·근해 어업의 전진 기지로도 중요하며, 이곳에서 집산되는 수산물로는 조기, 홍어, 갈치, 새우, 낙지 등이 있다.

　　무안군은 양파와 마늘을 전국에서 가장 많이 재배하는 반면, 수산업의 비중이 현저하게 낮다. 영암군은 영암천과 같은 하천 연변에 충적지가 비교적 넓게 형성되어 있으며, 최근에 영산강 하구언이 건설된 후에는 간척지가 광범

위하게 조성되었다. 영암읍은 광주광역시에서 장흥읍, 강진읍, 해남읍 방면으로 접근하는 길목이기도 하다.

강진군, 장흥군, 해남군은 전라남도의 동부 산지가 장흥반도와 해남반도로 이어지는 한반도 남단에 위치하고 있다. 이 일대는 산들이 많이 있기는 하지만 별로 높지 않고 계곡과 분지가 곳곳에 형성되어 있다. 또한 바다를 끼고 있어 해산물이 풍부하고, 해안을 따라 간척으로 조성된 농경지는 대부분 논으로 이용되고 있다. 장흥반도, 해남반도, 화원반도 사이에는 만입이 깊숙하게 들어와 있어서 해안선의 출입이 매우 복잡하다. 특히 장흥군과 강진군 일대는 전국에서 비가 가장 많이 내리는 다우지(多雨地)에 속한다. 이 일대는 따뜻한 동계 기후를 이용하여 쌀보리와 맥주보리의 재배가 널리 보급되어 있다.

진도군, 완도군, 신안군은 도서들로만 구성되어 있으므로 수산업의 비중이 절대적으로 높다. 도서들은 대부분 구릉지나 산지로 구성되어 있기 때문에 경작지에 대한 밭의 비율이 높다. 이 일대는 바다가 깨끗하고 경치가 빼어나 많은 도서들이 다도해상국립공원에 속해 있다.

서남 해안은 황해의 함평만과 대한해협의 광양만 사이에 있는 해역을 일컫는 지리 용어이다. 이곳은 크고 작은 반도, 도서, 만입으로 인하여 한반도에서 해안선의 드나듦이 가장 복잡한 리아스식 해안이 발달하였다.(그림 4-6) 해남반도는 길이가 무려 40km나 되고 고흥반도와 여수반도는 이것보다 길이가 약간 짧다. 이런 반도들 사이에는 크고 작은 만입들이 발달해 있으며, 그중에서 규모가 큰 것은 순천만, 보성만, 광양만 등이다. 하지만 진도 또는 완도와 같이 커다란 도서들도 좁은 해협에 의해 육지와 분리되어 있기 때문에 마치 반도와 같은 느낌을 준다.

일반적으로 서남 해안과 이에 인접한 도서들은 문화지리와 자연지리의 측면에서 서로 차이가 거의 없다. 이 일대는 따뜻한 기후에서 자라는 상록수들이 국지적으로 자라고 있는 까닭에 때로는 이국적인 정경을 연출한다. 하지만 상록수들이 분포하는 곳은 해발 고도가 낮은 곳에만 국한되어 있을 뿐이다. 서남 해안의 작은 만입에는 어업과 양식업으로 생계를 유지하는 어촌들이 자리 잡고 있다. 그럼에도 불구하고 서남 해안은 전체적으로 어업이 아니라 농업이 가장 중요한 경제 활동이 되고 있다.

역사적으로 볼 때, 언어의 전파 과정에서 반도와 만입 사이에 있는 바다는 시대적 상황과 언어 요소의 종류에 따라 자연적 장벽이나 통로가 되어왔다. 해양 활동이 활발했던 시대에는 해로를 통한 언어를 비롯한 문화 요소의 전파

그림 4-6

서남 해안의 다도해
서남 해안은 소백산맥과 노령산지가 끝나는 곳으로 세계적인 리아스식 해안을 형성하고 있다. 이곳에는 전국에 있는 섬의 60% 이상이 몰려 있으며, 수심이 깊고 간만의 차이가 크지 않다.

가 비교적 수월하였다. 그런데 언어 요소 중에서 해로를 통하여 상대적으로 쉽게 전파되는 것들이 있는가 하면 그렇지 않은 것들도 있다. 언어 전파가 이뤄지기 어려운 곳에는, 다른 지역에서는 사라진 고어가 아직도 풍부하게 간직되어 있기도 한다. 과거에 교통이 불편했을 때 해안에 사는 사람들은 반도를 육지의 연장이 아니라 접근이 어려운 도서로 여기는 경향이 있었다.

현실적으로는 특정한 도서의 언어가 인접한 육지와 크게 차이가 없는 경우는 얼마든지 있다. 특히 썰물 때에 바닷물이 빠져 도서가 육지와 연결되는 경우에는, 그 도서와 인접한 해안 지방과의 언어적 차이는 존재하지 않는다. 그밖에 육지에서 가까운 거리에 있는 도서들은 해로를 통한 접근이 용이하다. 이런 경우 도서와 도서의 거리가 가깝다면 육지를 출발한 다음 도서와 도서를 연달아 거쳐 가는 항해는 충분히 가능하다. 이처럼 해안과 도서 또는 도서와 도서 간의 해상 교통이 비교적 편리한 곳에서 바다는 언어 전파에 대하여 장벽이 아니라 통로가 되어왔다.

서남 해안에서 경기도 방언은 처음에는 북쪽에서 남쪽으로 그 다음에는 서쪽에서 동쪽으로 전파되었다. 전파의 제1단계에서 경기도 방언을 받아들인 곳은 서남 해안의 서쪽 부분에 있는 도서, 항구, 도시들이었다. 이런 경기도 방언은 제2단계에서 서남 해안의 동쪽 부분으로 전파되었으며, 제3단계에서 서남 해안 동쪽 부분에서 내륙 방향으로 전파되었다. 그리고 이러한 전파가 미치지 않은 곳들은 지금까지 언어의 섬들로 남아 있다.(그림 4-7)

특히 서쪽 부분의 만입과 반도들은 규모가 작고 도서들이 서로 인접하여 있기 때문에, 이곳에서 바다는 언어 전파의 통로가 되기도 하였다. 그 결과 현재까지 이 일대의 도서, 반도, 육지에서는 기본적으로 동일한 방언을 사용하고 있다. 오늘날 진도와 완도처럼 커다란 도서에서 사용되고 있는 방언은 그 부근의 작은 도서들과 이에 인접한 육지인 해남읍의 방언과 크게 다르지 않다.

예를 들면, 표준어로 '살강'이란 대나무로 만든 부엌 선반을 가리키는데, 여기에서 중간음 ㄱ이 탈락하면 〔사랑〕이라고 발음된다. 이런 발음이 들리는 곳은 남서 해안 바깥으로 경기도와 황해도의 서해 연안뿐이며, 서남 해안에서 신안군의 도서들, 진도, 해제반도와 화원반도의 일부, 완도 일부에 국한되어 있다. 따라서 〔사랑〕이라는 발음은 경기도에서 서남 해안의 도서 지방에 최초로 전파된 다음, 인접한 반도와 육지의 해안으로 전파되었을 것으로 추정된다. 이때 도서는 외부와 고립되어 있지 않고 오히려 언어 전파를 최초로 받아

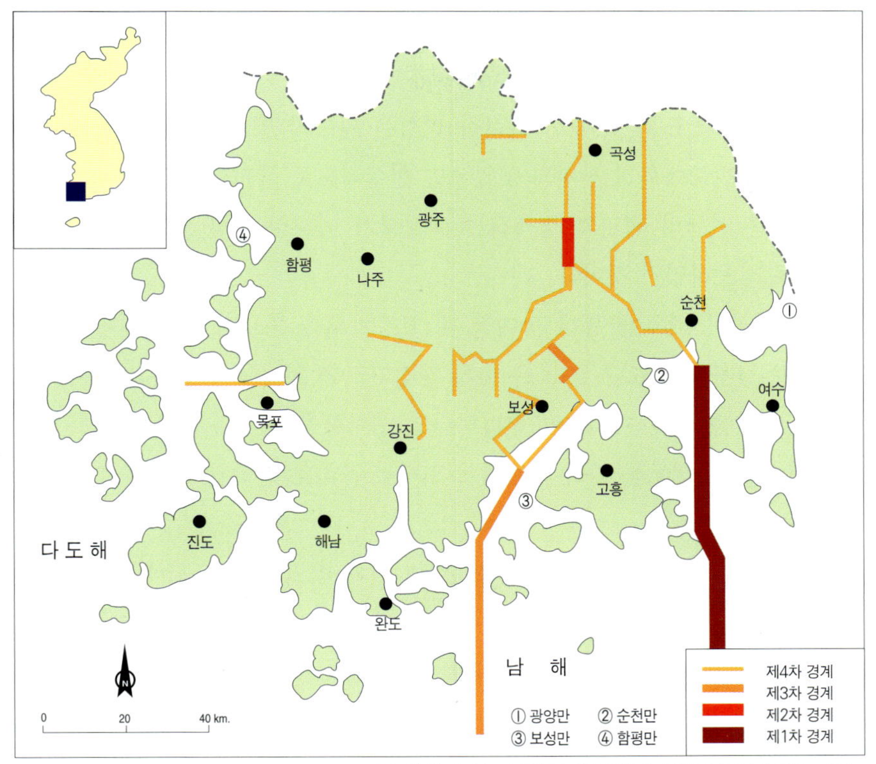

출처: 이기갑, 전라남도의 언어지리, 국어학총서 11, 국어학회, 탑출판사, 1994, p.134.

그림 4-7

서남 해안의 방언 경계
전라남도 또는 서남 해안에서
방언의 경계는 대체적으로
동서 방향이 아니라 남북
방향으로 달린다. 이때
순천만이 가장 중요한 방언의
경계가 되며, 고흥반도는
독특한 방언이 사용되는
언어의 섬으로 알려져 있다.

들이는 곳이었다. 반도는 도서에서 전파되는 언어를 수용하는 위치에 있었으며, 도서와 반도 사이에 있는 바다는 언어의 전파를 방해하는 장벽이 아니라 언어가 전파되는 통로가 되었다.

이와 대조적으로, 서남 해안의 동쪽 부분에는 고흥반도와 여수반도가 만입에 의해 서로 분리되어, 언어 전파의 자연적 장벽으로 작용하여 왔다. 순천만은 고흥반도와 여수반도 사이에 있는데, 이곳은 항해 도중에 정박할 만한 도서가 거의 없다. 고흥반도와 강진반도 사이에 있는 보성만은 이러한 사정이 순천만과 비슷하다. 그 결과 서쪽에서 동쪽으로의 언어 전파는 장흥읍부터는 순조롭지 못했다. 장흥읍부터 동쪽으로 가면서 바다는 경기도 방언의 전파를 지연시키거나 방해하는 자연적 장벽이었던 것이다.

특히 고흥반도는 규모가 크고 도서적 성격을 가지고 있기 때문에 언어 전파의 주된 장벽이었다. 고흥반도는 어휘와 발음이 서로 다른 두 개의 방언 지역을 구분하는 경계가 되어왔다. 고흥반도를 제외한 진도, 완도, 여수반도에 사는 사람들은 표준어 '여위다'를 〔야부르다〕 또는 〔야우르다〕라고 발음한다. 이와 같이 완도에서 표현되는 발음이 고흥반도를 건너뛰어 여수반도에서 들리는 현상은 매우 드문 것이다. 이러한 현상은 완도의 발음이 남해라는 바다를 통하여 여수반도에까지 전파되지 않으면 현실적으로 불가능한 것이다. 그리고 고흥반도는 언어의 전파가 상륙하는 교두보가 아니라 이를 완강히 거부하는 장애물로 작용하였던 것이다.

사람들은 해로를 통해 항해할 때 고흥반도를 들르지 않고 계속 앞으로 나아가는 경우가 많았다. 그들은 마치 징검다리를 건너듯이 도서와 도서를 연결하며 항해를 계속하는 것이 편리하다고 생각했을 것이다. 때문에 고흥반도를 거치지 않고 해로를 따라 도서에서 도서로 곧바로 전파된 언어 요소도 있었을 것이다.

또한 고흥반도에서는 지금 사용되고 있지 않지만 그 주위에서는 여전히 사용되고 있는 언어 요소가 있다. 예를 들면, '뚫다'라는 동사는 고흥반도를 제외한 서남 해안 전역에서 〔뚤부다〕로 발음된다. 이런 발음은 고흥반도와 상당한 거리에 있는 진도와 이에 인접한 해남읍을 중심으로 하는 해안에서도 들린다. 이 역시 언어 요소가 전달되는 과정에서, 남해라는 바다는 통로가 되었지만 고흥반도는 장애물이 된 경우이다.

오늘날 고흥반도는 대표적인 언어의 섬으로 다른 곳에는 남아 있지 않은 옛날 발음과 어휘들을 많이 보전하고 있다. 즉 고흥반도에는 표준어로부터 지나치게 이탈하여 알아듣기 힘든 어휘들이 남아 있다. 여기에서는 '하품'을 〔하킴〕, '익다'를 〔싹다〕, '부뚜막'을 〔부뚝〕이라고 표준어와 전혀 다르게 발음한다. 특히 '고무래'라는 어휘는 〔당기래〕라고 전혀 다르게 발음하는 것은 다른 곳에서는 발견되지 않는 현상이다.

고흥반도는 동서 양쪽으로 보성만과 순천만을 끼고 바다로 돌출한 반도인데다가 내륙으로 통하는 길목이 좁은 지형적 특징이 나타난다. 더구나 고흥반도에 이르는 해안선은 드나듦이 극심하기 때문에 안으로 걸어 들어가는 것이 그다지 쉽지 않았다. 해안에서 고흥반도로 진입할 때 사람들은 해안선을 따라 걷는 것보다, 배를 타고 보성만을 건너가는 것이 훨씬 편리하다고 생각했을 것이다. 하지만 수심이 깊고 폭이 넓은 보성만을 항해해서 건넌다는 것은 일반 대중에게 꿈과 같은 일이었다. 그러므로 고흥반도는 외부 세계와 고립된 도서와 같은 처지를 벗어나지 못하였던 것이다.

4. 경기만 연안의 지명

경기만은 인천과 경기도 서쪽인 한강의 하구를 중심으로, 북쪽의 황해도 장산곶과 남쪽의 태안반도에 이르는 범위에 있는 반원 형태의 만입이다. 경기만은 해안선의 총연장이 528km에 달할 정도로 규모가 크며, 내부적으로는 작은 규모의 만입들로 구성되어 있다.

북쪽 연안의 장연반도 이남으로 옹진, 청단, 연안, 대동 등의 반도가 돌출하여 있고, 이런 반도들 사이에는 대동만, 강령만, 해주만 등이 있다. 남쪽 연안의 태안반도 이북에는 남양만과 아산만이 형성되어 있어, 해안선의 출입이 더욱 복잡해지고 있다.

전체적으로 경기만의 지형은 해발 100m 내외의 구릉지대가 넓게 펼쳐져 있다. 이러한 구릉지대에는 인천의 계양산(395m), 김포의 문수산(376m), 안양의 수리산(475m)과 같은 원추형의 산들이 우뚝 솟아 있다. 이곳으로 유입하는 주요 하천은 한강, 임진강, 안성천 등이며, 이들 하천의 본류와 지류 유역에는 평야가 형성되어 있다. 한강 하류의 김포평야와 일산평야, 안성천 하류의 평택평야는 주로 논으로 이용되고 있다. 충적평야 주변의 구릉지대는 임야로 남아 있거나 밭, 과수원, 목장 등으로 이용되고 있다.

경기만에는 강화도를 비롯하여 영종도, 영흥도, 대부도, 제부도, 덕적군도, 순위도, 용호도 등과 이에 딸린 부속 도서들이 산재하여 있다. 또한 경기만은 조석간만의 차이가 세계적으로 매우 큰 편이다. 예를 들면, 대조차는 인천

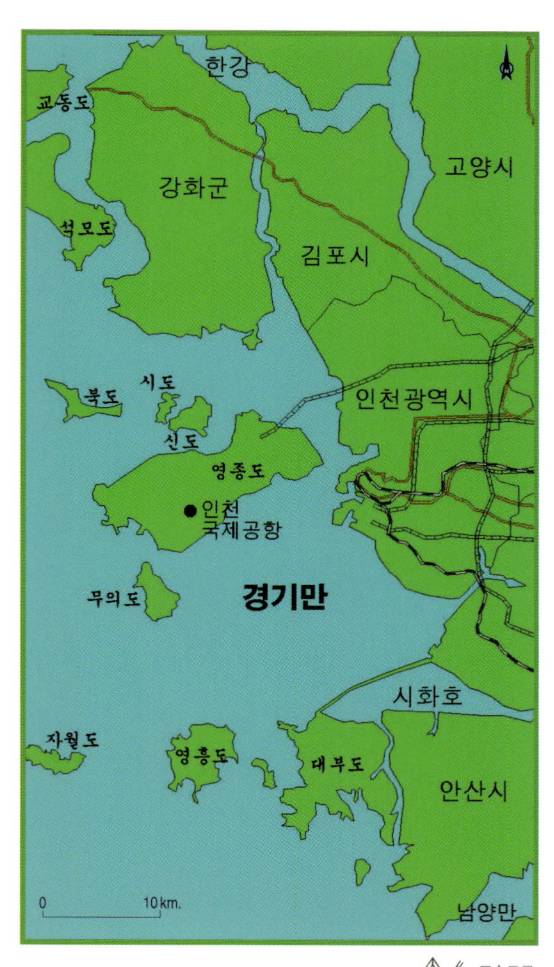

광역시 앞바다가 8.1m, 아산만이 8.5m를 보이고 있다.

경기만에는 조차가 크고 해안 부근의 수심이 얕은 데다가 한강, 임진강, 안성천 등이 토사를 많이 유출하므로 간석지가 넓게 발달되어 있다. 이런 간석지는 과거에 소형 간척 사업에 의해 논이나 염전으로 많이 개발되었지만, 오늘날에는 대형 간척 사업에 의해 주거 용지나 공장부지 등으로 개발되고 있다. 전체 길이가 약 13km에 달하는 시화방조제는 대부도를 시흥시와 화성시의 육지에 연결하는 초대형 간척 사업이다.

특히 이곳은 젓새우와 꽃게의 전국적인 산지이고, 굴과 바지락의 생산량도 많은 지역으로, 도시에 가까운 어촌들은 도시인의 출입이 잦아지면서 관광 어촌으로 변모하기도 하였다. 인천항은 서해안 최대의 근해 안강망 어업의 전진기지로 갈치, 병어, 뱅어, 가오리, 꽃게 등이 집산된다. 인천항만은 내항과 외해에 면한 북항, 남항, 연안부두, 석탄부두 등으로 구성되어 있다. 경기만에서 인천항 다음으로 중요한 평택항은 서해안고속도로의 개통과 연계하여 아산만 개발 계획의 일환으로 최근에 새로이 건설되었다.

아 산만을 포함하는 경기만은 북쪽의 황해반도와 남쪽의 태안반도를 연결하는 선을 기준으로 해안선이 100km 가량 안으로 들어가 있는 곳에 위치하고 있다. 경기만에는 깔때기 모양의 만입이 곳곳에 발달하였는데, 이러한 만입으로 크고 작은 하천들이 유입하고 있다. 예를 들면, 한강은 경기만으로 유입하고 안성천은 아산만으로 유입한다.(그림 4-8)

한강의 본류가 서울을 지나면 한강 유역에 범람원이 35km나 연속적으로 펼쳐지고 곧 이어 간석지로 이어진다. 갯벌의 폭은 임진강의 하구 부근에서 3km에 불과하지만, 강화도 북쪽으로 가면서 점차적으로 증가하여 9km에 이른다. 강화도와 김포반도 사이를 흐르는 바닷물은 하천과 흡사하다고 하여 '염하'라는 이름이 붙었다. 임진강 하구를 빠져나온 물길은 강화도의 북서쪽으로 흘러 가다가 교동도와 석모도에 이르러 몇 갈래로 갈라져서 황해로 나아간다.

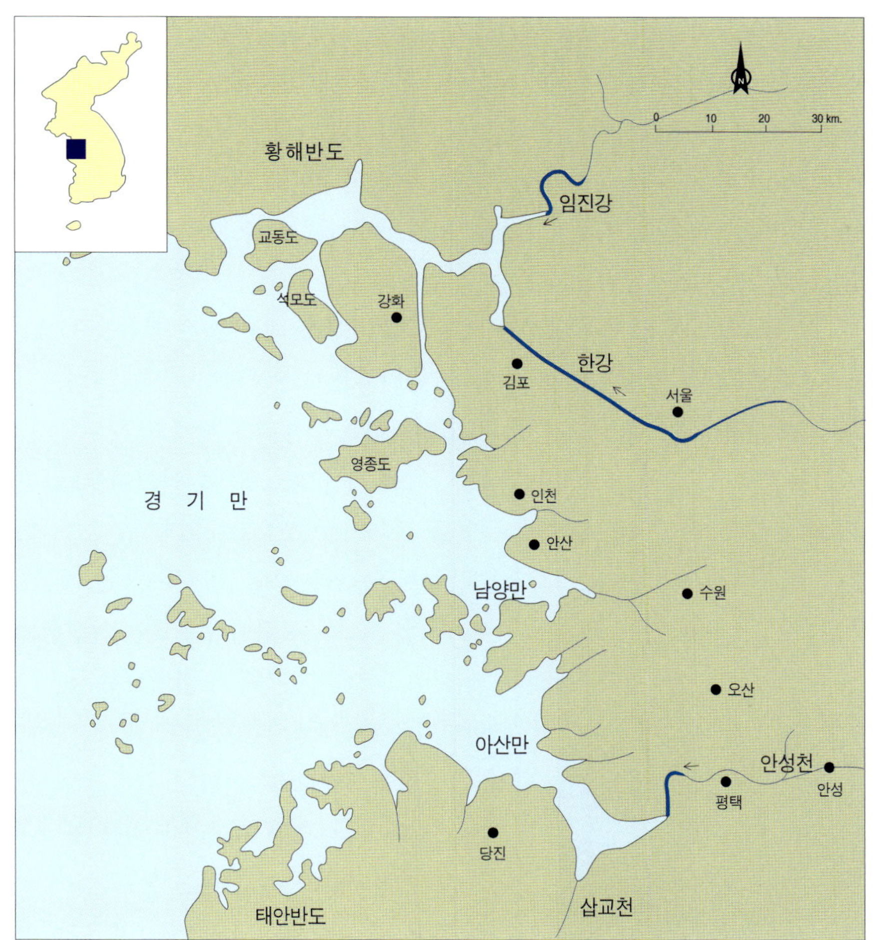

그림 4-8

경기만 연안의 해안선
이곳에는 하천과 해류에 의해 운반된 모래와 진흙의 퇴적으로 인하여 육지에서 돌출된 곳이 많이 형성되어 있다.

경기만 연안에는 대체적으로 해발 고도가 200m를 넘지 않는 구릉지대가 넓게 펼쳐지고 있다. 이 구릉지대에는 비교적 높은 산이 중간에 불쑥 솟아 있기도 하며, 크고 작은 만입의 안쪽으로는 좁은 면적의 해안 습지가 발달하였다. 황해안에서 경기만 연안만큼 갯벌의 범위와 면적이 넓은 곳은 없다.(그림 4-9) 한강의 하구로부터 해안에 가까운 도서들까지 상당히 넓은 면적의 갯벌이 연속적으로 전개되고 있다. 이곳에는 모래와 진흙이 하천과 조류에 의해 운반되어 해안에 퇴적되어 바다 쪽으로 돌출한 '곶'이라고 불리는 지형이 발달하였다.

국어대사전에는 '곶(串)'을, 지명 밑에 붙어서 '갑(岬)'의 뜻을 나타내는 말이라고 풀이되어 있다. 이때 갑(岬)은 바다로 뾰족하게 내민 땅이나 작은 반도를 가리키며, '꽃', '고지', '꼬지', '구지', '꾸지' 등은 모두 '곶'이라는 표준어의 방언에 해당하는 단어들이다. 경기만 연안은 이러한 '곶' 지형이 발달하기에 알맞은 자연 조건을 갖추고 있는 곳이다.

경기만 연안에는 곶과 관련되어 붙여진 지명들이, 원형은 비록 다소 변질되었지만 오늘날까지 여전히 남아 있다. '곶'에 대한 표기법은 지역적인 차이는 물론이고, 시대적인 차이가 있다. 접미사로 '-곶', '-꽃', '-구지', '-꾸지', '-고지', '-꼬지' 등이 붙은 지명들은 모두 바다로 돌출한 지형을 가리키는 것들이다. 또한 한자로 '-花(화)' 또는 '-華(화)'와 같은 접미사가 붙은 지명도 '곶' 지형을 지칭하는 것이다.

'곶' 지형을 표기하는 한자 지명으로 가장 오래된 것은 발음을 그대로 옮긴 '古尸(고시)'와 '古次(고차)'이다. 훈민정음이 창제되기 전에 '곶'은 〔고지〕라고 발음하였으며, '고지'를 표기하기 위하여 빌려온 한자가 '古尸', '古次', '口(구)'이다. 통일신라시대에는 '고지'를 표기하는 한자로 '고시'와 '고차'보다는 '구'를 더 많이 사용하였다. 지금은 '고시'와 '고차'가 접미사로 붙은 지명은 벌써 자취를 감추고, '구'가 접미사로 붙은 지명만이 부분적으로 남아 있다.

강화도 최초의 이름은 갑비고차(甲比古次)였는데, 나중에 고구려에 의해 혈구(穴口)로 변경되었다. 이 혈구는 통일신라에 의해 해구(海口)로 개칭되고, 고려 때 다시 열

그림 4-9

경기만의 갯벌
강화도를 비롯한 경기만 연안에는 갯벌이 드넓게 발달하여 특히 간척과 염전 사업에 유리하다.

구(列口)로 바뀌었다. 이러한 열구가 조선시대에 들어와 현재의 강화(江華)로 개칭되었던 것이다. 강화에 관한 지명의 역사적 변천에서 중요한 사실은 '곶' 또는 '구지'를 지칭하는 한자 용어가 '고차'에서 '구'를 거쳐 '화'로 바뀌어 왔다는 것이다.

조선시대에는 '곶' 또는 '고지'를 가리키는 한자 용어로 '串(곶)'이 처음으로 사용되었다. 그런데 이 글자는 조선 왕조가 임의로 만든 것으로 중국에는 전혀 알려져 있지 않았다. 당시에 '곶'의 한자 발음은 〔곶〕이었으며, 모양은 곶감을 사실적으로 묘사한 것이었다. 오늘날 '곶'은 거의 활용되지 않으며, 동사 '꽂다'와 명사 '곶감'과 '꼬챙이'의 어근으로만 남아 있다. 그후 '곶'의 발음이 〔꽂〕으로 변화하는 곳에서 한자 용어 '串'은 〔꽂〕이라는 발음을 가진 '花(화)'로 대체되기도 하였다.

이 지명이 최초로 만들어졌을 때 '花'는 〔화〕가 아니라 〔꽂〕이라고 발음되었다. 이때 '花'는 원래의 꽃을 뜻하는 것이 아니라, 〔곶〕의 다른 발음인 〔꽂〕을 표기하기 위해 사용한 한자였던 것이다. 사람들은 아마도 아름다운 꽃을 연상시킨다는 이유로 '花'를 '串'을 지칭하는 한자 용어로 선호하였을지도 모른다. 그후 사람들은 '곶'을 의미하는 한자로 '화'를 대신하여 '華(화)'를 채택하기도 하였다. 그들에게 빛난다는 의미를 가진 '華'는, 발음은 '花'와 같지만 그 의미가 보다 고상하다고 여겨졌을 수도 있다.

오늘날 경기만 연안에는 곶을 지칭하는 접미사로 화(花, 華)가 붙은 한자 지명이 많이 있다. 하지만 이때 문자의 의미는 '꽃'이나 '빛난다'의 뜻이 아니라 '곶'을 의미할 가능성이 크다. 따지고 보면 경기만에 위치한 '강화(江華)'나 '화성(華城)'은 모두 곶을 의미하는 한자가 접미사나 접두사로 붙은 행정 구역의 명칭인 것이다. 또한 경기만 전역에 보편적으로 분포하는 이화(梨花), 국화(菊花), 매화(梅花), 연화(蓮花) 등과 같은 촌락 명칭들은 꽃과는 아무런 상관없이 곶을 지칭하는 것들이다.

특히 강화도에는 곶을 의미하는 한글 지명과 한자 지명들이 도처에 남아 있다. 그밖에 고잔이나 꽃밭 같은 것도 '곶'이나 '꽂'을 접두사로 가진 지명으로 분류된다. '고지'가 음절이 축약되어 '곶'이 되고, '곶'은 경음화되어 '꽂'이 되면서, 한자 표기 또한 '古地(고지)' 또는 '古之(고지)'에서 '串'을 거쳐 '花'로 대체되었던 것이다.

'고잔'은 한자로 '古棧, 高棧, 古盞, 高盞' 등으로 다양하게 표기되고 있다. 이들은 '곶의 안'이라는 의미를 전달하고 있는 지명들로, '고지＋안'으로 분석되는 '고지안'은 '고쟌'으로 축약되고, '고쟌'은 다시 '고잔'으로 축약되면서, 특별한 의미를 갖지 않는 '고잔(古棧)' 계통의 한자 표기가 등장하였을 것이다. 경기만 연안에서 '고잔동' 또는 '고잔리'라는 지명은 '곶의 안쪽에 자리 잡은 마을'을 가리키는 이름으로, 반복적으로 사용되고 있다. 예를 들면, 강화군(江華郡) 불은면(佛恩面) 고릉리(高陵里)라는 마을은 속칭 고잔(古棧) 또는 곶내동(串內洞)이라고도 불리는데, 이들은 모두 '곶의 안쪽에 있는 마을'을 의미하는 명칭들이다.

꽃밭은 거의 예외 없이 한자로 '花田(화전)'으로 표기되고 있는데, 이는 문자 그대로 '꽃밭'이 아니라 '곶의 바깥'을 의미하는 것이다. 꽃밭이라는 지명의 어원은 '곶'과 '바깥'을 의미하는 두 단어의 합성이다. '고지＋밧'으로 분석되는 '고지밧'은 '곶밧'으로 축약되고, '곶밧'은 다시 '꽃밧'으로 음운 변화하면서, 한자 표기가 마침내 '花田'으로 정착한 것으로 보여진다. 경기만 연안에서 '花田'이라는 지명은 '곶의 바깥에 위치한 마을'을 지칭하는 명칭으로 반복적으로 나타난다.

지금은 '花'와 '田'이 문자 그대로 꽃과 밭을 의미하므로, 곧 '꽃밭'을 가리키는 지명으로 알려져 있다. 따라서 '화전'이라는 지명이 원래 '곶의 바깥'을 의미하였다는 사실을 기억하는 사람은 거의 없다. 사람들은 문자에 따른 의미가 발음에 따른 의미보다 더 좋다는 생각으로 의도적으로 '곶의 바깥'이라는 의미를 자기들 기억 속에서 지워버렸는지도 모른다.

5. 지리산의 지명

지리산은 전라북도 남원시, 전라남도 구례군, 경상남도 산청군, 하동군, 함양군에 걸쳐 있는 산들을 통틀어 일컫는 이름이다. 소백산맥 말단부에 위치한 지리산에는 최고봉인 천왕봉(1,915m)을 비롯하여 반야봉(1,732m), 연하봉(1,667m), 제석봉(1,806m) 등과 같이 해발 1,000m 이상 되는 봉우리가 30여 개나 솟아 있다. 지리산은 120여 개에 달하는 크고 작은 산봉우리들이 동서로 길게 뻗은 주

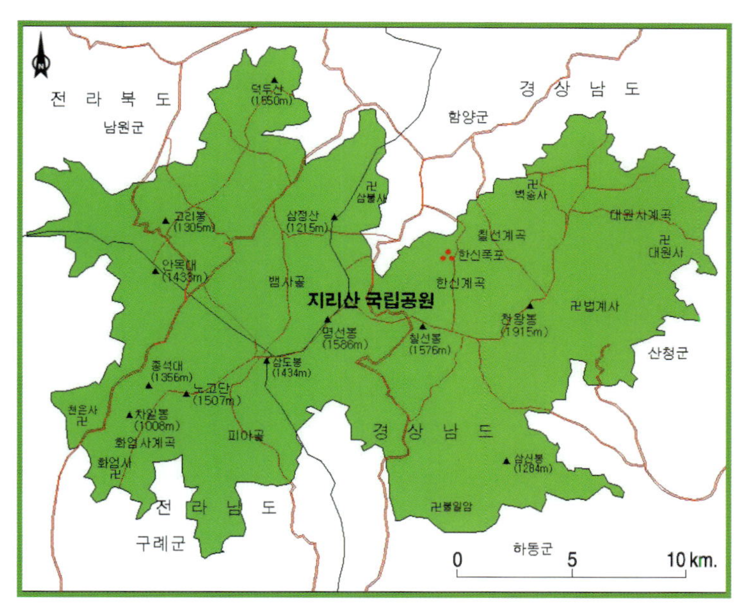

능선을 중심으로 배열되어 있는 둘레 약 320km의 거대한 산지이다.

지리산의 능선은 천왕봉을 중심으로 서쪽 방향으로 달리다가 종석대에 이르러 주능선과 거의 직각을 이루며 북쪽으로 달리는 서북 능선과 연결된다. 이와 같이, 지리산의 능선은 전체적으로 L자형을 하고 있는데, 그중에서 주능선의 계곡들이 북동-남서 방향과 북서-남동 방향으로 배열되어 있다.

지리산은 한국의 대표적인 편마암 산지로 사면이 지극히 평탄하고 암괴의 노출이 별로 없다. 또한 산지의 사면에 일정한 두께로 발달한 토양층에는 울창한 수목지대가 형성되어 있다. 하지만 국지적으로 피아골, 악양, 청학동, 대원사 일대에는 다른 화강암 산지와 같은 지형들이 발달하였다.

지리산지의 수계는 크게 섬진강 수계와 남강 수계로 양분된다. 섬진강 수계에서 남원시를 관통하는 요천과 천은사 계곡을 흐르는 서시천은 구례읍 동쪽에서 섬진강에 합류한다. 지리산 남사면의 계곡을 흐르는 마산천, 덕은내,

연곡천, 화개천, 악양천, 횡천강은 섬진강으로 직접 유입된다. 남강 수계에서 지리산 북사면 운봉 일대에서 발원한 만수천은 심원계곡, 뱀사골계곡, 백무동계곡, 칠선계곡에서 흘러나온 하천과 만나 임천강이 된다. 이 임천강은 협곡을 따라 급류를 이루며 흘러가다가 지리산지 동북단에서 경호강과 합류하여 남강의 상류가 된다. 지리산 동사면의 중산리계곡, 대원사계곡을 흐르는 물들은 덕천강으로 모여든 다음 단성부터는 남쪽 방면으로 흘러 남강으로 유입한다.

지리산의 계류들은 삼림이 울창한 거대한 산지를 수원으로 하기 때문에 집중호우 때를 제외하면 연중 유량의 변동이 크지 않다. 이와 같이 하천의 수량이 풍부함에도 불구하고 수온은 매우 낮기 때문에 지리산의 기후 조건이 논농사를 하기에는 적합하지 않다. 또한 지리산은 전체적으로 기온이 낮고 일교차가 심하며, 구름이 많이 끼는 날씨에 바람이 강하고 변화가 심한 것이 특징이다.

지리산의 능선들 사이에는 20여 개 이상의 크고 작은 골짜기가 형성되어 있는데, 이런 골짜기는 일찍부터 농경지와 촌락의 입지로 이용되었다. 이 계곡들은 대개 길이가 10km를 넘으며, 해발 700~800m까지는 경사가 완만하지만 그 이상의 고도부터는 급경사인 것이 보통이다. 특히 해발 300~700m 부분은 완경사면이 집중적으로 펼쳐지기 때문에 농경지 개간과 촌락 발달의 최적지로 이용되었다.

한국의 고유 언어와 고전 문학은 전통적으로 중국의 영향을 많이 받아 왔다. 한글학회에서 편찬한 한글큰사전에 따르면, 오늘날 사용되고 있는 한국어 어휘 가운데 절반 이상, 즉 54%가 한자에서 비롯된 것이다. 또한 법학, 경제학, 사회과학, 자연과학 등에서 사용하는 전문 용어의 절반가량이 한자 용어로 되어 있다. 이와 같은 현상은 조선 왕조가 한문을 공용 문자로 지정함에 따라 한국인들이 한문을 오랫동안 학습해 왔기 때문이다.

더구나 조선시대에는 행정 구역의 명칭과 같이 공식적인 지명은 한글이 창제된 후에도 여전히 한자로 기록되었다. 처음 지명을 한자로 표기할 때는 토착 지명의 발음이나 의미를 한자로 옮겨 적는 이두식(吏讀式) 표현과 유사한 방식을 취했다. 이 방법은 점차적으로 발음과 의미가 일치하는 순수한 한자 지명으로 표기하는 방향으로 변화하였다. 전국의 주요 산과 하천 또는 행정 구역에는 예부터 전해 내려오는 토착 지명을 대신하는 한자 지명이 새로이 부여되었다. 특히 통일신라와 고려 왕조는 전국에 산재하는 높은 산에 불교를 상징하는 명칭을 부여하는 데 적극적이었다.

지리산(地理山)과 같이 이두식으로 표현된 지명들은 전국 각지에 여전히 남아 있다. 지리산의 한자 표기는 '地理山(지리산), 地利山(지리산), 智異山(지이산), 智理山(지리산)' 등으로 실로 다양하다. 이중에서 어느 것이 최초의 한자 표기인가는 아직까지 학자들끼리도 합의되어 있지 않은 상태이다. 왜냐하면 이러한 명칭들의 진정한 의미를 규명할 만큼 충분한 연구가 없었기 때문이다. 다만 일부 비전문가들이 '地利山'이라는 한자 표기를 근거로 지리산이라는 지명의 어원이 불교와 관계가 있을지도 모른다는 가설을 제시하고 있을 뿐이다.

지리산의 한자 표기 중에서 가장 오래된 것은 '頭流山(두류산)'과 '方丈山(방장산)'으로 지리산의 어원을 찾아내는 단서가 될 수도 있다. 이중에서 '두류산'이라는 명칭은 오늘날 사용되고 있지 않지만, 조선시대의 유명한 성리학자인 조식(曺植, 1501~1572)이 지은 한시(漢詩)에 언급되어 있다. 언어학자들의 최근 연구에 의하면, '두류산'이라는 한자 표기는 원래 한국어의 '두루산(둥근 산이라는 의미)'이라는 발음을 묘사하는 것이라고 한다. 오늘날 '두루'라는 단어는 '넓다'라는 의미를 가진 동사로 주로 이용되고 있지만, 옛날에는 '둥글다'라는 의미를 가진 형용사로도 많이 쓰였다. 따라서 '두류산'은 '둥근 산'이라는 의미를 가진 고어(古語)인 '두루산'의 발음에 맞는 한자를 찾아 표기한 것이라는 주장이다.

지리산의 지세는 무엇보다도 완만하게 둥근 모양의 능선과 길게 곡선을 그리며 돌아가는 계곡으로 특징지어 진다.(그림 4-10) 지금도 전국 각지에는 두류산이나 이와 발음이 유사한 두류봉, 두루봉, 두리봉, 두로봉, 두륜산, 두랑산, 두룡봉 등과 같은 이름을 가진 산들이 남아 있다. 이 산들이 가지는 지형적 공통점은 산마루가 두루뭉술하거나 산이 울타리를 치듯이 둥글게 휘감아 돈다는 것이다.

소백산맥은 태백산맥에서 갈라져 나온 다음 280km를 남서 방향으로 가다가 남향으로 방향을 바꾸어 달린다. 주향이 남서 방향에서 남향으로 전환된 다음에 경상남도와 전라남도의 자연적 경계가 되는 지리산(1915m)으로 이어진다. 소백산맥에서 지리산은 가장 넓고 높은 구간에 해당하며, 상당히 많은 계곡이 있다. 지리산의 능선들은 대부분 단단한 흑백색의 편마암과 회청색으로 풍화된 섬록암으로 구성되어 있다. 크고 작은 하천들은 이러한 능선들을 깊숙이 파고들어 길게 곡선을 그리며 돌아가는 계곡을 만들어 놓았다.

다수의 언어학자들은 지리산 주위에서 '두루'라는 발음이, 시간이 흐르면서 '두리→드리→디리→지리'의 순서로 점진적으로 변화하였다고 주장하고 있다. 전라도 방언에서는 구개음화가 심하여 '형님'을 〔성님〕, '기름'을 〔지름〕, '길'을 〔질〕이라고 발음하는 것은 널리 알려진 사실이다. 이들의 주장에 따르면, 지리산에서 '지리'라는 단어의 다양한 한자 표기는 '두루'에 어원을 둔 '지리'를 묘사한 것에 불과하다. 이처럼 '지리산'은 白頭山(백두산), 太白山(태백산), 小白山(소백산), 俗離山(속리산)과 같이 순수한 한자 지명으로 전환되지 않고 남아 있는 토착 지명이다.

또한 뱀사골, 피아골, 노고단 등은 지리산과 같이 순수한 한자 지명으로 전환하는 것을 아직도 거부하고 있는 지명들이다. 이것들은 사람들이 환상적인 상상과 그릇된 이미지에 빠진 나머지 정확한 어원을 잘못 해석하고 있는 지명들이다. 신화적 해석이 가미된 대중적 기억에 의존하다 보니 이것들이 모두 지형·지물의 특징을 근거로 붙여진 토착 지명이란 사실을 간과하기

그림 4-10

지리산의 산세
지리산에는 융기·침식·삭박 작용에 의해 산간분지, 고원, 평탄면, 협곡이 형성되어 있다. 능선들이 완만한 곡선으로 길게 뻗어 나가고 있으므로 산세는 전체적으로 웅장하면서도 부드러운 느낌을 준다.

십상이다. 지방 언어의 변천사와 지리산 주변의 지형 · 지세에 대한 지식을 충분히 가지고 있지 않으면 이런 지명들의 어원을 철저하게 규명하기가 어려워지는 것이다.

'뱀사골'이란 지명은 노고단 정상에서 동북 방향으로 길게 뻗은 계곡을 일컫는 것이다. 이 지명이 '뱀'이라는 한글 단어와 '사(蛇)'라는 한자 단어로 구성되어 있어, 흔히 뱀사골이란 '뱀이 많이 있는 골짜기'를 의미한다고 생각한다. 하지만 사실은, 이러한 대중적 해석과 전혀 일치하지 않는다. 한국에는 지명의 구성에서 같은 의미를 가진 한글과 한자가 병렬되어 있는 경우는 역사적으로 전무한 실정이다. 뱀사골에서 '뱀'은 뱀을 의미한다고 치더라도 '사'는 한자가 아닌 한글로 뱀이 아닌 다른 의미를 가리키고 있다는 것이다.

실제로 뱀사골에는 첫 글자에 '뱀'이 붙은 지명이 다수 존재하는데, 그 중에서도 '뱀사'와 유사한 발음을 가진 지명들은 반복적으로 나타난다. 전라남도 방면에는 비암쏘, 비암등, 비암새, 비암재, 비암바위 등이 있고, 경상남도 방면에는 뱀밧골, 뱀거리몬댕이, 뱀사재, 뱀몬당 등이 있다. 이러한 사실을 근거할 때, 뱀사골의 '뱀사'는 뱀이 많은 연못을 의미하는 '뱀소'에서 유래된 것으로 추측할 수 있다. 그러므로 뱀사골은 '뱀소(뱀이 많은 연못)가 있는 골짜기'라는 어원을 가지는 지명이라고 유추된다.

'피아골' 또한 어원과는 전혀 다른 의미를 대중에게 전달하고 있다. 이 계곡이 한국 전쟁(1950~1952) 동안 빨치산이라고 불리는 공산 게릴라들에 의해 완전히 점령되었다는 사실은 일반 대중에게 너무나도 잘 알려져 있다. 당시에 그들이 치른 전투는 치열했으며, 피아골의 계곡물은 온통 죽은 사람들의 피로 물들여졌다고 전해 내려온다. 이러한 역사적 사실과 관련하여, 사람들은 피아골의 '피'를 사람의 피를 의미하는 것으로 오해하는 경향이 있다.

그러나 언어학자들의 견해에 따르면, 이 지명의 어원 해석은 전혀 사실과 다르다. 그들의 주장에 의하면, 피아골은 표준어로 '피밭골'이라는 어원에서 변화된 것이라고 한다. '피밭골'은, 고어 '피받골'에서 중간 ㅂ음이 탈락하여 '피왇골'이 되고, 이것이 다시 단순모음화하여 '피앗골'로 변화한 다음, 마지막으로 중간 ㅅ음이 탈락하여 '피아골'로 굳어진 것으로 보인다. 즉 '피아골'은 원래 '피(稷)라는 식물이 자라는 밭이 있는 골짜기'를 의미하는 단어였던 것이다. 이러한 견해는 피아골 주위에 해당하는 구례군(求禮郡) 토지면(土旨面) 내동리(內東里)에 있는 오래된 마을의 이름에 의하여 입증된다. 이 마을은 그동안 '피골, 피앗골, 피야골' 등으로 불려왔는데, 한자로는 '稷田洞(직전동)' 으로 표기되어 왔다. 결론적으로, '피아골'이라는 지리산의 유명한 지명이 바로 이 마을의 이름에서 유래되었다면, 그 어원은 '피가 많이 자라는 골짜기'를 의미하였을 것임에 틀림이 없다.

노고단(老姑壇, 1507m)은 지리산의 최고봉 가운데 하나를 일컫는 지명으로, 그 어원은 그동안 많이 와전되어 지금은 분명하지 않은 상태이다. 노고단은 한자 표기와 같이 '할머니를 신위로 숭배하는 제단이 있는 봉우리'라는 의미로 일반 대중에게 알려져 있다. 신라는 이 봉우리에 박혁거세의 어머니인 선도성모(仙桃聖母)를 산신으로 모시고 제사를 정기적으로 지냈다고 한다.(그림 4-11) 신라는 지리산을 전략적 요충지의 하나라고 판단하고 여기에 국가의 수호신으로 선도성모를 모시기로 결정했던 것이다. 그후 선도성모는 속칭 '마고(麻古)'라고도 불리었는데, 이 단어는 때때로 '노고(老姑)'라는 한자 단어와 같은 의미를 가진 것으로 오해되었을 것이다.(그림 4-12) 이러한 오해는 지리산을 지키는 여신인 노고 할미, 즉 선도성모가 도승 반야(般若)를 기다리다가 죽은 곳에 제사를 지내기 위하여 단을 쌓았다는 전설로 인하여 더욱 엉뚱한 내용으로 각색되었다. 실제로 노고단에서 한층 높이로 마주 보이는 지점에 반야봉(般若峰)이 있었기 때문에 이러한 설화는 더욱 설득력을 얻었던 것이다.

하지만 '노고'란 이름이 붙은 산은 지리산의 노고단에 국한되지 않고 전

그림 4-11

노고단
고려시대까지만 해도 이곳에는, 국가에서 '마고' 또는 '선도성모'라 불리는 여성신에게 제사를 지내는 노고단이란 제단이 있었다고 한다. 지금은 이 제단이 없어지고 노고단이라는 이름을 새긴 비석만이 돌탑 위에 서 있을 뿐이다.

그림 4-12
마고 또는 선도성모를 모신 남악사
지리산은 삼국시대부터 중사(中祀)로 숭배되었으며, 전국의 오악(五岳) 중에서 남악(南岳)으로 불리었다. 지리산 산신을 모셨던 남악사(南岳祠)는 조선시대에 위치를 이전했지만, 1908년(순종 2) 일제에 의해 헐릴 때까지 산신사(山神祠)로 존속하였다. 화엄사 지장암 옆에 있는 현재의 남악사는 10여 평 규모로 1969년에 구례군에서 새로이 건립한 것이다.

국 각지에 보편적으로 분포하고 있다. 언어학자들은 노고산(老姑山)이란 지명이 '할미봉'이라는 토착 지명의 의미를 한자로 옮겨 적은 것에 불과하다고 주장한다. 그들의 견해에 따르면, 할미봉에서 '할미'는 할머니의 속칭으로 들리지만 사실은 할머니를 의미하는 것이 아니라고 한다. 여기에서 '할미'란 크고 높은 봉우리를 의미하는 현대어 '한뫼'의 고어라는 것이다. 즉 큰 산을 의미하는 한뫼, 한메, 한미, 할메, 할미 등이 모두 할머니의 준말인 '할미'와 발음이 비슷하다는 이유에서 한자로 '노고(老姑)' 또는 '마고(麻姑)'로 표기되었다는 것이다. 실제로 전국 각지에서 할미봉이나 노고산이라고 불리는 산들을 보면 공통적으로 크고 높은 봉우리로 되어 있다. 그러므로 지리산의 노고단은 '크고 높은 봉우리'를 의미하는 노고산에 쌓은 제단을 가리키는 명칭이라고 추정된다.

5

농촌 경관

한국의 농촌을 다녀보면 크고 작은 가옥들이 산이나 구릉 기슭에 옹기종기 모여 있거나 띄엄띄엄 떨어져 있는 모습이 눈에 들어온다. 논농사를 하는 지역은 대체로 경지가 구릉과 산지로 제한되어 있기 때문에 논과 마을이 하나의 짝을 이루고 있는 것이 보통이다. 또한 논농사 지역에서는 저수지, 수로, 수문, 도랑과 같은 관개시설이 농촌 경관을 특징짓는다. 인구 밀도가 높은 곳에서조차 마을들은 소촌보다 크지 않고 서로 가까운 거리에 있는 경우가 흔하다. 단지 남부 지방에만 가옥들이 빽빽하게 밀집되어 있는 괴촌 유형의 집촌들이 보편적으로 분포한다. 이에 반해 고립농가 또는 산촌은 밭농사를 지은 지 그리 오래되지 않은 산간 지역에 국한되어 있다.

한국에는 소촌이나 집촌을 막론하고 친척들끼리 모여 사는 마을이 많이 있다. 이런 마을 주민들은 대다수가 부계를 중심으로 하는 친족 관계를 유지하고 있다. 이곳에서 사회적 관계는 성리학에 근거한 가부장적 제도와 위계질서를 토대로 한다. 오늘날 마을에서 명당(明堂)에 해당하는 위치에 자리 잡고 있는 묘지는, 친족 관계의 중요성을 입증하는 농촌 경관이다. 묘지는 특정한 종족 집단이 정착한 장소, 조상이 묻힌 장소, 친족들이 정기적으로 모여 조상을 추모하는 장소라는 사실을 상기시켜 주는 농촌 경관인 것이다.

조선시대까지 양반 가문이나 종족이란 과거라는 국가시험에 합격하여 관직에 오른 사람들의 후예들을 일컬었다. 조선시대 이런 양반 출신의 종족 집단이 절대 다수를 차지하는 마을에서는 촌락 조직과 생활이 한국적인 가부장 제도에 근거한 위계질서를 추종하는 경향이 있었다. 흔히 집성촌이라 불리는 종족 촌락에서 종가와 노인들의 사회적 위계가 가장 높았으며, 일상생활은 효도와 같은 성리학적 이념을 최소한 형식적으로라도 실현하는 것이었다.

그러나 오직 양반만으로 구성된 마을은 소수에 지나지 않았으며, 상민으로만 되어 있는 마을이나 상민과 양반이 혼합되어 있는 마을이 대다수를 차지하였다. 양반 출신의 종족 집단 하나가 마을을 구성하지 않는 경우에는, 성과 연령에 근거한 위계질서를 추구하는

Rural Landscape

성리학 이념이 사회생활 전반에 절대적인 영향을 주지는 않았다. 이런 마을에서는 사회적 관계가 비교적 평등하고 경제 활동에서 상호 협동하는 분위기가 지배적이었다.

조선 후기에는 성리학에 의한 백성의 교화가 농촌 지역까지 미치면서 농촌 경관의 발달에 커다란 영향을 주었다. 특히 문화와 권력과의 상호 작용에서 핵심적 위치를 점유하는 부계 중심 사상은 농촌 경관의 변형에 지대한 영향을 끼쳤다. 성리학 이념의 엄격한 준수란 효도, 조상 숭배, 여성의 격리와 지배를 성실하게 실행하는 것이었다. 양반이 중심이 된 마을, 즉 반촌(班村)에서는 이러한 문화적 가치를 상징하는 농촌 경관들이 많이 발견된다. 예를 들면, 반촌에는 벽면은 없이 지붕만 있는 건축 형태를 가진 정자(亭子)가 세워져 있는 경우가 많다.

한국의 촌락 형태는 민촌(상민 마을) 또는 반촌을 막론하고 전국적으로 공유하는 특징이 있는가 하면, 지역별로 서로 다른 특성을 보이기도 한다. 반촌에서는 평면 구성이 주위의 민가와 같지만 규모가 큰 기와집들은 상대적으로 많다. 집안의 방바닥에는 온돌이 깔려 있는데, 이는 전통적인 난방 시설로 부엌의 아궁이와 연결되어 있다. 지극히 단순한 형태의 민가에도 방바닥과 같은 높이로 방 바깥으로 연장된 공간에 마루가 설치되어 있다.

전통적으로 마을 주위에는 크고 작은 숲이 인위적으로 조성되어 있는 경우가 많았다. 특히 마을 전방에 조성된 숲은 마을 외부에서 내부를 들여다보는 것을 차단하려는 목적을 가지고 있었다. 해안 지방에서는 마을 주민들이 나무들을 열을 맞추어 심어, 바다로부터 불어오는 모래 바람을 막아주는 방풍림의 구실을 하게 한다. 이러한 방풍림은 때때로 마을 주민들의 생명과 안전을 지켜 주는 마을 수호신이 거처하는 신성한 장소로서의 의미를 가진다. 또한 마을 주위의 인공 조림은 풍수 사상에 입각하여 허약한 지세를 보완해 주는 비보림(裨補林)으로도 인식된다. 조선시대에 풍수 사상은 마을의 위치를 선택하고 촌락 형태를 조성하는 데 영향을 끼치는 민간 신앙으로까지 발전하였던 것이다.

1. 안동시 일대의 반촌

현재의 안동시는, 1995년 1월 안동시와 안동군이 통합되어 형성된 이른바 도농복합형(都農複合型) 도시이다. 이러한 안동시는 동쪽으로 영양군과 청송군, 서쪽으로 예천군, 남쪽으로 의성군, 북쪽으로 영주시와 봉화군를 경계로 하고 있다. 태백산맥의 지맥이 안동시를 동서 방향으로 횡단하는데, 봉수산(570m), 미면산(461m), 연점산(871m)과 같이 높은 산들이 솟아 있다. 특히 남서쪽으로는 보문산(643m), 백자봉(369m), 갈라산(570m) 등이 마치 병풍처럼 하늘 높이 치솟아 있다. 안동시 주위를 에워싼 산지를 흐르는 반변천은 안동시에서 낙동강 본류와 합류한 다음 서쪽으로 흐른다.

이 일대는 동방의 '추로지향(鄒魯之鄕)'이라 일컬어질 정도로 유교적 관습과 전통이 강하게 남아 있는 곳이다. 영남학파는 도산서원을 중심으로 형성되었으므로, 안동시는 조선조 성리학의 중심이라고 해도 전혀 손색이 없다. 조선시대에 간행된 문집(文集)의 숫자에 있어서 안동시는 전국에서 단연 수위를 차지한다. 지금도 안동시에는 유림(儒林) 세력이 건재한 가운데 명문거족의 집성촌이 곳곳에 남아 있으며, 이곳에는 서원, 서당, 고가(古家), 누정 등과 같은 목조 건축물들이 많이 있다. 특히 전국에서 문화재로 지정된 고가 중에서 1/3 가량이 경북 북부에 집중되어 있고, 이런 고가의 2/3 가량이 안동시에 분포하고 있다.

또한 조선시대 이후, 유교 문화가 성행하였음에도 불구하고 안동시는 불교 문화와 토착 문화가 성공적으로 전승되어 온 고장이다. 오늘날까지 안동시에 남아 있는 신라시대의 불교 유적으로는 법흥동 7층 전탑(塼塔), 봉정사 극락전, 이천동 마애불 등이 있다. 봉정사 극락전은 한국에서 가장 오래된 목조 건물이며, 이천동 마애불은 주민들에 의해 제비원 미륵불로 불린다. 그리고 안동시의 민속 문화재 중에 전국적으로 널리 알려진 것은 하회 별신굿 탈놀이, 동채싸움, 놋다리밟기, 성주 신앙 등이 있다. 그밖에 안동시 일대에는 안동포, 안동 소주, 안동 식혜와 같은 음식 문화가 발달하였다.

비록 중앙선 철도가 남북으로 관통하고 있고 국도를 통하여 대구광역시와 연결되어 있지만, 안동시는 그동안 현대 문화로부터 상대적으로 고립되어 있었다. 서울특별시까지 5시간 정도 걸리는 지리적 위치뿐만 아니라 산업시설의 미비는 현대 문화가 발달하는 것을 지연시키는 요인이었다. 현대 사회가 전통 사회와 다른 특징은 문화가 산업, 교통, 정치, 경제, 행정, 교육 등의 분야와 더불어 발달한다는 것이다. 하지만 최근에는 춘천과 대구를 연결하는 중앙고속도로가 개통되면서 수도권을 비롯한 다른 지역과의 연계성이 크게 향상되고 있다.

전통적으로 조상을 숭배하는 유교적 제의는 보통 한 개 또는 그 이상의 마을에 사는 가족과 친족 집단들이 한군데 모여 지냈다. 이런 제의에서 추모되는 조상들은 참가자들에게 가까운 친척인 경우도 있었고 먼 친척인 경우도 있었다. 특히 어떤 성씨의 중시조(中始祖) 혹은 파시조(派始祖)에게 공동으로 제사를 지내는 경우에는, 참배객의 숫자가 적게는 수십 명에서 많게는 수천 명에 이르렀다. 반촌에 사는 사람들은 마을 안에 있는 사당이나 묘지 앞에 있는 재실에 모여 공동으로 조상을 추모하는 제사, 즉 시제(時祭)를 일년에 한번씩 지냈다. 조선시대에 가족과 종족은 사회적 지위가 높으면 높은 만큼 사회적 권력을 많이 가지고 있었다. 사당과 재실의 건축 규모가 크고 건축 양식이 화려한 만큼 그것을 소유한 가족과 종족은 많은 사회적 권력을 가지고 있었다.

반촌에는 유교적 가치와 덕목을 실현하는 데 공헌한 효자, 충신, 열녀들을 기리는 기념물들이 세워져 있었다. 일반적으로 이 기념물들은 효자각, 충신각, 열녀각이라고 불리었으며, 한자가 새겨진 비석이나 현판이 전각 안에 배치되어 있는 형태를 하고 있었다.(그림 5-1) 만일 비석이 전각에 의해 보호되고 있지 않을 경우에는 효자비, 충신비, 열녀비라고 일컬어졌다. 하지만 이러한 기념물을 설립하는 것은 개인이나 가족적인 차원의 일이 아니었다. 특정한 가문의 인물을 추모하는 기념물을 설립하려면 지방 관아나 조정으로부터 허가를 받지 않으면 안 되었다.

안동시 일대에 집중되어 있는 양반 집성촌에는 이러한 기념물들을 비롯한 유교 경관이 상대적으로 많이 남아 있다. 이 일대에는 사당, 재실, 효자각, 충신각, 열녀각 등은 물론이고 정자(亭子), 정사(精舍), 사우(祠宇), 서원(書院) 등과 같은 유교 경관들이 많다. 일반적으로 주위의 아름다운 경치를 감상하기 적합한 지점에 건립되는 정자는, 때때로 학문을 가르치고 배우는 장소로도 이용되었다. 정사는 마을에서 학문을 가르치고 배우는 사적인 공간이었지만, 사우는 국가에 의해 공적을 인정받은 조상의 위패를 봉안하고 제사를 지내는 공적인 공간이었다. 서원은 저명한 문인 학자나 충신들의 위패를 봉안하고 제사를 지내는 동시에 성리학을 가르치고 배우는 장소였다.

안동시 일대는 조선시대 성리학을 일찍부터 일상생활 깊숙이 받아들인 고장이었다. 이 일대의 구릉지대에는 기와로 지붕을 얹은 양반 가옥들이 서민 가옥들 틈바구니에 색다른 모습으로 끼어 있어, 조선시대 한국을 대표하는 양반 가문들의 고향이 되었다. 율곡 이이와 함께 조선 성리학의 쌍벽을 이룬 퇴계 이황을 비롯하여 역사적으로 유명한 문인 학자들 다수가 이곳에서 탄생하였다. 그중 서애 류성룡은 이황의 제자로서 임진왜란(1592)을 전후하여 재상을 지낸 인물이기도 하다.

그러나 조선시대 이전 안동시 일대에는, 세거(世居)할 목적으로 낙향한 양반 가문이 많지 않았다. 조선시대에 들어서도 이 일대로 낙향한 양반 가문 중에, 고향으로 되돌아 온 경우는 극소수이고, 다른 지역에서 친척을 찾아 입향(入鄕)한 경우가 대다수를 차지한다. 15~16세기에는 안동시 일대에 거주하는 처가나 외가 마을을 찾아들어 온 양반 가문들이 상당히 많았다. 고성 이씨(固城 李氏), 의성 김씨(義城 金氏), 홍해 배씨(興海 裵氏), 청주 정씨(淸州 鄭氏), 영양 남씨(英陽 南氏) 등은 모두 이러한 친척 연고를 찾아 입향한 성씨 집단들이다. 이런 집단들이 생활환경이 전혀 생소한 지방으로 이주하는 데에는 혼인이라는 사회적 관계가 배경으로 작용하였다.

이처럼 외부에서 들어온 성씨 집단들에게 지역 연고를 제공한 권문세가는 안동 김씨(安東 金氏), 하회 류씨(河回 柳氏), 의성 김씨(義城 金氏), 안동 권씨(安東 權氏) 등이었다. 이중에서 의성 김씨를 제외한 나머지 셋은 모두 현재의 안동시 일대를 고향으로 하는 이른바 토착 성씨 집단이었다. 이들은 모두 고려 후기에 향리층(鄕吏層)에서 양반층으로 신분이 수직 상승함으로써 일약 명문이 된 가문이다. 특히 안동 김씨와 안동 권씨는 고려 초기에 현재의 안동시를 중심으로 자신들의 세력 기반을 확고하게 마련하였다.

이런 성씨 집단에 의해 형성된 반촌에는 지금까지 전통적인 건축물들이 여전히 많이 남아 있다. 임하면(臨河面) 천전리(川前里)라는 마을에는 지금도 의성 김씨 종가(宗家)를 비롯한 고가(古家)들이 원형 그대로 보전되어 있다. 특히 이 종가는 두 개의 안마당이 부속 건물과 담벽으로 둘러싸여 있는 'ㅁ'자형(폐쇄형)으로 1650년경 건축되었다고 한다. 이 종가는 길안면 묵계리의 안동 김씨 종가, 풍산읍 하회리의 하회 류씨 종가와 함께 조선시대의 양반 가옥을

그림 5-1

남원시 부근의 충신각
이 정려는 입구가 솟을삼문으로 되어 있고, 울긋불긋한 단청으로 치장되어 있다. 삼문 뒤에 있는 사당에는 고려 말기 충신 박문수(朴門壽)의 불천지위(不遷之位)가 봉안되어 있다.

대표하는 건축물이다.

　　전국적으로 유명한 하회 마을은 지금부터 600여 년 전 자유곡류천의 방어사면(퇴적사면)에 자리 잡았다고 한다.(그림 5-2) 이 마을은 류운룡(柳雲龍)과 류성룡(柳成龍) 형제의 가옥을 중심으로 거주 공간이 마을 전체로 확대되었다. 형인 류운룡의 가옥은 양진당(養眞堂)이라 불리고, 아우인 류성룡의 가옥은 충효당(忠孝堂)이라고 일컬어진다. 양진당은 400여 년 전에 건립된 하회 류씨의 종가로 마을 중앙에 위치하고 있고, 충효당은 이와 거의 같은 시기에 양진당에서 가까운 지점에 건립되었다. 이 두 채는 규모가 훨씬 작은 기와집들로 에워싸여 있었다. 마을 입구와 외곽에는 상민 신분을 가진 다른 성씨 집단들이 초가집에 살았다.(그림 5-3)

　　하회 마을에서 건너다보이는 곳에는 부용대(芙蓉臺)라고 불리는 절벽이 버티고 서 있다. 정자와 기와집들 앞으로 강물이 휘감아 도는 곳에는 모래밭이 넓게 펼쳐져 있다. 하회 마을에서 3km 가량 떨어진 곳에는 임진왜란 때 영의정을 지낸 류성룡을 기념하기 위하여 설립한 병산서원(屛山書院)이 있다. 병산

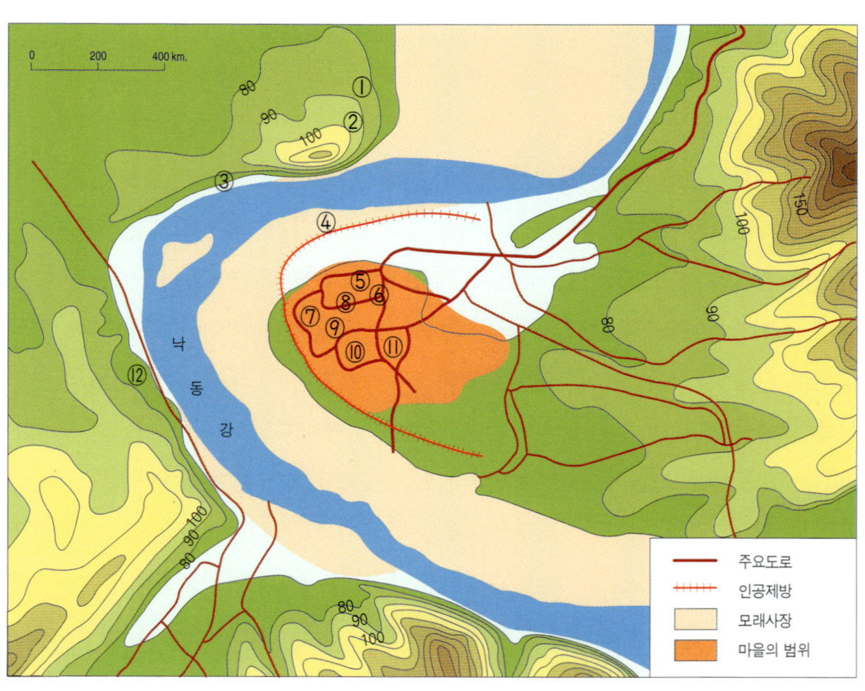

그림 5-2

하회 마을의 위치와 평면 구성
하천의 공격사면에는 3개의 정자와 1개의 서원이 건립되어 있고, 방어사면인 인공 제방 안쪽으로는 양반 가옥과 그 부속 건물들이 배치되어 있다.

① 화천서원(花川書院)　② 옥연정(玉淵亭)　③ 겸암정(謙庵亭)　④ 만송정(萬松亭)　⑤ 원지정사(遠志精舍)
⑥ 북촌댁　⑦ 빈연정사(賓淵精舍)　⑧ 화수당(花樹堂)　⑨ 양진당(養眞堂)　⑩ 충효당　⑪ 남촌댁　⑫ 상봉정(翔鳳亭)

그림 5-3

양진당과 충효당   양진당은 풍산 류씨 겸암파의 종택으로 류성룡의 형인 류운룡에 의해 최초로
건축되었고,(왼쪽) 충효당은 풍산 류씨 서애파의 종택으로 서애 류성룡에 의해 건축되었다.(오른쪽)

서원 입구에는 2층 높이의 문루가 서 있고, 안으로는 동재(東齋)와 서재(西齋)
가 마당을 사이에 두고 대칭으로 배치되어 있다.

김선평, 권행, 장길 세 사람은 현재의 안동시 일대에서 고려 태조 왕건을
도와 후백제 견훤의 군대를 패배시키는 전공(戰功)을 세웠다. 이 승리를 계기로
세 사람에게는 모두 삼한공신의 칭호가 부여되고 안동을 본관으로 하는 김(金),
권(權), 장(張)이라는 성씨가 하사되었다. 이들 중에 김씨와 권씨는 오늘날까지
도 안동시 일대에 유력한 성씨 집단으로 남아 있다. 현재의 안동시에는 이들 세
사람의 충절과 공훈을 기념하는 태사묘(太師廟)가 1542년 설립되었다.

조선시대에 안동 김씨와 안동 권씨 가문의 자제들은 과거에 계속 급제하
였으며, 또한 관직에도 올라 한양에 머물렀다. 그들은 관직에 있을 때는 한양
에 살았지만, 관직에서 물러났을 때 낙향하기 위하여 안동 일대에 가옥과 토지
를 소유하고 있었다. 또한 이들의 딸과 혼인한 사람들이나 그 자녀들은 처가나
외가를 안동 일대에 두게 되는 것으로, 이들이 관직에서 물러났을 때도 처가나
외가로부터 사회·경제적인 후원을 받으며 안동으로 낙향하는 경우가 적지 않
았던 것이다.

조선 전기까지만 하여도 장자 상속법이 사회에 뿌리를 내리지 않은 상태
여서, 딸들 또한 아들과 동등한 자격으로 부모의 유산을 상속받았다. 또한 아
들이 없을 경우, 딸들이 아버지의 가계를 승계하고 토지를 전부 물려받는 경우
가 드물지 않았다. 조선 후기에 유산상속 제도가 장자를 우대하는 방향으로 전

환하면서 사위가 장인의 유산을 상속받는 사회적 관습이 출현하였다. 당시에는 장자가 아닌 남자들 대부분이 결혼과 더불어 처가살이를 하는 형편이었고, 이들은 장인이나 장모로부터 처남과 똑같은 자격으로 재산을 분배받았다. 그리고 장인에게 아들이 없는 경우, 사위가 장인이 살던 집을 그대로 물려받는 경우도 있었다.

성리학에 따르면, 가장 이상적인 거주 장소는 하천이 천천히 흐르고 인간 세상과 그다지 멀리 떨어져 있지 않는 계곡이다. 성리학의 교리에 대한 믿음에 충실한 양반 가문들은 이러한 자연적 조건을 갖춘 장소를, 현실적인 여건이 허락하는 범위에서 최대한 확보하려고 노력하였다. 실질적으로 양반 가문들은 이러한 계곡을, 외부 세계와 어느 정도 격리되어 있고 전란이나 정치적 소요로부터 피난하기에 적합한 장소로 보았다.

조선시대 안동시 일대는 이러한 자연적 조건을 갖춘 산간 계곡들이 많았으며, 이러한 계곡 중에는 아직도 경작되지 않는 토지가 남아 있는 곳이 적지 않았다. 특히 태백산과 소백산 남쪽에 있는 계곡에는 양반 가문들이 개척하고 정착하기에 적합한 토지가 삼림으로 덮여 있었다. 이 계곡은 하천이 일년 내내 마르지 않고 흘러, 이앙법을 이용하여 논농사를 짓기에 적합한 조건을 갖추고 있었다. 15~16세기 이 일대는, 양반 가문들이 중국의 강남 농법, 즉 이앙법을 앞 다투어 수용할 만큼 농업의 선진지대이었다. 또한 그들은 논벼를 추수한 다음 보리를 파종하는 이모작을 실시하였다.

2. 남한강 유역의 정자

남한강 유역은 행정구역상으로 강원도의 영월군, 경기도의 여주군 · 양평군, 충청북도의 단양군 · 제천시 · 충주시 · 음성군 · 괴산군을 포함한다. 이 지역은 북쪽으로 태백산맥의 지맥이 뻗어 있고, 동쪽으로 소백산맥을 경계로 경상북도와 접하고 있다. 북서쪽으로는 차령산지가 북동-남서 방향으로 달리며, 남서쪽으로는 금강이 흘러 충청남도와 자연적 경계를 형성하고 있다. 이처럼 남한강 유역은 전체적으로 북부와 동부가 높은 산지로 가로 막혀 있는 반면에 서부와 남부는 평야와 구릉이 펼쳐져 있다.

북부의 산지는 태백산맥의 서측 사면으로 고도가 800~1,100m 정도의 산봉우리가 연속적으로 이어지는데, 이 산지와 차령산지 사이에 침식 작용에 의해 형성된 제천분지가 있다. 남한강 본류와 그 지류인 달천을 중심으로 하는 충주분지는 동쪽이 험준한 소백산맥으로 가로막혀 있지만, 북쪽은 200m 이내의 구릉과 평야지대가 폭넓게 전개되어 있다. 동부의 산지는 태백산맥에서 분기된 소백산맥이 근간을 이루며, 1,000m 이상의 높은 봉우리가 연속적으로 이어지고 있다. 이 산지는 중부와 남부 지방과의 교통에 자연적 장애가 되어 왔으며, 중간에 예외적으로 평탄한 단양분지가 형성되어 있다.

남한강은 강원도 삼척시 대덕산에서 발원하여 태백산맥 1,000m 내외의 산지 사이를 흐르며 동강이 된다. 동강은 영월읍에서 주천강과 합류하여 남한강 중류가 되고, 남한강 중류 이하로는 영월읍, 단양읍, 제천시, 충주시, 여주시와 같은 취락들이 발달하고 있다. 남한강의 지류인 달천강 유역에는 괴산읍과 음성읍이 입지하고 있으며, 달천강은 북동쪽으로 흘러 충주시에서 남한강 본류와 합류한다. 충주시에서 남한강은 북서쪽으로 흘러 차령산지 사이를 지나 경기도 여주시와 양평읍에 이른다.

조선시대에 들어서 남한강은 중부 내륙 지방과 수도 한양 또는 낙동강 유역을 연결하는 주요 교통로로 이용되었다. 이때 남한강 유역은 중앙의 유교 문화가 지방으로 확산되는 과정에서 주요 통로가 되었다. 또한 조선 후기에 남한강 상류 유역으로 일어난 대규모 인구 이동과 산지 개발은 단양읍 이북으로 수운 교통의 발달을 촉진시켰다. 하안 포구를 중심으로 발달한 상업 취락들이 상류와 하류 간의 문물 교환을 담당하면서 남한강 유역은 전체적으로 동일한 문화권을 형성하게 되었다.

남한강 유역은 곳곳에 아름다운 절벽과 계곡이 어우러져 있기 때문에, 조선시대에 양반 사대부들이 여행하거나 낙향하여 자연 경치를 즐길 만한 곳이 많았다. 특히 단양군에는 하선암, 중선암, 상선암, 구담봉, 옥순봉, 도담 삼봉, 석문, 사인암으로 일컬어지는 단양팔경이 있다. 달천은 속리산에서 발원하여 괴산군을 지나 북쪽으로 흐르며 중간 곳곳에 명승지가 펼쳐진다. 즉 괴산군 청천면 송산리와 삼송리 일대에는 선유동 구곡과 화양구곡, 고산 구경 같은 절경이 사람들을 유혹하고 있다.

전 국 각지에 분포하는 정자의 건축 양식은 기본적으로 기와집과 매우 유사하다. 대체로 정자는 마을에서 멀지 않고 아름다운 경치가 보이는 위치에 건립되었다. 이런 정자는 절벽, 계곡, 구릉과 같이 높은 지점에 고요하고 품위 있는 모습으로 자리 잡았으며, 벽면이 없어 사방의 경치를 막힘없이 두루 관망할 수 있다.(그림 5-4) 16세기부터 양반층에는 하천 주변에 다양한 목적으로 정자를 건립하는 현상이 보편화되었다. 그 결과 과거에 그들이 거주했던 곳에는 다양한 형태의 정자가 오늘날까지 남아 있는 경우가 많다.

특히 남한강 유역은 양반 가문들이 앞을 다투어 이상적인 위치에 정자를 많이 건립하려고 노력했던 곳이다.(그림 5-5) 이곳에는 과거 마을 내부나 외부에 건립되었던 정자들 가운데 오늘날까지 전해 내려오는 것들이 많이 있다. 마을 외부에 있는 정자들은 일반적으로 흐르는 물이 내려다보이는 절벽이나 구

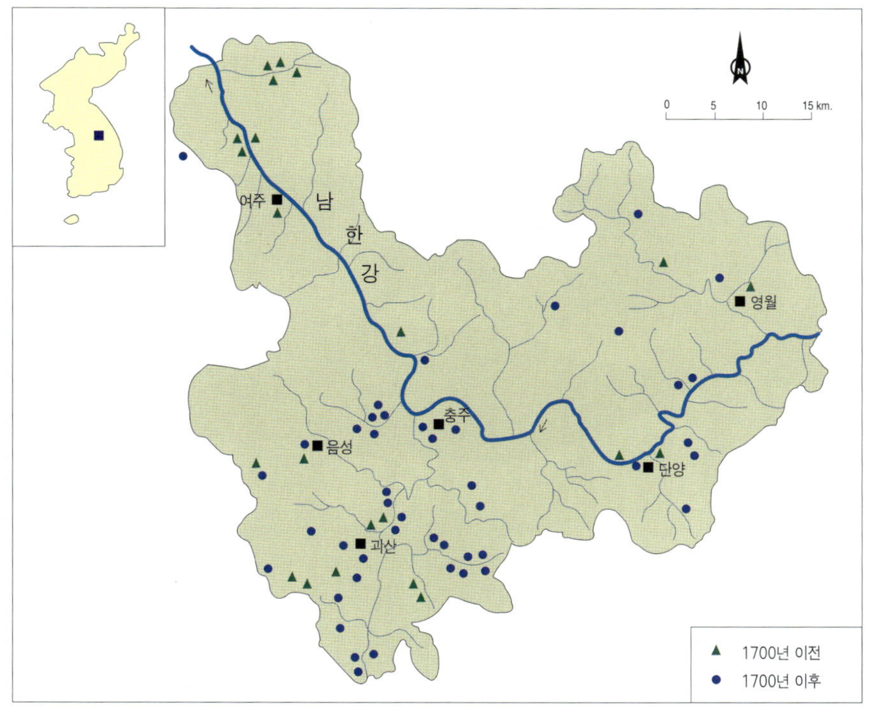

출처: 南治圭, 南漢江流域 亭子의 場所的 意味에 관한 研究, 한국교원대학교 석사학위논문, 1997, p.16.

그림 5-4

낙동강 변의 절벽 위에 있는 영남루(嶺南樓)
이 누각은 밀양시에서 주변 경치를 감상하기에 적합한 지점에 벽면이 없이 건립되었다는 점에서 정자와 다름이 없다. 하지만 이층으로 되어 있고, 건축 규모가 크다는 점에서 정자와는 분명히 다르다.

그림 5-5

남한강 상류 유역에 있어서 정자의 공간적 확산(18세기 전후)
확산 초기에 정자들은 대체적으로 남한강 본류 유역에 국한되어 있다가, 18세기 이후에야 비로소 괴산군을 포함한 남한강 지류 유역으로 확산되어 나갔다.

릉 위, 깊고 맑은 물이 흐르는 계곡 옆, 산천 경계나 들이 내려다보이는 산꼭대기 위처럼 이상적인 입지에 위치한다. 이에 반해 마을 내부에 있는 정자들은 대부분 흐르는 물과 전혀 무관하게 가옥들 사이에 위치하고 있다.(그림 5-6)

태백산맥에서 서쪽 방향으로 갈라져 나간 광주산지, 차령산지, 소백산맥 등에는 산간 분지, 협곡, 구릉 등이 분포한다. 북한강, 소양강, 홍천강, 남한강 등은 이러한 산지에 파인 계곡을 따라 흐르는 한강의 지류들이다. 남한강은 이러한 한강의 지류 가운데 가장 긴 하천으로 태백산맥의 서사면을 흘러 서울에서 40km 떨어져 있는 양수리에서 북한강과 합류한다. 남한강은 태백산맥의 오대산(1,563m)에서 발원하여 단양읍까지 남쪽 방향으로 흐르다가 충주시에서 유로를 북서 방향으로 꺾는다.

한강의 모든 지류들은 화강편마암을 하방 침식하여 감입곡류천을 형성하고 있다. 이런 지류들은 경동지괴의 서사면을 개석하여 암석 단구로 되어 있는 V자 형태의 협곡을 만들었다. 한강의 본류와 지류들은 서울로부터 상류 방향으로 30km 떨어진 지점까지 이러한 형태의 협곡을 흐른다. 북한강을 비롯한 다른 지류들과 비교할 때, 남한강은 낮은 고도의 산과 구릉 사이로 흐르면서 중간중간 아름다운 경치를 품어내고 있다.

현재의 단양군, 충주시, 괴산군 등은 하천 연변에 아름다운 경치를 가진 남한강의 지류들이 통과하는 곳이다. 조선시대에는 사람과 재화를 운반하는

그림 5-6

마을 입구에 있는 정자
이런 유형의 정자는 보통 마을 주민들이 자신들의 공동 조상들을 추모하는 기념물의 하나로 건립한 것이다.

선박들이 수도 한양과 단양 또는 충주 사이를 분주하게 왕래하였다고 한다. 당시에 한양을 출발한 선박이 충주에 도착하는 데 걸리는 시간은 하루면 충분하였다. 때문에 사대부 양반들은 한양의 관직에서 물러나 은거할 장소로 교통이 편하고 경치가 아름다운 남한강 유역을 선호하였던 것이다.

16세기까지 양반 남성들은 정자에 함께 모여 주위의 경치를 감상하면서 시를 짓기도 하고 정치와 일상생활에 관해 토론을 하기도 하였다. 하지만 16세기부터 정자는 이외의 다른 목적으로도 이용되었다. 즉 그들 스스로 학문에 전념하거나 다른 사람들에게 강학하는 장소로 정자를 이용하기도 하였다. 19세기에는 사회적으로 명망이 있던 자기 조상들을 추모하는 장소로 정자를 건립하는 양반 가문들이 많아졌다.

일반적으로 절벽이나 구릉 위에 있는 정자들은 경치를 감상하는 장소였지만, 계류 변에 있는 정자들은 성리학을 강학하는 장소였다. 경치를 감상하는 장소로서의 정자는 벽면이 없는 건축 형태를 하고 있는 것이 특징이다. 현재까지 남아 있는 이런 유형의 정자는 제천시의 관란정(1456), 단양군의 삼도정(1776), 괴산군의 수월정(1565)과 고산정(1595) 등이다. 강학 장소로 사용되는 정자는 벽면이 없는 경우가 상대적으로 많지만 온돌이 설치된 방 1~2칸이 벽면으로 둘러싸여 있는 경우도 가끔 있다. 이런 유형의 정자 중에서 현재까지 남아 있는 것으로는 제천시의 탁사정(1560)이 대표적이다.

자기 가문의 조상을 추모하기 위하여 지은 정자는 일반적으로 멀리서도 잘 보이는 마을의 전방이나 후방에 위치하고 있다. 이때 정자는 건축 형태가 일정한 규칙을 따르고 있지 않을 뿐더러 때로는 사방이 벽면으로 막혀 있다. 이러한 변칙적 유형의 정자는 단양군, 충주시, 괴산군에서 19~20세기에 우후죽순처럼 건립되었으며, 특히 괴산군은 이러한 유형의 정자가 가장 많이 건립된 고장이었다. 충주시의 북가정(1813), 괴산군의 일가정(1913) · 모선정(1940) · 한사정(1959)은 마을 외부에 위치하고 있지만 가문의 조상을 추모하기 위한 정자들이다. 이와 대조적으로 충주시의 삼연정(1859)과 괴산군의 풍파정(1901)은 마을 내부에 세워졌지만 자기 가문의 조상을 추모하려는 정자들이다.

양반 남성들은 정자를 건립할 때 특별한 의미와 상징성을 가진 것으로 정자의 이름을 짓고, 한시를 지어 정자가 있는 장소에 고유한 의미와 상징성을 부여한다. 정자의 이름이 한자로 쓰인 현판은 외부에서 보이도록 정자의 정면

처마 밑에 달아 놓았다. 한시가 적혀 있는 정자기(亭子記)들은 정자를 방문한 사람이 위로 올려다보고 읽을 수 있도록 정자 내부의 천장 밑에 배치되어 있다. 이러한 정자의 이름과 한시는 양반 남성들만이 해독할 수 있는 한자와 한문으로 쓰여 있었으므로, 정자는 상민이나 천민들이 감히 접근하기 어려운 권위적인 장소였다. 양반 남성들은 정자를 단순히 자연 경치를 감상하는 장소가 아니라 상민들과 격리되어 자기들끼리 우정을 교환하는 장소로 여겼다. 또한 그들은 정자의 이름과 한시를 지을 때 조상의 업적과 유지(遺志)를 반영함으로써 정자를 다른 가문과 차별되는 사회적 특권을 상징하는 장소로 만들기도 하였다.

조선시대에 정자에서 아름다운 자연 경치를 감상하거나 친구들과 어울려 여가생활을 함께 즐기는 기회와 권리는 양반 남성들에게만 국한되어 있었다. 정자는 단순한 의미의 물질적 경관에 그치지 않고 양반 남성들이 공유하는 상징적 경관이었다. 양반 남성들은 정자를 개인적인 감정과 기억이 투영되어 있고 고유한 의미와 상징성을 가진 장소로 의식하고 있었다. 정자의 이름이 상징하는 의미를 해독하려면 한문 고전에 대한 지식이 어느 정도 필요하다. 정자 내부에 걸려 있는 한시는 한시를 지은 사람의 정서, 상상, 경험, 의미 등이 은유적으로 표현되어 있는 경우가 많다. 따라서 이러한 한시가 상징적으로 표현한 정자의 장소적 의미를 해석하려면 한문 고전에 대한 이해가 필수적이다. 한시에서 언급되고 있는 자연 현상들은, 대부분 표현 그대로 자체를 지목하는 것이 아니라 한문 고전에서 인간 세계를 은유하고 있는 것을 빌려 온 것에 불과하다.

산, 강, 바람, 구름, 달, 안개, 눈 등과 같은 자연 현상은 정자의 명칭과 한시를 지을 때 활용하는 소재들이었다.(그림 5-7) 예를 들면, 단양군의 삼도정(1776)·수월정(1565)과 괴산군의 고산정(1596)은 자연 현상을 소재로 한 정자의 명칭들이다. 정자 내부의 정자기에 쓰여 있는 한시들은 또한 주위의 아름다운 경치를 한문 고전의 표현을 인용하여 찬양한 것들이 많다. 특히 경치를 감상하기에 적합한 절벽이나 구릉 위에 건립된 정자 중에는 자연 현상을 소재로 하는 명칭을 가지고 있는 경우가 많다.

또한 인물의 이름, 특히 아호(雅號)는 조상의 은덕을 추모하기 위하여 마을 내부에 건립한 정자의 명칭에 많이 사용되었다. 충주시의 모현정(1817)과 괴산군의 모선정(1940년대)·한사정(1959)·괴음정(1600년대)은 조상들의 아

호나 일대기를 근거로 붙여진 명칭들이다. 때로는 정자 내부에 조상의 일대기를 한문으로 적은 현판이 걸려 있는 경우도 있다. 이러한 정자들은 문중이나 집안의 일가친척들로 하여금 동일한 혈연 집단에 소속되어 있다는 느낌을 가지게 하였다. 특히 효도와 같은 성리학의 이념에 따른 상징성과 의미가 부여되어 있는 정자는, 문중의 구성원들에게 다른 문중에 비해 사회적으로 우월하다는 집단의식을 불어넣는 상징적 장소가 되었다.

3. 낙동강 서안의 민가

낙동강 서안에 위치한 문경시와 상주시는 소백산맥을 경계로 충청북도와 분리되어 있으며, 낙동강 본류를 경계로 안동시와 격리되어 있다. 소백산맥에는 황정산(1077m), 문수봉(1162m), 주흘산(1106m), 백화산(1064m), 속리산(1058m)과 같이 높은 산들이 솟아 있다. 내성천, 영강, 이안천, 동천 등은 소백산맥의 남쪽 기슭으로 흘러내려 동남 방면으로 흐르는 낙동강 본류에 유입한다. 이들 낙동강 지류와 본류 유역에는 충적평야와 구릉지대를 포함하는 저지대가 비교적 넓게 펼쳐지고 있다.

조선시대에 낙동강 서안은 소백산맥의 조령(632m)을 넘어, 수도 한양으로 가는 영남대로(嶺南大路)가 통과하는 국가의 전략적 요충지였다. 하지만 근대에 낙동강 서안은 철도를 비롯한 주요 교통로와 멀리 떨어져 있는 오지로 전락하였다. 최근에야 3번 국도가 확장되고 중부내륙고속도로가 완공되면서, 특히 문경시와 상주시는 교통의 연계성이 많이 향상되었다.

문경시는 1995년 1월에 점촌시와 문경군이 합병하여 탄생한 도농복합형의 통합시이다. 북쪽으로 충청북도 단양군 · 제천시 · 충주시, 동쪽으로 경상북도 예천군, 남쪽으로 경상북도 상주시, 서쪽으로 충청북도 괴산군과 인접하고 있다. 문경시는 소백산맥의 험준한 산지가 넓게 차지하고 있기 때문에 경지율이 낮으며 경지는 대부분 밭으로 이용되고 있다. 또한 무연탄, 석회석, 철 등의 매장량이 많아 경상북도 제1의 광산물 생산지이기도 하다. 최근에는 석탄

산업의 사양화로 그동안 광산 개발로 훼손된 자연환경을 복원하고 폐광 지역에 관광 휴양 시설을 조성하는 사업이 추진되고 있다.

상주시는 1995년 1월 상주시와 상주군이 합쳐져 도농복합형 통합시가 되었다. 북쪽으로 문경시와 충청북도 괴산군, 동쪽으로 경상북도 예천군·의성군·구미시, 서쪽으로 충청북도 보은군·옥천군, 남쪽으로 경상북도 김천시와 충청북도 영동군과 경계하고 있다. 상주시는 논의 면적이 경상북도에서 가장 넓으며, 1990년 현재 전국에서 7위를 차지할 정도였다. 넓은 면적의 경지에서 생산되는 쌀, 누에고치, 곶감이 많다는 이유로 상주시는 예부터 '삼백(三白)의 고장'으로 불려 왔다. 또한 이 일대에는 사과 재배가 활발하며, 밭작물로 콩, 고추, 잎담배가 많이 재배되고 있다.

전통적인 한국의 민가는 방바닥에 '온돌'이라고 하는 난방 시설이 설치되어 부엌과 연결되어 있었다. 이러한 온돌에 열을 전달하기 위하여 불을 지피는 아궁이는 크고 낮은 부뚜막에 설치되어 있었다. 온돌은 고대에 만주에서 한반도 북부로 전파된 것으로 추정되고 있다. 이렇게 전파된 온돌이 점차적으로 한반도 남부로 퍼져 나갔을 것이다. 오늘날 온돌은 겨울이 그다지 춥지 않은 제주도를 제외한 한국 전역에서 보편적으로 사용되고 있다.

하지만 취사 목적으로도 사용되어지는 부엌의 아궁이는 여름에 불을 때면 방바닥까지 자동적으로 달구어지게 마련이다. 때문에 한국인들은 더운 여름이면 방에서 나와 온돌이 깔리지 않은 '마루'에서 취침하기를 좋아한다. 아무리 규모가 작은 민가일지라도 방바닥과 같은 높이의 마루가 방 바깥으로 연결되어 있다. 가장 단순한 형태의 마루는 흙을 다진 바닥을 포장한 것이다.

마루의 일반적인 형태는 규칙적인 모양으로 자른 나무판자를 일정한 높이로 빈틈없이 서로 이어 붙인 것이다. 이러한 마루의 표면 아래는 흙으로 채워져 있지 않고 빈 공간으로 남아 있게 마련인데, 규모가 큰 민가에서는 '대청'이라고 불리는 마루가 안방과 같이 지붕으로 덮여 있는 것이 특징이다. 여기에서는 흔히 제사나 혼인과 같은 가정의 중대사를 거행하기도 하고 가족들이 공동으로 식사나 취침을 하기도 한다.

'마루'라는 피서 시설은 한반도 남부에서 최초로 나타난 다음에, 점차 북쪽 방향으로 전파되었다. 겨울이 유난히 추운 북부 지방을 제외하면, 마루는 한국 전역에서 다양한 형태로 흔히 발견된다. 이처럼 상반되는 계절에 대비하는 시설, 즉 온돌과 마루가 하나의 지붕 아래에 결합된 곳은 중부 지방이었다고 추측된다. 이곳에서는 추운 겨울과 더운 여름을 동시에 극복해야만 했기 때문에 온돌과 마루 모두를 필요로 했을 것이다. 이처럼 하나의 지붕 아래 난방 시설(온돌)과 피서 시설(마루)을 함께 갖추고 있는 것은 한국 고유의 민가 전통이라 할 수 있다.(그림 5-8)

전통 민가의 건축 방법이나 건축 재료의 지역적 차이는 비록 대동소이하지만 평면 구성의 지역적 차이는 적지 않다. 이와 같이 주거 공간의 용도 구분이 지역별로 차이가 있는 이유는 기후 환경에 대한 적응 방식과 문화 전파의 공간적 차별성 때문이다. 고대인들이 한반도에 최초로 정착한 다음 지금까지 수천 년 동안 문화 전파와 기후 환경에 대한 적응은 지역적이고도 국지적인 차이가 있었다.

사랑채에 마루가 딸려 있는 양반 가옥
사랑채에는 난방 시설인 온돌이 냉방 시설인 마루와 결합되어 있다. 이곳의 마루는 외부로 돌출되어 이층 높이에 설치되어 있다.

일반적인 민가의 유형은 마루와 온돌방을 포함하는 평면 구성을 기준으로 홑집형과 겹집형으로 분류된다. 홑집은 대들보 아래에 방이 1열로 배열되어 있는 반면, 겹집은 대들보 아래 방이 2열로 배열되어 있다. 겹집은 주거, 가축, 작업, 접객을 위한 공간이 집중되어 외부와 폐쇄되어 있으므로 방어와 방한에 유리하다. 이에 반해 홑집은 건물들이 분산되어 외부에 개방되어 있으므로 채광과 통풍에 유리하다

가옥의 넓이는 보통 '칸'이라고 하는 단위로 표현되는데, 여기서 한 칸의 넓이는 3×3m 내지 5×5m로 지역별로 약간의 차이가 있다. 이때 한 칸의 가로와 세로는 외벽의 양쪽으로 돌출되어 있는 기둥과 기둥 사이의 거리를 가리킨다. 때로는 가옥 내부로 몇 칸 정도가 합해져 다른 방과 구별되는 방 하나를 구성하기도 한다. 가장 단순한 형태의 민가는 2~3칸이 일직선으로 배열되어 있는 홑집으로 평면 구성 형태가 가로에 비해 세로가 짧은 '一'자 모양을 하고 있다.

이러한 '一'자형 홑집의 평면 구성은 한국 남부에서 흔히 발견되는 기본 형태이며, 이 기본형의 변형이 전국 각지에서 다양하게 나타나고 있다. 가장 단순한 '一'자형은 부엌, 안방, 마루, 건넌방 등이 차례로 배열되어 일직선을 구성하고 있는 경우이다.(그림 5-9) 여기에 이른바 툇마루가 방의 전면으로 좁고 길게 깔려 있는 것이 남부 지방 민가의 특징이다. 이러한 툇마루는 방의 전

그림 5-9

'─'자형 홑집
지붕 하나에 방들이 일렬로
배열되어 있고, 방 앞으로는
툇마루가 직선상으로 놓여 있는
구성이다. 이러한 '─'자형
홑집은 서남 해안에 보편적으로
분포한다.

방에서 방과 방 또는 방과 대청을 연결하는 일종
의 회랑이지만, 여름에는 생활공간으로 이용되기
도 한다. 여름이 몹시 무더운 남부 지방에서는 생
활공간으로 대청에 만족하지 않고 툇마루를 덧붙
인 것으로 보인다.

이러한 '─'자형 홑집의 평면 구성에 한 칸
이상을 덧붙이면 'ㄱ'자형 또는 'ㄷ'자형 홑집의
평면 구성이 된다. 이러한 평면 구성의 변형은 경
기도를 포함한 중부 지방에서 흔히 발견된다.
'ㄱ'자형의 평면 구성에서는 부엌, 안방, 윗방이
일직선으로 배열되며, 마루와 건넌방은 수직으로 꺾인다.(그림 5-10)

이 민가의 평면 구성에서 두 칸이 겹쳐서 앞뒤로 연이어 배열되면 한자로
'田'자 모양을 닮은 '겹집'이 된다.(그림 5-11) 이러한 겹집의 평면 구성은 한국
민가의 고대 형태로 추정되며, 오늘날에는 북부와 중부 지방의 산간지대에 잔
존하고 있다. 겹집에서는 추운 겨울에 열을 외부로 빼앗기는 것을 방지하려고
4개의 온돌방을 '田'자형으로 배치하여 외벽의 노출을 최대한 줄였다.

특히 겹집에서 흙바닥으로 되어 있는 부엌 옆으로 '정주간'이라고 하는

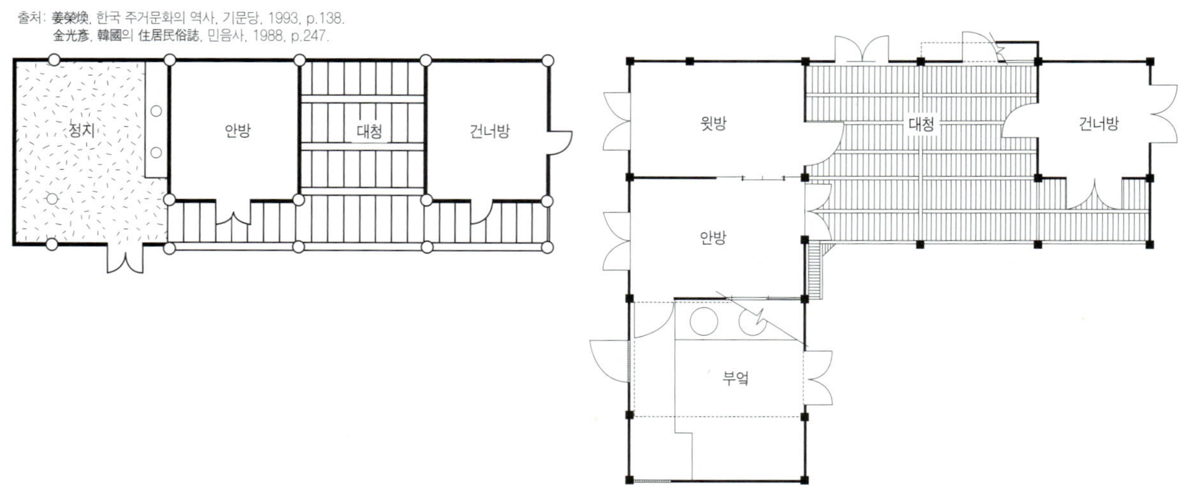

그림 5-10

'─'자형과 'ㄱ'자형의 평면 구성   가장 단순한 형태의 평면 구성(왼쪽)과 방과 마루가 첨가된 형태의 평면
구성(오른쪽)이다. 이러한 평면 구성을 통틀어 홑집이라고 한다.

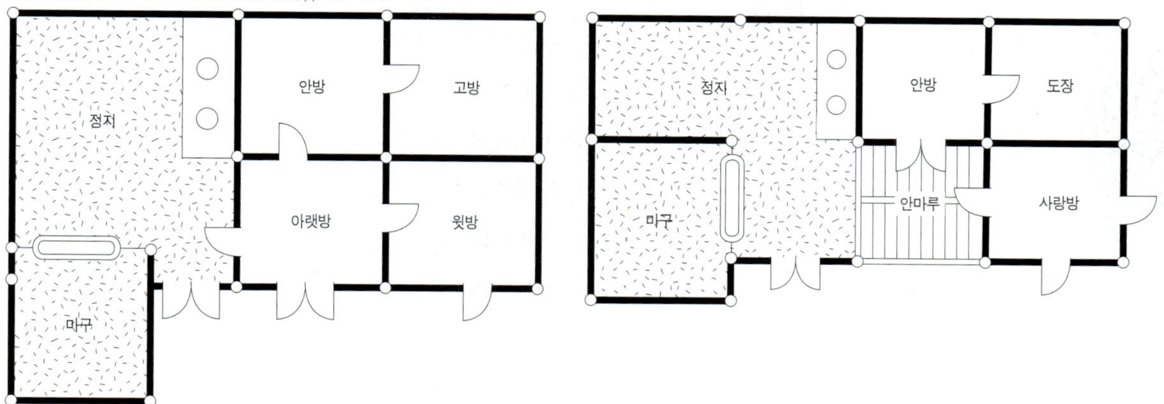

그림 5-11

겹집의 평면 구성 겹집에도 홑집과 마찬가지로 다양한 형태의 변형이 있다. 왼쪽은 가장 단순한 형태의 겹집으로 마루가 없는 것이 특징이고, 오른쪽은 마루가 첨가된 반겹집 형태이다.

온돌방이 배치되어 있는 경우가 있다. 정주간과 부엌은 벽면으로 분리되어 있지 않는 대신 바닥의 높이가 다르게 되어 있다. 이러한 정주간은 가족 전체가 공동으로 식사를 하거나 가사 노동을 하는 공간으로 이용되었다. 혹독하게 추운 겨울에는 부엌에서 전달되는 열이 정주간의 온돌을 덥힐 뿐만 아니라 '마구'라고 불리는 외양간의 공기를 따뜻하게 한다. 이때 정주간과 마구가 다른 방들과 함께 하나의 지붕 밑에 배열되어 있는 이유는 추운 겨울에 난방을 효율적으로 도모하기 위한 것이다.(그림 5-12)

그밖에 낙동강의 서안에는 북부형, 중부형, 남부형 민가가 혼재하는 가운데 다양한 형태의 혼합형 민가가 나타나기도 한다. 문경시와 상주시 일대에는 'ㅡ'자형 홑집 사이에 '田'자형 겹집, 홑집과 겹집의 혼합형, 'ㄱ'자형 홑집이 섞여 있다. 낙동강 서안은 민가의 지역적 유형들이 혼재하는 혼합지대나 점이지대에 그치지 않고, 다양한 유형들이 서로 결합되어 혼합형 민가가 탄생하는 용광로였던 것이다.

이와 대조적으로 낙동강의 동안에서는 '田'자형 겹집이 집중적으로 분포하는 가운데 '까치구멍집'이나 'ㅁ'자형 또는 터진 'ㅁ'자형이 간헐적으로 발견된다. 이 일대에서는 대청을 설치하는 경우에도 예외 없이 대청 전면에 벽을 만들어 폐쇄하고 여기에 문짝을 달았다. 풍기읍, 영주시, 안동시 일대에는 낙동강 서안과 달리 외부에 폐쇄적인 평면 구성을 하고 있는 민가가 가장 보편

그림 5-12

강원도의 귀틀집　과거 화전민들이 거주했던 계곡에는, 비록 드물기는 하지만 통나무를 엮어 지은 귀틀집들이 지금까지 남아 있다. 이 귀틀집은 하나의 지붕 아래 방들이 2열로 배열되어 있는 겹집의 평면 구성을 하고 있다.(왼쪽)
전남 영광읍 일대의 초가집　이 민가는 정면에서 보면, 좌측 절반은 방과 툇마루로 구성되어 있고 우측 절반은 2개의 방이 연속되어 있는 반겹집 형태를 하고 있다.(오른쪽)

적이다. 그중에서 속칭 '뜰집'이라고 하는 'ㅁ'자형 민가는 안동시를 중심으로 풍기군, 영주시, 봉화군, 영양군, 영덕군 일대까지 분포한다.

선박들이 낙동강을 오르내리는 것이 가능하였을 때, 문경시와 상주시 일대는 남북 방향과 동서 방향의 교통로가 교차하는 십자로에 위치하고 있었다. 낙동강은 길이가 526km나 되는 한반도에서 가장 긴 하천으로, 조선시대에는 하구에서 상류 방향으로 상주시를 종점으로 하는 선박의 운항이 가능하였다. 이러한 낙동강의 수로를 통하여 남부 지방의 문화 요소들이 북쪽으로 전파되는 것이 얼마든지 가능하였을 것이다. 조선시대에는 현재의 상주시에서 수도 한양으로 가려면 도보나 말을 이용하여 조령이나 이화령과 같은 고개를 넘어가지 않으면 안 되었다. 이런 고개들은 이른바 영남대로가 통과하는 길목이었으므로 통행자들이 매우 많았을 것이다. 그리고 낙동강 동안에 사는 사람들도 수도 한양으로 가려면 대부분 현재의 상주시까지 와서 이 고개들을 걷거나 말을 타고 넘어갔다.

상주시를 중심으로 하는 낙동강 서안은 동서남북 방향에서 오는 사람들이 서로 마주치면서 그들이 가지고 오는 문화 요소들이 서로 혼합되어 잡종 문화가 탄생하는 지역이었다. 민가 문화에서 남부 지방의 요소는 북부 지방이나 중부 지방의 요소와 자유롭게 결합하였다. 낙동강 서안의 겹집은 낙동강 동안의 겹집만큼 완전히 폐쇄적인 평면 구성을 하고 있지 않고 외부 세계에 부분적으로 개방되어 있다. 이 지역의 겹집에는 방의 전면으로 툇마루라고 하는 여름 공간이 배치되어 있는 경우가 간혹 발견된다.

양진당(養眞堂)이라고 하는 상주시에 있는 양반 가옥은 기본적인 평면 구성에서 겹집의 형태를 하고 있지만 남부 지방의 요소를 부분적으로 수용하고 있다. 이 민가가 1555년 처음으로 건축되었을 때는, 몸채의 평면 구성은 겹집형을 고수하면서도, 몸채를 지탱하는 누각을 설치하여 마치 다락집과 같은 형상을 하고 있었다. 방과 방 사이에는 대청이 설치되고 방의 전면에는 대청과 연결되는 툇마루가 깔려 있었다. 태백산맥 일대의 겹집에는 툇마루와 대청이 없는 것이 상례이지만, 양진당에는 '田' 자형의 온돌 방 사이에 대청이 설치되고 대청의 전면으로 툇마루를 연결하여 놓았던 것이다. 또한 여기에는 낙동강 동안과 달리 대청과 툇마루가 문으로 막혀 있지 않고 안마당을 향하여 개방되어 있었다.

4. 호남평야의 관개 시설

호남평야는 전라북도의 서반부에 위치해 있다는 이유로 전북평야 또는 전주평야라고도 불린다. 호남평야는 전주, 익산, 정읍, 군산, 김제의 5개 시와 완주, 부안, 고창의 3개 군에 걸쳐 있다. 호남평야의 대부분은 만경강과 동진강 유역에 속하며, 만경강 유역의 평야는 만경평야, 동진강 하류 유역의 평야는 김제평야라고 부른다.

이 일대의 농업은 일제시대 이후 근대적 관개시설을 이용한 벼농사를 중심으로 발달하여 왔다. 특히 동진강과 만경강 하류에 있는 김제시, 옥구군, 익산시 등은 50% 가량이나 되는 경지율에서 논이 차지하는 비율이 90%에 육박한다. 호남평야의 연간 쌀 생산량은 90만 톤 내외로 전국 생산량의 15%를 상회한다. 과거에는 쌀보리가 논의 그루갈이로 많이 재배되었으나 지금은 생산량이 2만 톤 이하로 격감하였다. 밭작물은 국지적인 여건에 따라 고추, 수박, 땅콩, 무, 배추 등과 같은 환금 작물들이 다양하게 재배된다. 그리고 전주시, 익산시, 김제시와 같은 도시의 주변은 토마토, 오이, 딸기의 시설 원예 농업이 활발한 가운데 복숭아 과수원이 늘어나는 추세이다.

그동안 호남평야의 해안은 간척 사업의 영향으로 어장이 축소되고 어촌이 소멸되기도 하였다. 군산항은 동중국해로 출어하는 근해 어업의 기지이며, 격포항과 곰소항은 연안 어업에 중요한 어항이다. 또한 부안군을 중심으로 하는 해안에는 넓게 발달한 간석지에서 김(해태)이 많이 양식되고 있다. 만경강과 동진강의 하구에서는 민물과 바닷물이 교차하므로 양식용 실뱀장어가 많이 잡힌다.

호남평야에서 공업은 전주시, 익산시, 군산시를 연결하는 벨트 모양의 지역에 집중되어 있다. 1990년 현재, 이곳은 전라북도에 위치한 공장의 종업원 약 7만 명 중에서 70% 이상이 집중되어 있다. 만일 이 도시들 주변에 있는 완주군, 옥구군, 익산군을 포함하면 그 비율은 80%를 초과한다. 이 공업지대의 특징은 식품, 담배, 제지, 방직 등 경공업의 비중이 높은 반면 중화학 공업의 비중이 낮은 것이다.

전군가도(全群街道), 군산선, 전라선으로 연결되는 전주시, 익산시, 군산시 일대는 공업이 발달하였지만, 나머지 중소 도시들은 농촌 중심의 면모를 크게 벗어나지 못하였다. 서쪽의 해안지방을 관통하는 서해안고속도로가 개통되고, 새만금 간척 사업이 완공되면 호남평야에는 전체적으로 획기적인 변화가 일어날 것으로 예상되고 있다. 특히 새만금 간척 사업의 결과로 군산-고군산군도-신시도-변산반도를 잇는 길이 33km에 달하는 세계 최대 규모의 방조제가 2004년까지 완공될 예정이다.

한반도의 남서부에 자리 잡고 있는 호남평야는, 면적이 3,604km^{2}로 전국에서 가장 넓은 평야이다.(그림 5-13) 지도에서 호남평야의 경계선은 비록 불규칙적이기는 하지만 평행사변형에 가까운 모양을 하고 있다. 이 평행사변형의 밑변과 높이는 모두 60km 가량으로, 노령산지가 평행사변형의 모양을 한 호남평야의 밑변이 된다. 노령산지는 북쪽 내지 북동쪽 방향으로부터 남쪽 내지 남서쪽 방향을 향하며, 한반도 남서부를 서쪽의 평야 지역과 동쪽의 산간 지역으로 양분하는 경계가 되고 있다. 이러한 노령산지로부터 발원한 만경강과 동진강은 호남평야를 통과하여 황해로 유입한다.

한반도 남서부에서는 동쪽의 노령산지 말단부로부터 서쪽의 황해안에 이르기까지 해발고도(절대고도)와 기복(상대고도)이 점차 감소하는 형태의 지형이 펼쳐지고 있다. 호남평야의 지형은 동쪽으로부터 서쪽으로 가면서 산지사면, 침식하곡, 충적하곡(범람원), 해안평지의 순서로 전개되어 있다. 이중에서 해발고도가 가장 낮은 곳은 해안평지로 해수면 높이로 평탄한 지면이 펼쳐져 있고, 해발고도가 가장 높은 산지사면은 해발고도 400m 내외의 산봉우리들이 열을 이루고 있다.

특히 과거 해안평지와 충적하곡(범람원)은 경작이 거의 불가능한 소택지와 습지로 덮여 있었다. 조선 후기까지 이러한 저지대는 소규모의 관개와 배수 시설이 허용되는 일부 지역에서 경작이 가능하였다. 하류의 물을 가로 막아 저장하기 위해 보(洑)라고 불리는 재래식 관개 시설이 축조되었다. 상류 계곡에

그림 5-13
한국의 곡창 지대인 호남평야
호남평야는 이른바 지평선 축제가 열릴 정도로 한국에서도 보기 드물게 광대한 면적의 평지를 가지고 있다.

서 제언(堤堰)에 저장되는 물의 양조차도 주위의 논을 관개하기에 부족한 실정
이었다. 조선시대의 보편적인 관개 시설인 보는 저지대에서 관개수가 부족한
현상을 타개하기에는 역부족이었다.(그림 5-14)

　　일제 강점기에 관개와 배수 시설이 건설되면서 호남평야 저지대의 소택
지와 저습지가 비로소 수도작(水稻作) 단작지대로 개간되었다. 호남평야는 일
제 강점기에 관개망의 확충과 개선에 힘입어 한국의 곡창지대로 도약하였던
것이다. 이 시기에 만경강과 동진강 유역의 분지에는 개별적으로 관리되었던
소규모의 관개체계들이 수리조합에 의해 운영되는 대규모의 관개체계로 통합
되었다. 수리조합의 운영을 주도하는 일본인 지주들은 강철과 시멘트로 축조
된 저수지, 기계로 굴착되어 발로 돌리는 수차(水車)로 물을 빼고 넣는 수로,
전기로 움직이는 펌프와 수문 등과 같은 근대적 수리시설을 도입하였다. 더구
나 조선총독부의 막강한 정치 · 경제적 지원은 수리조합으로 하여금 대규모적
인 수리 사업에 필요한 자본과 노동력을 동원하는 것을 가능하게 하였다.

　　1920년대까지 호남평야에서 수리 사업의 주된 관심사는 그동안 관리가

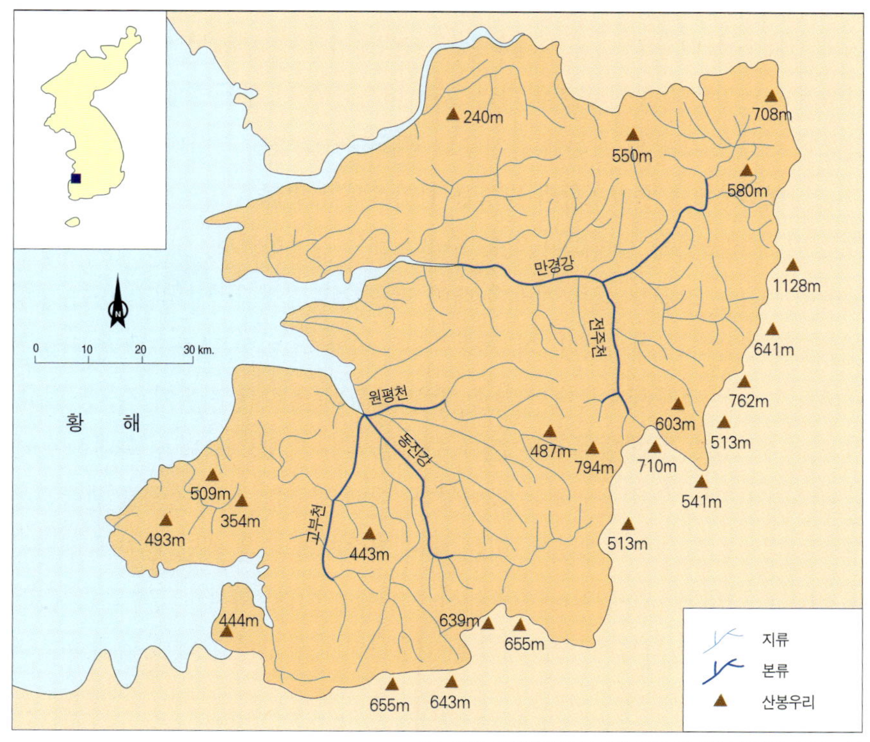

출처: 柳靑憲, 韓國近代化와 歷史地理學: 湖南平野, 精神文化研究院, 1994, p.44.

그림 5-14

호남평야의 수계
호남평야는 황해로 유입하는
만경강과 동진강 유역의 분지로
구성되어 있다. 이 두 개 하천의
분수령은 나지막한 구릉으로 되어
있어, 지도상에서조차 식별이
곤란할 정도로 불분명하다.

되지 않아 쓸모없게 되어버린 관개시설을 복구하는 데 있었다. 1920년대에 쌀에 대한 일본 시장의 수요가 증대되자, 조선총독부는 수리조합이 대규모의 관개시설을 건설하는 사업에 대하여 무상의 보조금이나 저리의 융자와 같은 재정적 지원을 아끼지 않았다. 그리고 호남평야에서 이와 같은 자본집약적인 수리 사업은 당시의 일본에 비하여 기술 수준이 앞선 것이었다.

한국 최초의 수리조합은 1908년 만경강 유역에서 옥구 서부 수리조합이라는 이름으로 한국인 농부들에 의하여 조직되었다. 1910년대 초반까지 4개의 수리조합, 임익 수리조합, 임익 남부 수리조합, 전익 수리조합, 임옥 수리조합 등이 추가로 결성되었다. 하지만 이 수리조합들은 모두 한국인 농부들이 아니라 일본인 지주들의 주도로 조직된 것이었다. 1909년에 탄생한 임익 수리조합은 옛날부터 전해 내려오는 황등제(黃登堤)라는 저수지를 복구하는 것을 주된 목표로 하였다. 또한 전익 수리조합은 조선 후기에 최초로 건설되었던 독주항수로(犢走項水路)의 관개 능력을 제고시키기 위하여 1910년에 조직되었다.

임익 남부 수리조합과 임익 수리조합은 모두 독주항수로의 관개수로를 만경강 하류 유역으로 확대하는 사업을 추진하였다. 그때까지 만경강 하류 유역에서는 이앙기(移秧期) 이전에 수로와 도랑에 물을 저장하였다가, 이앙기 이후에 관개수로 이용한 다음 만경강으로 배수해야 하는 불편이 있었다. 하지만 이후에는 연장된 독주항수로를 따라 흘러 내려간 물이 황등제에 저장되었다가 만경강 하류 유역에 있는 논에 관개수로 공급하게 되었던 것이다.(그림 5-15)

1920년에는 수리조합의 경영을 합리화하기 위하여 임익 남부 수리조합과 임익 수리조합을 합병하여 익옥 수리조합을 결성하였다. 임옥 수리조합의 첫번째 목표는 만경강 상류 계곡에 대아 저수지와 경천 저수지라고 하는 대형 저수지를 건설하는 것이었다. 이 저수지들은 이제 더 이상 관개수를 충분히 공급하지 못하는 독주항수로에서 상류 방향으로 더 올라간 지점에 축조되었다. 익옥 수리조합의 두번째 목표는 관개 수로를 하류 방향으로 더욱 확대하여 해안 평지까지 관개수를 공급하는 것이었다. 이때 만경강 계곡 전체를 관통하는 수로는 대아간선이라고 했는데, 이는 대아 저수지의 물을 해안 평지에 전달하는 역할을 하였다. 이에 따라 이곳에서는 불이농업주식회사(不二農業株式會社)라고 하는 일본인 회사가 산업 기술을 이용하여 대규모의 간척 사업을 연속적으로 추진할 수 있었다.

만경강 상류의 대아 저수지를 출발한 관개수로가 만경강 하류 유역까지

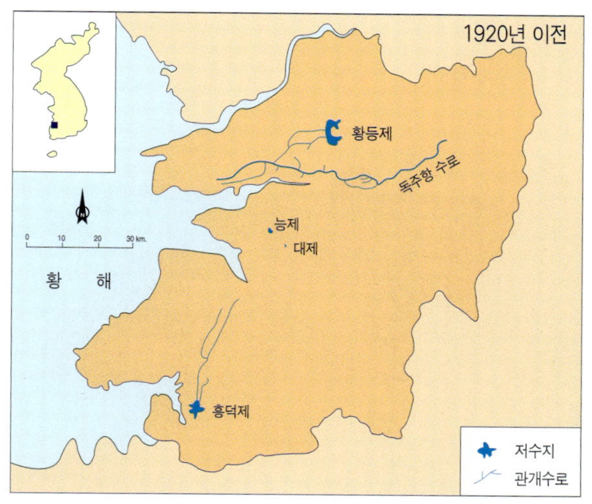
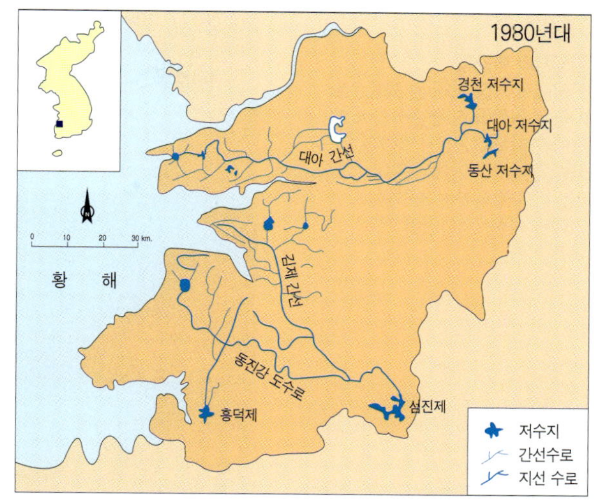

출처: 柳濟憲, 韓國近代化와 歷史地理學: 湖南平野, 精神文化硏究院, 1994, p.139, 181.

그림 5-15

호남평야의 관개망　관개 체계의 초기 단계에는 만경강 유역이 동진강 유역보다 훨씬 앞섰으나, 1927년 이후부터 동진강 유역이 발전과 통합에 있어서 만경강 유역을 앞질렀다.

확대되었다는 것은 만경강 유역 전체를 아우르는 단일한 관개체계가 형성되었음을 의미하는 것이다. 독립적인 관개시설이었던 독주항수로는 대아간선이라는 관개수로의 일부분으로 흡수되었다. 또한 만경강 하류 유역에서 대아간선을 통해 관개수가 충분히 공급되는 상태에서 황등제의 필요성은 거의 소멸되었다. 황등제는 저지대에 물을 공급하는 저수지로서의 기능이 정지되면서 결국 논으로 개간되었다. 1940년에는 옥구 서부·임익·전익 수리조합이 만경강 유역 전체의 관개체계를 총괄하는 전북 수리조합으로 통합되었다.

　　동진강 유역은 대규모의 관개체계의 출현이 만경강 유역보다 다소 늦었다. 이곳에서는 고부천, 원평천, 두월천, 신평천 등과 같은 하천들이 동진강과 합류하지 않고 황해로 직접 유입하고 있었다. 해안 평지는 지세가 매우 평탄하여 배수가 불량하고, 범람원(충적 하곡)은 수심이 얕은 하천에 의해 배수가 되고 있었다. 따라서 동진강 하류 유역은 만경강의 하류 유역에 비해 관개수가 부족하다는 단점이 있다. 이러한 자연 조건의 제약으로 인하여 동진강 유역에서 대규모의 관개체계가 성립하려면 만경강 유역에 비해 더 많은 자본과 더 높은 수준의 기술을 필요로 하였다.(그림 5-16)

　　1916년에 한국인 지주와 일본인 지주가 합동으로 창설한 고부 수리조합은 동진강 유역 최초의 수리조합이었다. 고부천 상류에는 눌제(訥堤)라고 하는

재래식 제언이 오랫동안 관리되지 않고 그대로 방치되어 있었다. 고부 수리조합은 눌제를 복구하려는 원래의 계획을 바꾸어, 흥덕제라고 하는 대형 저수지를 눌제에서 상류 방향으로 더 올라간 지점에 새로이 건설하기로 하였다. 1924년 일본인 지주들은 전라북도 도청으로부터 정치적인 후원과 재정적인 지원을 받아 마침내 동진강 유역 전체의 관개체계를 총괄하는 동진 수리조합을 조직하기에 이르렀다.

동진 수리조합은 1927년 섬진강 계곡에 섬진제라는 대형 저수지를 건설하기 위하여 강철과 시멘트로 댐을 축조하고, 전기로 움직이는 수문을 설치하였다. 여기에 저장된 물은 지하에 설치된 수관(水管)을 통하여 섬진강 상류 유역을 벗어나 동진강 상류 유역으로 전달되었다. 그때부터 지금까지, 동진강 상류 유역으로 넘어간 물은 계속 흘러 내려가다가 김제 간선과 정읍 간선이라고 하는 관개수로로 분배되고 있다. 김제 간선은 호남평야의 북부로 향하고, 정읍 간선은 호남평야의 남부로 뻗어 나가며 해안 평지 전역에 관개수를 공급하고 있다.

관개수로는 관개수가 중력에 의해 높은 곳에서 낮은 곳으로 전달되도록 주위의 경지와 하천보다 높게 축조되었다. 이는 만경강 유역에서 관개수로가 자연 하천의 단순한 개조에 그친 것에 비하면 실로 관개체계의 일대 혁신인 셈이었다. 만경강 유역에서와 같이, 이러한 관개체계의 혁신은 동진강 유역에서도 일본인 지주들로 하여금 해안 평지와 범람원에서 소택지와 습지를 논으로 개간하는 대형 사업을 연속적으로 추진할 수 있게 하였다.

1930년에는 호남평야의 충적 하곡에 관개수를 공급하는 재래식 제언인 능제(菱堤)까지 김제 간선이 연장되었다. 이와 더불어 능제는 근대식 저수지로 개조되어 저수 용량이 세 배로 확대되었으며, 이곳에 저장하는 물은 관개를 하지 않는 시기에 김제 간선으로부터 펌프를 통하여 공급되었고, 관개를 하는 시기에는 다시 김제 간선을 통하여 호남평야의 저지대로 전달되었다.(그림 5-17)

그림 5-17

호남평야에 있는 능제
이 저수지는 1930년 세 배로 확장되었으며, 구릉지대에 있는 밭을 논으로 전환하는 데 결정적으로 기여하였다.

능제가 확장되기까지 능제의 몽리 구역에는 중·상류에 10개의 제언, 하류에 4개의 보가 축조되어 있었다. 이 소규모의 재래식 관개시설들은 제각기 개별적인 수리계(水利契)에 의해 독립적으로 운영되었다. 하지만 대규모의 근대식 관개시설들은 재래식 관개 시설인 제언과 보를 무용지물로 만들기에 충분하였다. 물이 가끔 부족하였던 상류 유역에서조차도 이제는 관개 수로를 통하여 물을 충분히 공급받을 수 있게 되었다. 하류 유역은 그동안 상류에서 사용하고 남은 물을 이용하려고 해도 물이 없어 항상 가뭄에 시달렸지만, 이후에는 그런 어려움에서 벗어나게 되었다.

광복(1945) 이후 1960년대까지 관개체계에 관한 기술과 운영 조직은 거의 변화가 없었다. 만경강 유역에서 동상 저수지라고 하는 보조 저수지가 1966년 대아 저수지의 저수 용량을 보충하기 위하여 축조되었다. 이와 대조적으로, 동진강 유역에는 보조 저수지가 건설되는 대신 섬진제가 1965년에 세 배로 확장되었다. 또한 동진 수리조합은 상류 계곡에 백산제라고 하는 저수지를 1964년에 신축하고 김제 간선을 연장해 연결하였다.

1969년에는 동진강 도수로가 김제 간선과 정읍 간선처럼 중요한 기능을 가진 관개수로로 신축되었다. 이러한 동진강 도수로는 1962년부터 사업에 들어간 계화도 간척지에 섬진제의 물을 직접 공급하는 역할을 하였다. 그래서 당시 정부는 계화도와 해안 평지 사이에 있는 간석지를 개간하여 대단위 면적의 논을 조성하는 사업을 주도할 수 있었다. 이런 대형 사업의 결과로 1974년 현재 1,992 농가가 계화도 간척지에 새로운 보금자리를 틀었다.

5. 남해안의 마을 숲

남해는 전라남도 진도의 서쪽 끝과 제주도의 서쪽 끝인 서귀포를 연결하는 선을 경계로 서해(황해)와 구분된다. 또한 제주도의 동쪽 끝에 있는 우도와 일본 규슈의 고토(五島)열도를 연결하는 선을 경계로 동중국해와 분리된다.

남해는 전체적으로 대륙붕으로 형성되어 있으며, 평균 수심이 101m인 얕은 바다이다. 조수간만의 차가 1.2~3.9m로 동해안보다 크고 서해안보다 작으며, 동남해안에서 서남해안으로 갈수록 점점 커진다. 해안선은 드나듦이 매우 복잡하여 총 연장이 동서 간 직선거리의 8.8배나 되는 이른바 리아스식 해안을 형성하고 있다. 이처럼 해안선이 복잡한 이유 중 하나는 해안까지 달려온 산지가 해안선과 수직으로 만나는 곳에 만입과 반도가 많이 형성되어 있기 때문이다. 남해안에는 보성만, 순천만, 여수만, 진해만, 웅천만, 수영만, 부산만과 해남반도, 고흥반도, 여수반도, 고성반도가 차례로 배열되어 있다.

남해안에서 경상남도에 속하는 부분은 동쪽의 태백산맥과 여기서 서쪽으로 뻗은 소백산맥으로 둘러싸인 경상분지의 남부에 해당한다. 이 부분은 전체적으로 고도가 낮은 구릉성 산지가 과거에 해수면 상승으로 침수되면서 해안선의 드나듦이 복잡하게 되었다. 경남 남해안에서 바다에 의한 퇴적평야로는 섬진강 하구의 간석지가 있고, 하천에 의한 퇴적평야로는 낙동강 하구의 삼각주, 즉 김해평야가 있다.

쾨펜의 분류에 따르면, 남해안은 상록활엽수가 자라는 온대 기후대에 속한다. 또한 식생 분포와 기온의 관계에 근거한 분류 방법에 의하면 남해안은 5개의 기후구 가운데 하나인 '남해안 기후구'를 독립적으로 구성한다. 이러한 남해안 기후구는 경상남도와 전라남도의 해안과 이에 인접한 연안 도서와 제주도를 포함하는 범위에 걸쳐 있다.

남해안 기후구는 쓰시마 해류, 제주 해류와 같은 난류의 영향을 받아 한국에서 가장 온난한 '해양성 난대 기후'를 나타낸다. 남해안 기후구의 연평균 기온은 13~14°로 한국에서는 제주도 다음으로 높은 기온을 보인다. 또한 남해안은 1월 평균 기온이 0~2°C로 영하로는 거의 내려가지 않으며, 강수량이 전국 연평균 강수량보다 많은 1,500mm에 이른다.

남해안 기후구의 식생은 늘푸른넓은잎나무(상록활엽수)가 난대림을 구성한다. 이 늘푸른넓은잎나무는 한국에서는 대체로 북위 35도 부근까지 자라고 있지만, 일본에서는 쿠로시오 난류의 영향으로 북위 38도 선까지 자라고 있다. 남해안에 사는 늘푸른넓은잎나무는 동백나무, 북가시나무, 가시나무, 종가시나무, 녹나무, 참식나무, 조록나무, 줄사철나무, 감탕나무, 꽝꽝나무, 사철나무, 산호수, 큰굴거리나무, 돈나무, 탱자나무 등이 있다. 그리고 실거리나무, 팽나무, 봄보리수 나무와 같이 난대성 지는넓은잎나무(낙엽활엽수)가 자라고 있다.

고대에 한국인들은 숲을 실제적인 의미에서뿐만 아니라 상징적인 의미로도 소중하게 여겼던 것으로 보인다. 신라의 수도였던 현재의 경주시에는 '계림(鷄林)'이라고 하는 신성한 숲이 느릅나무를 중심으로 오늘날까지 보전되고 있다. 『계림유사(鷄林遺事)』에 계림이라는 숲과 경주 김씨의 시조와의 관계가 상세하게 언급되어 있다. 이 신화에 의하면, 계림이라는 숲은 경주 김씨 시조인 '김알지'의 탄생지라고 한다.

오늘날에도 동제 중에는 제의 형태에 관계없이 인위적으로 조성된 숲 속에서 거행되는 경우가 있다. 특히 조선시대에 각성바지들이 사는 민촌(民村)에서는 동제가 숲 속에서 무속적인 제의로 거행되는 경우가 많았다. 숲은 마을 부근에 일부러 심은 나무들로 이루어진 것이 대부분이다. 이러한 마을 숲을 조성하려고 심는 나무의 종류는 때때로 사람들이 구현하고자 하는 상징적 의미에 따라 결정되었다. 소나무가 풍수나 유교를 믿는 사람들이 가장 애호하는 것이었다면, 느티나무와 팽나무는 무속 신앙을 추종하는 사람들이 선호하는 것이었다. 현실적으로 마을 숲 중에는 상징적인 장소에 머물지 않고 자연 재해로부터 마을을 보호해 주는 것이 많다. 특히 해안에나 강가에 조성된 숲은 바람이나 모래의 피해로부터 마을 주민들의 건강과 재산을 보호해 주는 역할을 한다. 지금도 해안이나 강가에 인공림이 상대적으로 많이 조성되어 있는 현상은 실질적으로 이런 이유 때문이기도 하다. 실제로 마을 주민들이 나무를 정성껏 심고 가꾸어 울창한 숲을 조성하는 데 적극적인 노력을 기울여 온 사례는 해안이나 강가 마을에서 많이 발견된다.(그림 5-18)

하지만 조선시대에 조성된 마을 숲 중에는 동제를 지내는 신성한 장소보다는 풍수의 형국(形局)을 보완하는 비보림으로 조성된 것들이 많았다. 특히 풍수 이론에 입각하여 나무를 심고 가꾸어 숲을 인위적으로 조성하는 풍습은 조선시대의 양반 집성촌에 두루 퍼져 있었다. 이런 마을에서는 조상 숭배와 마찬가지로 유교식 제의에 따라 숲 속에서 동제가 거행되는 것이 보통이었다. 조선 후기에 이르러 풍수 이론은 생활의 필요에 의해 조성된 마을 주변의 숲에 대해 상징적 의미를 부여하는 사상적 근거가 되었을 것으로 추정된다. 실제로 풍수 이론에 입각하여 조성되었다고 전해 내려오는 마을 숲은, 전국 각지에서 보편적으로 발견된다. 조선시대에는 크고 작은 도시에서조차도 풍수 이론을 실현하기 위하여 인공으로 숲을 조성하는 풍습이 전국적으로 유행하였다.(그림 5-19) 도시 주민들은 숲이 자기들의 생명과 재산을 보호해 주는 초자연적 존재

그림 5-18

담양읍의 관방제림(官防堤林)
관방제는 조선 후기 담양 부사가
관개를 목적으로 담양천을 따라
쌓은 것이다. 북쪽 제방에는 수령
200~300년 정도의 푸조나무,
팽나무, 개서어나무를 포함한
240여 그루의 나무들이 숲을
이루고 있다.

라고 상징화하기도 하였다.

　　풍수 이론에는 취락의 입지를 선정하고 조경을 계획할 때 기본적으로 고려해야 할 세 가지 원리가 있다. 이것들은 장풍법(藏風法), 득수법(得水法), 형국론(形局論) 등으로 제각기 바람, 물, 지세라고 하는 가장 중요한 자연적 요소를 평가하는 방법을 논하고 있다. 장풍법은 지세를 볼 때 사신사(四神砂), 즉 좌청룡, 우백호, 북현무, 남주작의 형태를 갖춘 곳을 찾는 방법이다. 만일 이러한 지세 조건을 제대로 갖추고 있지 않으면, 차선책으로 조산(造山)을 하거나 숲을 조성하여 지세를 보완하거나 엄폐하려고 하였다. 득수법이란 택리지에서 이르는 바와 같이 '좋은 집터는 수구(水口)가 닫힌 듯하고 그 안에 들이 펼쳐진 곳'을 고르는 방법이다. 만일 수구가 열려 있으면 그 앞에 인공적으로 담을 쌓거나 숲을 가꾸어 터의 허전함을 보완하려고 하였다. 형국론은 산천 형세를 사람, 물체, 날짐승, 들짐승, 뱀 등의 형국으로 유추하여 그 지세의 길흉을 판단하는 방법이다. 만일 실제적인 지세 조건이 이상적인 형국을 구비하고 있지 않으면, 인위적으로 돌탑을 쌓거나 숲을 조성하여 형국의 부족한 부분을 보완하려고 하였다.

그림 5-19

순흥읍에 있는 비보림
봉황이 나는 모습을 가진
비봉산에 대칭되는 지세를
인위적으로 조성하기 위하여
봉황 알을 상징하는
조산(造山)에 소나무를
심었다고 한다.

경상남도 고성군 대가면 우산리 마을 주민들은 마을 주위의 지세를 풍수이론에 따라 상징적으로 '우산 숲'이라고 하는 인공 숲을 조성하였다. 마을 앞쪽으로 연못을 파고 그 제방 양편에는 이팝나무, 소나무, 느티나무 등을 심어 숲을 조성하였다. 예전에는 연못의 앞 둑과 뒷 둑을 따라 숲이 매우 울창했지만 지금은 뒷 숲은 소멸되고 앞 숲만이 겨우 남아 있다.

마을 주민들은 이른바 형국론에 근거하여 마을 뒷산의 지세가 누워 있는 소를 닮았다고 상상하고, 이 산의 이름을 우산(牛山)이라고 명명하였다. 그러므로 여기서 '우산 숲'이란 그야말로 문자 그대로 '소같이 생긴 산' 앞에 있는 숲이라는 의미에 지나지 않는다. 우산리 주민들은 자기 마을 뒷산이 형국론에서 소에 해당하므로, 그 앞에는 소의 먹이를 담을 여물통을 배치해야 한다고 믿었다. 실제로 마을 주민들은 소의 여물통인 연못에 물이 가득 차면 소의 먹이가 많아지므로 마을이 부유해진다고 믿었다. 때문에 그들은, 소의 여물통을 상징하는 장소를 만들기 위하여 마을 앞에 연못을 파고, 그 인공 지형이 자기 자신들의 건강과 행복을 위하여 반드시 필요한 상징물이라고 믿었던 것이다.

일반적으로 마을 숲은 한 그루 이상의 나무들이 모여 단일한 층을 구성하고 있다. 마을 숲을 조성할 때 나무를 오랫동안 심고 가꿔야 하므로, 마을 주민들은 어떠한 자연환경에서도 자라는 품종을 선택하였다. 소나무와 은행나무는 조선시대 한국인들이 마을 숲을 조성할 때 가장 선호한 품종이었다. 특히 적송은 산악과 같은 자연환경에 대한 적응력이 탁월하였기 때문에 전국 각지에서 보편적으로 심는 품종이었다. 또한 일년 내내 푸르름을 유지하는 소나무의 특성을 사람들이 배워야 할 덕목이라고 찬양하며 선호하였다.

남해안에서는 마을 숲에 다양한 종류의 나무들이 다층의 군락을 구성하고 있는 형태를 하고 있는 경우가 많다. 남해안은 남쪽으로 내려가면서 삼림의 우점종이 소나무에서 느티나무를 비롯한 다른 종류의 나무로 점차적으로 바뀐다. 상록수는 이러한 나무들 사이에 간간이 끼어 성장하고 있을 뿐 우점종의 지위를 점유하고 있는 경우가 거의 없다. 하지만 남해안은 한반도에서 제주도와 울릉도를 제외하고 아열대를 연상시키는 식생 경관을 미흡하나마 어느 정도 보여주는 지역이다. 제주도를 제외하면 남해안의 저지대는 한국에서 겨울의 최한월 평균 기온이 0°C 이상을 기록하고 있는 유일한 지역이다. 남해안에서도 1월 평균 기온은 동부 지방이 서부 지방에 비해 높고 도서 지방이 그 부근의 해안 지방에 비해 높다. 또한 남해안은 한반도 남단에 위치하고 있으므로 여름 날씨가 매우 무더운 것이 특징이다. 이처럼 겨울 날씨가 온난하고 여름 날씨가 매우 무더운 기후 조건은 무엇보다도 식물의 성장에 매우 유리한 자연 조건이 된다. 이러한 기후 조건으로 인하여 남해안에서 상록수가 전체 식생에 대하여 차지하는 비중은 한반도의 다른 지역에 비해 높다. 하지만 남해안에서 식생의 분포 상태가 하록활엽수에서 상록수로 갑작스럽게 전환되는 것은 아니다. 다만 상록수는 산과 산 사이로 고도가 낮은 지대에 국지적으로 분포하고 있을 뿐이다. 이러한 저지대에서는 농작물이 대부분 집약적으로 재배되고 있으며, 농작물이 재배되지 않는 곳에서는 하록활엽수가 대나무와 함께 성장하고 있다. 또한 이곳에서도 한반도의 다른 지역에서와 마찬가지로 자연 식생의 파괴가 상당히 진행되어 왔다. 겨울 추위를 견디는 제2차 식생인 하록활엽수가, 겨울 추위에 민감한 제1차 식생인 상록수를 대체한 것이다. 그 결과 남해안의 저지대는 오늘날과 같이 하록활엽수와 상록수가 혼합되어 있는 삼림으로 덮이게 되었다.

경상남도 고성군 마암면 장산리에는 조선 초기부터 인위적으로 조성된 '장산 숲'이라고 하는 마을 숲이 오늘날까지 보전되어 왔다. 예전에는 길이가 1km나 되는 숲이 마을과 앞산을 연결할 정도로 울창했지만 지금은 그렇지 않다. 이 마을 숲은 김해 허씨 입향조가 마을 앞의 바닷물이 햇빛에 비치어 번쩍번쩍하는 것을 보이지 않게 하려고 조성하였다고 한다. 장산 숲은 개서나무, 푸조나무, 소나무, 느티나무, 쉬나무, 이팝나무, 노린재, 윤노리나무, 벚나무, 물푸레나무 등으로 구성된 혼합림으로 멋진 정경을 자아내고 있다. 이 마을 숲 안에는 연못이 파여 있고, 그 주위에 김해 허씨 재실과 정자가 세워져 있다. 오늘날 장산 숲은 김해 허씨 종종에서 소유하고 관리하고 있으며, 종중회의나 마을 주민들의 휴식 장소로 이용하고 있다.

경상남도 남해군 삼동면 물건리라는 어촌에는 '어부림'이라는 마을 숲이 인위적으로 조성되어 있다.(그림 5-20) 이 숲은 어부들이 바다로 배를 타고 나갔다가 들어오는 포구에 자리 잡고 있다. 아침에 마을 위쪽에서 내려다보면, 키가 10~15m이고 길이가 500m나

그림 5-20

남해안에 있는 어부림

남해군 산동면 물건리에 있으며 바닷가를 따라 초승달 모양으로 좁고 길게 조성되어 있다. 이곳은 여러 수종이 혼합되어 다층을 형성하고 있으며, 길이가 1.5km이고 너비가 30m로 최대 높이는 10~15m이다.

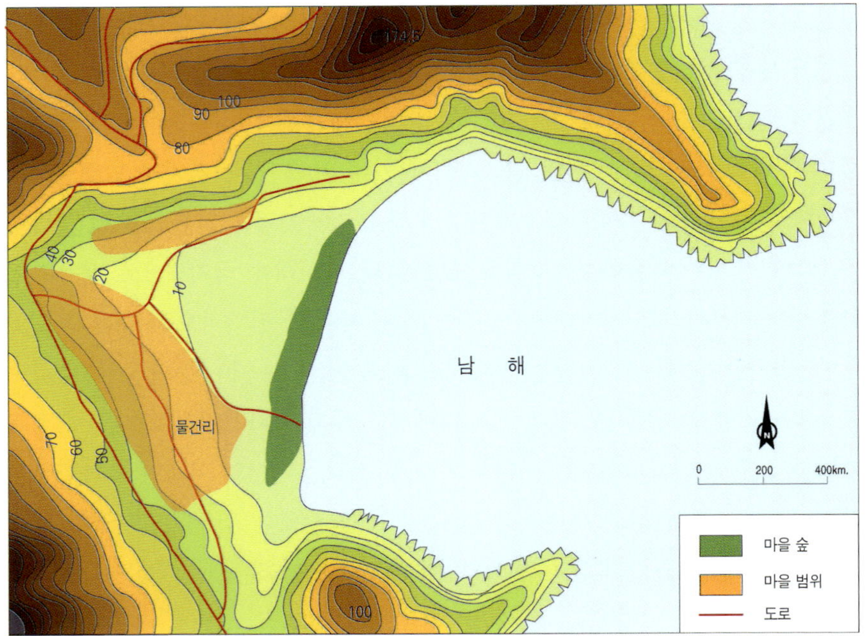

그림 5-21

물건리에 조성된 마을 숲
이 마을 숲은 남해라는 섬의 외딴
곳에 자리 잡고 있다.

되는 어부림이 햇빛에 번쩍이는 바닷물을 배경으로 일대 장관을 연출한다. 키가 작은 상록수와 키가 큰 하록활엽수가 어우러져 이국적인 식생 경관을 구성하고 있는 것이다. 여기에서 2,000여 종의 키가 큰 나무와 1,200여 종의 키가 작은 나무들이 층층으로 숲을 이루고 있다. 상층에는 팽나무, 푸조나무, 상수리나무, 참느릅나무 등이 있고, 하층에는 보리수나무, 동백나무, 광대싸리나무, 윤노리나무 등이 있다.(그림 5-21)

어부림은 실제 마을을 해풍으로부터 보호해 줄 뿐만 아니라 포구와 마을을 시각적으로 분리시켜 주는 역할을 하고 있다. 지금부터 300여 년 전 바다에서 밀어닥치는 파도, 바람, 모래로부터 마을 주민들을 보호하기 위하여 포구에 나무를 의도적으로 심었다고 한다. 그후 어부림은 마을 주민의 재산과 생명을 보호해 주는 물리적인 장벽에 그치지 않고, 정신적인 위안을 가져다주는 상징적인 장소로 발전하였다. 지금도 마을 주민들은 어부림 안에 있는 한 그루의 나무 아래에 설치된 제단에서 매년 10월 15일 동제를 지낸다고 한다. 그들은 만일 어부림이 파괴되면 마을에 틀림없이 재앙이 불어닥친다고 굳게 믿었다. 19세기경에 사나운 폭풍이 마을에 상당한 피해를 안겨주었을 때에도 마을 주민들은 신성한 어부림을 베어버렸기 때문에 재앙이 일어난 것이라고 생각하였다.

6 도시 경관

한국 도시 발달의 역사는 1910년 이전, 1910년부터 1945년까지, 1945년 이후 등 크게 세 단계로 구분된다. 19세기 후반까지만 해도 한국은 농업 사회로 남아 있었으며, 도시화의 수준은 매우 낮았다. 한일합방(1910) 이후, 도시 성장은 빠른 속도로 진행되었지만 식민지 통치라는 일제의 의도를 충족시키는 수준에 불과하였다. 이런 도시화의 각 단계는 제각기 도시의 규모와 형태, 입지와 기능, 도로망, 인구 구성 등에 있어서 고유한 특징을 가지고 있다.

광복(1945) 이후의 폭발적인 산업화로 인하여 국가 전체적으로 현대 도시의 성장에 가속도가 붙었다. 도시의 급속한 성장은 역사적인 도시 경관의 보전과 현대 도시의 개발이 상호 보조를 제대로 맞추지 못했다. 조선시대와 일제시대에 형성된 도시 형태는 역사 도시에서조차도 현대적 도시 형태에 깊이 매몰되어 있으므로, 외부인이 그 속에서 전통적인 도시 형태를 식별하기란 어렵다.

한국에서 역사가 오래된 도시들은 일반적으로 그 명칭에 주(州), 성(城), 원(原), 천(川) 등의 접미사가 붙어 있다. 19세기 후반에 한국을 여행한 사람들의 기록에는 전국의 도시들 대부분이 대규모의 촌락과 크게 다를 바가 없다고 적혀 있다. 조선시대에 성벽으로 둘러싸인 도시들은 가옥의 밀집도가 대규모 집촌에 비해 높았던 것은 사실이다. 특히 대도시의 성벽은 육면체로 가공한 돌로 차곡차곡 높이 쌓은 형태를 하고 있었지만, 지금은 그 대부

Urban Landscape

분이 없어지고 극히 일부분만이 남아 있다. 읍성이나 도성 내부의 도로 형태는 남북 방향이나 동서 방향으로 달리는 직선형 간선 도로를 제외하면 곡선형 미로가 불규칙하게 서로 교차하는 모양을 하고 있었다.

조선 왕조는 중앙과 지방의 도시 경관을 조성함에 있어서 유교와 풍수 사상을 통하여 왕권을 상징하는 데 역점을 두었다. 특정한 자연환경을 배경으로 도시 경관을 조성한다는 것, 이는 곧 도시 경관의 형태에 고유한 환경관을 투영한다는 것을 의미한다. 조선 왕조는 성곽, 공공건물, 유교적 건축물, 숲, 조산(造山), 도로 등을 건설함에 있어서 유교적 이념을 중심으로 하는 세계관을 구현하고자 하였다. 수도인 한양에서 도로를 비롯한 도시 경관 요소들 중에는 조선 왕조의 사고, 믿음, 희망, 상상, 의도 등을 담고 있는 것들이 있었다. 하지만 오늘날 이런 역사적 경관 요소들은 상당한 부분이 소멸되고 극히 일부만이 남아 현대적 도시 경관 속에 가려 있다.

일제 식민 통치기에 한국에 진출한 일본인들은 그 절대 다수가 도시에 거주하면서 도시 발달에 지대한 영향력을 발휘하였다. 특히 서울과 같은 대도시에서 일본인들은 정치적인 정당성을 확보하기 위하여 왕권을 상징하는 도시 경관 요소들을 의도적으로 왜곡 · 변형시키는 데 그치지 않고 심지어는 파괴하기까지 하였다. 일제가 새로운 상징을 창조하는 공개적인 행위는 사실상 오래된 상징을 말살하는 은밀한 행위와 함께 교묘하게 자행되었다.

1. 조선시대 서울의 도시 경관

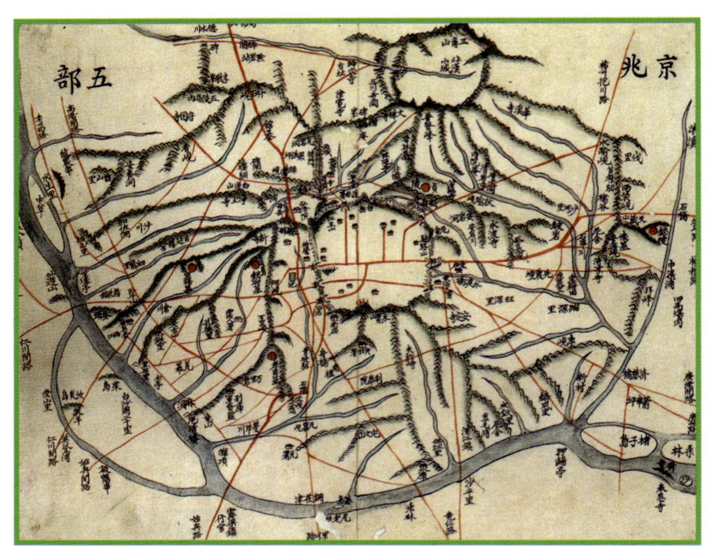

출처: 이찬 · 양보경, 서울의 옛 지도, 서울학 연구소, 1995. p.64.

한강은 주변의 산들과 함께 예나 지금이나 서울의 위치 선정과 도시 발달에 있어서 가장 중요한 역할을 하고 있는 지형적 요소이다. 육상 교통이 발달하지 못했던 과거에는, 한강이 국가의 세곡 운송은 물론 남북 물화가 집산되는 통로였다. 고고학적인 연구에 의하면, 한강 유역에는 선사시대부터 한강을 중심으로 집단 거주지가 있었음이 밝혀졌다. 기원전 18년경부터 한강 유역은 백제의 첫 도읍지인 하남(河南) 위례성(慰禮城)을 중심으로 초기 백제의 경제 · 군사 · 문화적인 중심지였다. 그후 고구려 · 백제 · 신라의 삼국이 고대 국가를 형성하자, 한강 유역은 한반도의 중심지로 삼국의 영토 확장에 있어 군사적 요충지가 되었다.

신라 진흥왕이 한강 유역을 완전히 장악하여 신주(新州)를 설치한 다음, 곧 이어 북한산주(北漢山州) 또는 남천주(南川州)라고 개칭하였다. 신라는 삼국을 통일하고 전국을 9주로 구분하여 통치하면서, 한강 유역을 한산주(漢山州)에 편입시켰다. 고려 성종 때는 한강 유역에 12목의 하나인 양주목을 설치하였으며, 문종 21년(1067년)에는 양주목을 3소경(서경, 동경, 남경)의 하나인 남경(南京)으로 승격하였다. 남경의 유수관은 직할지인 3군 6현을 비롯하여 관할지인 안남도호부, 인주, 수주, 강화현을 포함하는 광대한 구역을 통치하였다.

한양이 명실공히 전국의 중심 도시로 발전하기 시작한 것은 조선 왕조의 수도로 선정된 다음부터이다. 서울의 전신이 되는 조선 왕조의 수도 한양은 한강의 지류인 청계천을 끼고 있는 분지에 자리 잡았다. 이 분지 주위에는 북악산, 낙산, 인왕산, 남산에서 흘러내린 물이 청계천에서 만나 한강으로 유입하였다. 청계천은 당시의 토목 기술로도 쉽게 치수되는 하천이었으며 광교, 수표교와 같은 다리도 축조되어 있었다. 이러한 분지 내부는 황토마루, 솔고개, 배고개, 박석고개, 마두산 등 나지막한 구릉들이 있기는 하였지만 전체적으로 평탄한 지면을 하고 있었다.

진산(鎭山)에 해당되는 북악산 기슭에는 정궁인 경복궁이 자리 잡았고, 궁궐 앞인 광화문에서 지금의 세종로 네거리에 이르는 도로 양쪽에는 관아가 배치되었다. 시전행랑은 보신각을 중심으로 지금의 종로, 안국동, 광교 일대에 건설되었다. 북악산에서 응봉으로 이어지는 능선의 남쪽 사면(현재의 삼청동, 궁정동, 통의동, 가회동, 계동 일대)에는 고급 관료의 양반들이 거주하는 북촌 또는 우대라고 불리는 반촌이 형성되어 있었다. 청계천 남쪽인 남산 북사면(현재의 중구 일대 또는 남산동)에는 하급관리와 일반 양반들이 거주하는 남촌이 형성되어 있었다. 성문 밖의 한강변에는 뚝섬, 송파, 두모포(현재의 옥수동), 서빙고, 마포, 용산, 서강 등의 도진취락(渡津聚落)이 발달하였다.

조선시대 서울은 한양(漢陽)이라고 불렸는데, 이는 한자로 한강(漢江) 이북에 위치한 도시를 의미하였다. 이성계는 1392년 조선 왕조를 개창한 다음 수도를 고려 왕조의 수도인 개경에서 한양으로 천도하기로 결정하였다. 그후 한양은 조선 왕조가 멸망한 후인 오늘날까지도 600여 년 동안 한 국가의 수도로서 존속되고 있다. 하지만 한양의 명칭은 일제시대에 경성(京城)으로 변경되었다가 광복 이후에 대한민국 정부에 의해 서울로 확정되었다.

당시 한양은 한반도에서 가장 긴 하천인 한강 본류 가까운 지점에 위치하고 있었다. 또한 북북서 방향에서 접근하여 서해안을 따라 남쪽 방향으로 달리는 육로, 추가령을 통과하여 북북동 방향으로 달리는 육로, 대관령과 태백산맥의 다른 고개들을 통과하여 동서 방향으로 달리는 육로, 소백산맥의 추풍령과 이화령을 통과하여 북서-남동 방향으로 달리는 육로 등이 교차하는 이른바 결절 지점에 위치하고 있었다.

조선시대 한양은 한강 유역이 아니라 이곳에서 북쪽으로 수킬로미터 떨어진 분지에 건설되었기 때문에, 군사적으로 방어하기에 매우 유리한 조건을 갖추고 있었다. 남쪽으로는 남산(265m), 북서쪽으로는 인왕산(338m), 북쪽으로는 북악산(342m)이 솟아 있었지만, 동쪽과 서쪽은 나지막한 구릉들이 펼쳐지고 있었다.(그림 6-1) 때문에 도성 내부를 외부 세계와 연결하는 도로는 자연스럽게 산으로 막혀 있지 않은 동쪽과 서쪽 방면으로 발달하였다. 도성의 성벽은 분지를 에워싸고 있는 산들의 봉우리를 연결하면서 축조하였으므로, 곳곳이 도시의 외연적 성장에 물리적인 장애로 작용하였다.(그림 6-2)

고려 왕조는 수도인 개성의 도시 계획과 건설에서 전적으로 풍수 사상의 영향을 받았다. 이와 대조적으로 조선 왕조는, 풍수 사상의 영향을 받기는 했지만 그것보다는 유교적 이념의 영향을 더 많이 받았다. 도성을 건설할 때 태조 이성계는 유학자인 정도전과 승려인 무학대사에게 자문을 구했다. 그는 경복궁을 지을 위치를 선정하기 위하여 주위의 지세를 분석하면서 풍수 이론에만 의존하지는 않았던 것이다. 이때 정도전은 『주례고공기(周禮考工記)』를 우선적으로 고려하고, 무학대사는 풍수지리를 가장 중시하였다. 태조는 결국 유학자인 정도전의 견해를 받아들여 경복궁을 북악산 아래에 짓기로 결정을 내렸던 것이다.

태조는 한양으로 천도하던 1394년에 곧바로 경복궁과 함께 종묘와 사직단의 건설에 착수하였다. 궁궐과 공공건물 그리고 이것들의 정문 이름을 지을

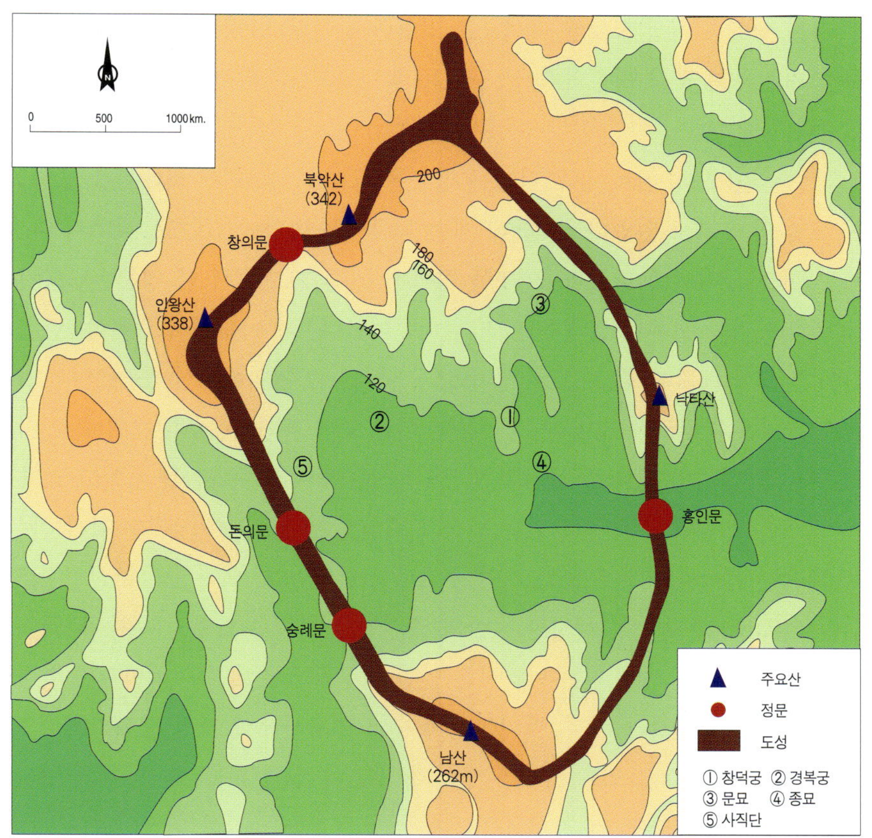

그림 6-1

조선시대 한성부(漢城府)의 위치와 공간 구성

조선 왕조의 수도인 한양은 연속적으로 이어지는 산들에 의해 둘러싸인 분지에 자리를 잡았다. 북악산과 경복궁을 연결하는 남북 방향의 선을 기준으로, 그 동쪽에는 종묘, 서쪽에는 사직단이 배치되었다.

때는 풍수 이론보다 유교적 이념이 더 많은 비중을 차지하였다. 특히 도시의 주요 간선 도로와 성벽을 드나드는 정문에는 왕권을 과시하려는 목적으로 유교적 이념이 반영된 이름을 붙였다. 조선시대 한양의 도시 경관은, 왕과 신하 또는 왕과 백성 간의 관계를 규정하는 유교적인 정치 이념을 상징하는 도상(圖像, iconography)으로 충만되어 있었다.

그러나 동서남북 방향의 사대문을 연결하는 간선 도로와 공공건물에 이르는 도로의 형태에는 풍수 사상이 많이 반영되었다. 도성 내부의 도로망은 대체적으로 직선이 아닌 곡선의 형태를 가진 도로들이 집합되어 있었다. 이러한 도로 형태는 곡선 모양의 도로를 선호하는 풍수 이론에 따른 것이다. 동대문과 서대문을 연결하는 동서 방향의 간선 도로는 처음에는 직선으로 되어 있었지만, 세종 때 풍수가들의 주장에 따라 곡선으로 변경되었다. 세종은 곡선으로 굽은 도로가 이상적이라는 풍수가들의 주장을 받아들여 서대문의 위치를 옮기

그림 6-2

한양 도성의 잔해

인왕산 능선을 따라 축조된 도성의 일부로, 지금까지 여러 차례의 보수 공사를 거쳐 보전되었다. 도성이 축조된 연대는 하단부에서 중단부를 거쳐 상단부로 가면서 조선 전기, 조선 후기, 현대로 이어지고 있다.

고 동서 방향의 간선 도로를 곡선으로 고쳤던 것이다. 그밖에도 광화문과 남대문을 연결하는 남북 방향의 간선 도로는 활 모양으로 휘어 있는 형태를 하고 있었다.

한양의 도성(都城)을 드나드는 정문은 남대문, 동대문, 서대문을 포함하여 도합 아홉 개가 있었다. 그중 네 개는 동서남북 방향에 있었고, 나머지 다섯 개는 이것들 사이에 있었다. 이것들 중에서 가장 크고 중요한 정문은 숭례문(崇禮門)이라는 고유한 명칭을 가진 남대문이었다. 이 이름에서 '예(禮)'란 인간이 반드시 배워야 할 다섯 개의 유교적 덕목, 즉 인의예지신(仁義禮智信) 가운데 하나를 가리키는 것이다. 동대문의 이름 또한 흥인지문(興仁之門)으로, 유교 덕목 중 하나인 '인(仁)'을 불러일으키는 문(門)이라는 의미를 가지고 있다.

도성의 남쪽과 북쪽에 있는 남산과 백악산(현재의 북악산)에는 각각 산신을 모시는 전각들이 정부 또는 개인 주도로 건립되었다. 백악산의 주신인 백악산신(白岳山神)은 여성신이지만 남산의 주신인 목멱대왕(木覓大王)은 남성신이었다. 경복궁에 가까이 있는 백악산은 일반 백성들에게 폐쇄되어 있었지만, 남산은 개방되어 있었다. 특히 백악산은 풍수의 형국론에서 가장 중요하게 여기는 이른바 진산(鎭山)으로 사적인 출입과 이용이 엄격하게 금지되어 있었다. 더구나 조선 왕조는 왕이 거처하는 경복궁을 비호하는 진산인 백악산의 기운을 보강하기 위하여 백악산 기슭에 부족한 흙을 수시로 보충하였다. 산세가 상대적으로 허약한 도성의 동쪽에는, 형국의 약점을 보완하는 풍수 비보(裨補)의 일환으로, 일부러 흙을 쌓아 조산을 만들고 그 위에 버드나무를 심었다. 풍수 이론에 의하면, 마을이나 도시가 산에 기대어 남쪽을 향하고 있을 때는 좌측과 우측으로 산들이 전개되어야 한다. 이러한 좌측과 우측의 산은 각각 청룡(靑龍)이라는 상상의 동물과 백호(白虎)라는 실제의 동물로 상징되었다. 조선 왕조의 수도인 한양 동쪽에는 청룡에 비견될 수 있는 산들이 결여되어, 풍수에서 언급하는 이상적인 형국을 구성하지 못하고 있었다. 다시 말해 조선시대 한양의 동쪽에, 조산을 만들고 버드나무를 심은 것은 풍수 이론에 부합되는 형국을 만들기 위한 상징적인 행위에 불과하였다.

태조가 경복궁을 백악산(현재의 북악산) 기슭에 남향으로 짓기로 결정한 것은 유학자 정도전의 견해에 따른 것이었다. 정도전은 백악산이, 풍수 이론에서 언급하는 현무(玄武: 검은 거북이)에 해당되며, 수도 한양의 진산이 된다고 주장하였다. 이러한 견해는 풍수가의 전통적인 해석에 따라 인왕산을 진산으

로 보아야 한다는 무학대사의 주장과는 정면으로 배치되는 것이었다. 무학대
사는 인왕산을 진산으로 보고, 경복궁을 인왕산 기슭에 동향으로 앉혀야 한다
고 주장하였다. 때문에 경복궁이 건축된 결과는, 태조가 수도 한양을 둘러싼
풍수 형국의 해석에 있어서 불교적인 입장을 거부하고 유교적인 입장을 선택
하였음을 의미한다. 그후 창경궁을 제외한 다른 궁궐들도 정도전의 견해에 따
라 경복궁과 같이 좌향(坐向)을 남향으로 하여 건설하였다. 창경궁은 고려 후
기에 남경의 별궁으로 지은 것을 이어받았는데, 이 건물은 그때 이미 좌향을
동향으로 하여 지어져 있었다.(그림 6-3)

    태조가 무학대사의 전통적 해석을 물리치고 정도전의 새로운 견해를 따
른 이유는 황제는 남쪽 방향을 보고 앉아 정사(政事)를 돌보아야 한다는『주례
고공기』의 도시계획 원리를 선호했기 때문이었다. 신유교를 국가의 통치 이념
으로 천명한 태조로서는, 불교나 풍수보다 유교에 근거하여 수도 한양의 계획
과 건설을 도모한 것은 자연스러운 결과였다. 특히 도상(圖像)을 통한 유교적
이념의 구현이라는 그의 의도는 대체로 도시의 공간 구성과 도로의 이름에 집
중되었다. 태조는 수도 한양의 공간 구성에서 '좌묘우사(左廟右社)'라고 하는
『주례고공기』의 기본 원리를 철저하게 준수하였다. 그는 왕이 궁궐에서 남쪽
방향으로 남대문을 보고 앉아 있을 때, 종묘는 좌측(동쪽)에 설치하고 사직단

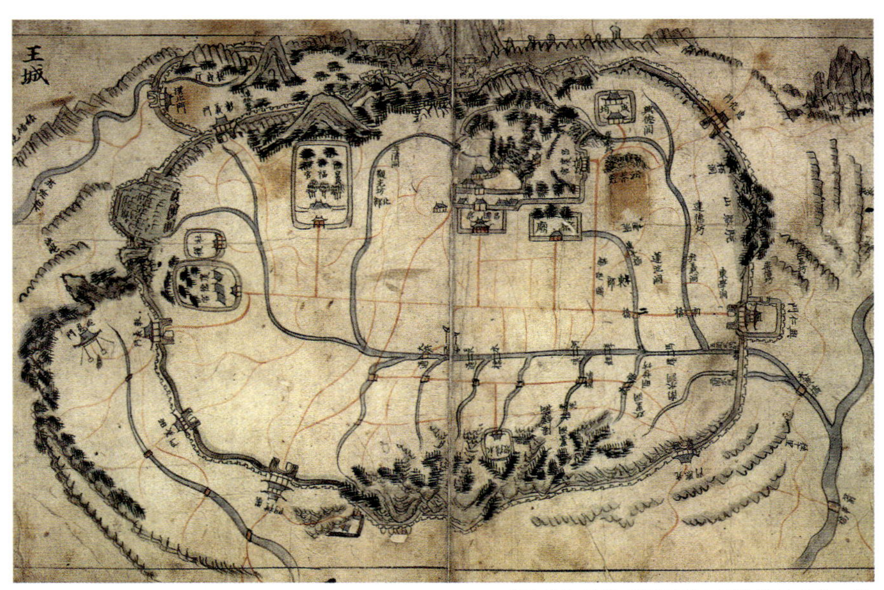

출처: 이찬 · 양보경, 서울의 옛 지도, 서울학 연구소, 1995, p.42.

그림 6-3
조선 후기 한성부의 고지도
이 고지도에는 궁궐, 도로, 하천,
성벽, 산 가운데 하천이 특별히
강조되어 있다.

은 우측(서쪽)에 설치하였다. 다시 말해서, 남대문과 경복궁을 연결하는 남북 방향의 간선 도로를 기준으로 동쪽에는 종묘를 설치하고 서쪽으로는 사직단을 설치하였던 것이다.

조선 초기, 최초로 경복궁이 완공되었을 때는 500여 개의 건물로 구성되어 있을 정도로 규모가 크고 화려한 궁궐이었다. 그후 200여 년 동안 경복궁은 임금이 신하들과 함께 정사를 돌보고 왕족들이 거주하는 장소로 이용되었다. 하지만 경복궁은 임진왜란 때 전역이 불에 탄 이후, 파괴된 상태가 그대로 방치되었다. 이후 1865년부터 복구에 착수한 결과 1872년까지 200여 동의 건물이 재건되었다. 하지만 한일 합방 이후에는 일제의 의도적인 파괴로 말미암아 복구된 200여 동 가운데 고작 10여 동만이 헐리지 않고 남게 되었다.

근정전(勤政殿)이라고 불리는 건물은 내성으로 둘러싸인 경복궁 경내에 위치하고 있었다. 2층 목조건물은 지어진 궁전은 왕권의 절대성을 상징하기 위하여 전국에서 가장 규모가 컸다. 경복궁 남쪽의 외벽 중간에는 경복궁을 출입하는 정문으로 거대한 광화문(光化門)이 1395년에 세워졌다. 광화문에는 좌측, 중앙, 우측으로 출입하는 대문들이 분리되어 있었는데, 그중에서 중앙의 대문은 오직 왕만이 출입이 허용되었다.(그림 6-4)

또한 태조의 4대 조상들의 위패를 봉안하는 종묘가 경복궁과 함께 건설되었다. 그후 종묘에는 태조 이후 왕위에 오른 인물들과 그들의 부인인 왕비와

그림 6-4

조선총독부 건물이 들어서기 이전의 광화문 모습
현재의 광화문 건물은 1968년에 복원된 것으로, 이때 지금과 같은 한글 현판이 쓰여졌다.

왕자들의 위패가 추가로 봉안되었다. 이러한 종묘는 추가되는 위패를 봉안하기 위하여 주기적으로 증축된 끝에 오늘날과 같이 2개 동의 기다란 건물로 발전하였다. 종묘의 건물과 이곳에서 주기적으로 거행하는 종묘대제(제례 의식과 음악)는 1995년 유네스코에 의해 세계문화유산으로 지정되었다.

사직단은 파종과 추수의 성공을 기원하기 위하여 왕이 일년에 두번씩 제물을 바치고 제사를 지내던 제단이다. 제단은 낮고 평탄한 언덕으로 석축으로 둘러싸여 있었으며, 동쪽과 서쪽에 하나씩 설치되어 있었다. 동쪽에 있는 제단은 봄에 지신(地神)에게 제물을 바치는 곳이었지만, 서쪽에 있는 제단은 가을에 오곡신(五穀神)에게 제사를 지내는 곳이었다. 예전에 사직단은 울창한 숲으로 둘러싸여 있었지만 지금은 그런 모습이 사라지고 시민들이 산책하고 휴식을 취하는 공원으로 남아 있다.

2. 일제 강점기 서울

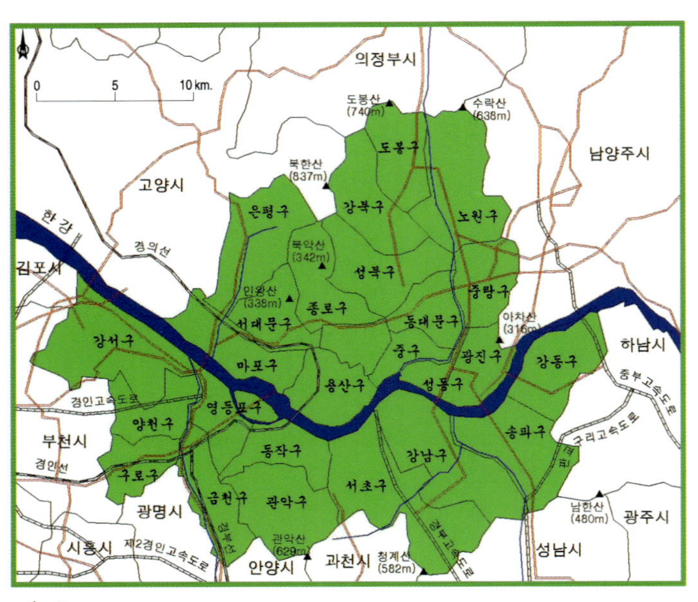

한일합방(1910년) 당시 서울의 인구는 약 25만 명이었지만 자연적 증가와 일본인 거류민의 유입으로 인하여 1936년에는 73만 명을 돌파하였다. 일제 강점기에는 청량리, 마포, 돈암동, 영천, 영등포 등을 종점으로 하는 전차 노선을 따라 도시가 성장하였다. 종로, 남대문로, 태평로는 조선시대부터 번화한 상가가 배열되어 있는 도심지로 성장하였다. 남산 북사면 일대의 필동·남산동·인현동·쌍림동·장충동·회현동, 서울역 부근의 후암동·용문동·원효로, 용산 일대에는 일본인 거주지가 형성되었다.

일제 강점기에 서울은 청계천 유역에 발달한 분지의 외곽, 즉 사대문 밖으로 도시가 성장하였다. 남대문 밖으로 만리동을 지나 마포까지 길게 뻗은 인왕산의 남쪽 줄기와 남산 사이에는 도로와 철로가 설치되었다. 그 주변으로 산록에 위치한 후암동, 청파동, 원효로 일대에는 주택가가 형성되었다. 동대문 밖으로는 장충동, 약수동, 신당동 일대와 돈암동, 안암동, 용두동 일대가 택지로 개발되었다. 서대문 밖으로는 무악재에서 마포를 지나 한강으로 연결되는 인왕산 골짜기에 있는 아현동 일대가 택지로 개발되었다.

일제 강점기에 있었던 서울의 도시 성장이 지니는 또 다른 특징은 한강변의 넓은 저습지가 도시화되었다는 것이다. 한강 북안을 따라 마포에서 왕십리에 이르는 구간과 한강 남안을 따라 노량진에서 양화대교에 이르는 구간에 제방을 쌓은 다음 배후의 저습지가 도시화되었다. 이때 넓은 면적의 저습지를 끼고 한강에 합류하는 샛강인 안양천 유역(현재의 문래동과 당산동 일대)의 범람 원으로도 시가지가 확대되었다. 한강 본류 유역에 있는 저습지가 도시화되면서 서울에서 인천, 원산, 부산으로 이어지는 철도가 부설되고 대륙 진출의 전초 기지로 영등포 공단이 조성되었다.

광복(1945) 이후, 특히 1960년대 이후 서울은 인구 1,000만 명이 넘는 세계적인 대도시로 성장하였다. 이 과정에서 시가지는 서울 분지의 외곽이 북한산, 수락산, 아차산, 금암산, 청량산, 대모산, 구룡산, 우면산, 관악산, 응봉, 봉산, 망월산, 대덕산으로 이어지는 능선의 기슭까지 확대되었다. 또한 풍납동에서 난지도에 이르는 구간에 있는 한강변의 넓은 저습지는 대규모 토목 회사에 의해 시가지로 확대되었다.

1980년대 말부터 아파트 단지의 건설이 가속화되자 농경지로 남아 있던 안양천 유역의 목동과 중랑천 유역의 상계동, 중계동, 하계동에 30~50만의 인구를 수용할 수 있는 고층아파트 단지가 건설되었다. 그리고 신도시나 다름없는 저지대의 신시가지가 완성된 후에는 불량 주택지구의 재개발이 적극적으로 추진된 결과 고지대에도 고층 아파트가 건설되었다.

1910년 한일 합방 당시 한성부(漢城府)의 관할 구역은 도성의 안 팎을 포함하였으며, 북쪽으로 인수봉, 남쪽으로 한강, 동쪽으로 중랑천, 서쪽으로 홍제천까지 걸쳐 있었다. 그런데 일제는 한성부를 해체하고, 그 대신 경성부(京城府)를 설치해 경기도에 소속시켜 버렸다. 이때 경성부의 관할 구역은 북쪽, 동쪽, 서쪽 방면으로 거의 도성 이내로 국한되고 남쪽 방면은 한강 이북에 한정되었다. 관할 구역의 면적은 조선시대의 한성부가 약 250km²였지만 일제 초기의 경성부는 겨우 36.2km²에 불과했다. 이처럼 일제 가 서울의 관할 구역을 크게 축소시킨 이유는, 외부 세력에 대한 저항력이 결집되는 공간적 단위를 최소화함으로써 식민지 조선의 수도를 정치적으로 쉽게 장악하기 위한 것으로 보인다.

일제 강점기에 서울의 명칭은 한양 또는 한성(漢城)에서 경성(京城)으로 변경되고, 도시 계획은 전혀 새로운 국면으로 접어들었다. 불과 한 세대만에 서울이라는 유서 깊은 도시는, 조선 왕조의 수도로부터 일제 식민지의 전초 기지로 전락하였던 것이다. 일제는 서울 시내의 도로망을 식민지 통치에 적합하게 변형시키는 방향으로 도시 행정을 주도하였다. 그 결과 직선상으로 넓게 뻗은 남북 방향의 간선 도로 4개와 동서 방향의 간선 도로 2개가 서로 수직으로 교차하게 되었다. 특히 남대문으로부터 남쪽 방향으로 곧게 뻗은 도로는 용산 이라는 교외 지역을 지나 450m 길이의 한강 철교를 건너도록 설계되었다.

일본인들은 조선 왕조가 구축한 왕권의 상징물들을 파괴하고 말살시키기 위하여 온갖 수단 방법을 동원하였다. 그들은 을사보호조약(1905) 이후 먼저 조선 왕조의 권력 기반을 해체하고 왕권을 상징하는 경관들을 말살하는 작업에 착수하였다. 일본인들은 조선 왕조의 유교적 이념이 구현된 도시 경관을 일본 제국주의 가치관을 반영하는 도시 경관으로 대체하려는 의도를 가지고 있었다. 그들은 왕권을 상징하던 경관들은 없애고, 그 자리에 일본 제국주의를 상징하는 경관을 새로이 조성하기도 하였다. 일본인들은 궁궐에서 정부에 의해 점유되지 않은 부분은 수리하지 않고 방치하거나 민간에 의해 다른 용도로 전용되는 것을 묵인하기도 하였다. 그들은 또한 전혀 새로운 장소에 일본 제국 주의를 상징하는 경관을 창조함으로써, 일본 제국의 권위를 과시하기도 하였다. 서울에서 일제의 권위를 상징하는 경관을 창조하는 일과 조선 왕조의 권위를 상징하는 경관을 파괴하는 일은 동전의 앞뒷면처럼 서로 맞물려 돌아갔던 것이다.

구한말까지도 경복궁은 근정전을 중심으로 '5보(步)에 1루(樓), 10보에 1각(閣)'이라고 일컬어질 정도로, 전각들이 겹겹으로 들어서 있어 그 모습이 마치 물고기 비늘을 연상시켰다고 한다. 한일합방 이후에 일제는 동서남북의 정문, 경회루, 향원정, 근정전, 자경전 등을 제외한 부속 건물 4,000여 칸을 철거하였다. 이러한 일제에 의한 경복궁의 파괴는 조선총독부 건물이 건축되기 이전부터 비밀리에 자행되었다.

1915년에 조선총독부는 '조선물산공진회(朝鮮物産共進會)'라는 산업박람회를 개최할 공간을 마련한다는 명목으로 근정전과 광화문 사이에 있는 건물들을 제거할 것을 명령하였다. 다양한 종류의 공업 생산품들이 전시되는 산업박람회는 한국인들이 최초로 경험하는 흥미로운 구경 거리였다. 일제는 산업박람회가 한국인의 봉건적인 의식을 산업적인 의식으로 전환시키는 데 의의가 크다고 선전했지만 실상은 전혀 그렇지 않았다. 그들이 산업박람회를 군이 경복궁 경내에서 개최하기로 한 숨은 의도는 경복궁이 지니는 가치와 상징성을 말살함으로써 왕권을 중심으로 결속되어 있는 민족의식을 해체하려는 것이었다.

경복궁 남쪽으로는 근정전과 광화문 사이에 일제 식민지 통치를 위해 본부로 사용될 조선총독부 건물이 세워졌다.(그림 6-5) 일제는 조선총독부 건물을 조선 총독의 집무 장소로 이용하기 위하여 1926년에 완공하였던 것이다. 이 건물은 화강암을 재료로 이용하여 건축되었는데, 돔 모양의 지붕까지 높이가 55m에 달할 만큼 위용 있고 화려한 모습을 하고 있었다. 조선총독부 건물은 일단 완공되자 높이와 크기에 있어서 주위의 경복궁 건물들을 압도했다. 또한 조선총독부 건물을 동서 방향으로 길게 건축하여 전면으로 향한 시야에서는 경복궁이 보이지 않게 하였다.

조선총독부 건물은 근정전의 입구에 해당하는 근정문 앞으로 바짝 붙여 건립되었는데, 원래 이 자리는 근정문과 같은 크기의 홍례문과 회랑이 배치되어 있었다. 이 홍례문과 근정문 사이에는 금천(禁川)이라는 시냇물이 흐르고 있었으며, 그 위에는 금천교(禁川橋, 일명 영제교)라는 돌다리가 놓여 있었다. 이러한 건축 설계는 금천교를 밟고 금천을 건너면 그 안에 이상향이 있다는 풍수 설화에 근거한 것이라고 한다. 또한 근정전과 광화문 사이의 공간은 통치자인 왕과 피통치자인 일반 백성들 사이의 접촉을 암시하는 곳이었다. 이러한 위치에 일제가 조선총독부 건물을 건립한 이면에는 한국인들에게 이제는 통치자

그림 6-5
남산에서 바라본 일제 강점기의 서울 전경
조선총독부와 경성부청 건물이 전체 정경을 압도하고 있으며, 남산에서 가까운 곳에는 일본식 가옥들이
집중되어 있다.

가 조선 왕조에서 일본 제국으로 대체되었음을 알리려는 의도가 숨어 있었던
것이다.

광화문은 경복궁을 출입하는 가장 중요한 정문으로 1395년에 처음으로
건립되었지만, 1592년 화재로 소실된 후 1860년대 후반까지 전혀 복구되지
않았다. 1860년대 후반에야 복구된 광화문은, 한일합방 이후 조선총독부 건물
의 입구를 막는다는 이유로 동대문 북쪽으로 이전되었다. 일제는 처음 광화문
을 아예 철거하려는 계획을 가지고 있었지만, 야나기 무네요시라는 일본인 학
자가 이를 반대하는 탄원을 하는 바람에 겨우 보전될 수 있었다. 한국 전쟁 동
안, 광화문의 2층 지붕이 전화(戰火)에 의해 파괴되었지만 1968년에 복원되어
근정전 앞에 있는 원래의 위치로 이전되었다. 현재 지붕 밑에 달려 있는 현판
에는 광화문이라는 이름이 한글로 적혀 있는데, 이는 당시에 광화문의 복원과
이전을 실현한 고 박정희 대통령의 친필이다.

한양 도성의 동북부에 있는 창경궁(昌慶宮)은 고려 왕조가 여름에 이용
하던 별궁으로, 1104년 최초로 건축한 것을 조선 왕조가 이어받아 1390년경

보수 공사를 하고 이름을 창경궁이라고 고친 것이다. 창경궁은 조선 왕조의 다른 궁궐들이 남향을 하고 있는 것과 달리 동향을 하고 있다는 특징이 있다. 일제 강점기에 창경궁 경내는 수리를 하지 않아서 무너져 버린 건물이 있었음은 물론, 일본식 건물들이 새로이 건립되기도 했다. 춘당대의 높은 언덕에는 박물관을 짓고 시민당 옛터에는 동물의 표본실을 건립하였다. 1915년 문정전 남서쪽 높은 언덕 위에는 장서각이라는 일본식 건물을 붉을 벽돌로 지었다. 더구나 창경궁 경내에는 식물원과 동물원이 각각 1907년과 1909년에 들어섰고, 궁궐을 의미하는 창경궁(昌慶宮)이라는 이름도 공원을 지칭하는 창경원(昌慶苑)으로 개칭되었다. 창경궁의 장소적 의미를 변질시키려는 일제의 의도는 여기에 그치지 않고, 경내에 벚나무를 많이 심어 마치 일본의 공원처럼 꾸미려는 행위로까지 이어졌다.

덕수궁은 세조의 손자가 거주하던 별궁으로 1400년대 중반에 최초로 건축되었으며, 구한말까지 경운궁(慶運宮)이라고 불리었다. 이때까지 경운궁은 동쪽으로 현재의 대한문, 서남쪽으로 현재의 예원학교 부근, 서북쪽으로 현재의 새문안교회 부근에 이르는 범위를 점유하고 있었다. 이러한 덕수궁은 1904년 대화재로 말미암아 건물 상당수가 파괴되었으며, 이곳 역시 한일합방 이후에는 급속하게 건물 부지가 다른 용도로 전용되었다. 즉 덕수궁의 부지 면적은 외국 영사관, 구미인의 저택, 개신교 교회 등에 의해 크게 잠식되었다. 시청 건물과 삼각형 모양의 시청 앞 광장은 또한 덕수궁의 부지를 잠식하고 들어선 것들이다. 덕수궁의 남쪽 벽에 위치하고 있던 대한문(大漢門)은 결국 덕수궁 동쪽 벽으로 이전되었는데, 실제로는 현재의 위치에서 시청 앞 광장 방면으로 더 나아간 지점에 있었다. 그후 대한문은 시내 교통에 장애가 된다는 이유로 현재의 위치로 다시 이전되어 지금은 시청 앞 광장을 향하여 서 있다.

한편 경희궁(慶熙宮)은 1616년 서대문 근처에 건설되었지만, 일제 강점기에 건물들이 전부 제거되고 그 자리에 일본인 학교가 들어섰다. 경희궁이 있던 자리에는 누에의 먹이가 되는 뽕나무가 많이 심어져 있다는 이유에서 외국인들은 이곳을 흔히 '뽕나무 공원'이라고 불렀다. 한일합방 이후 불과 몇 년 사이에 경희궁의 건물들은 철거되어, 서울 시내 다른 곳으로 이전되어 보전되거나 아니면 해체되어 다른 건물의 재료로 전용되었다. 조선 왕조의 5대 궁궐(경복궁, 창경궁, 덕수궁, 경희궁, 창덕궁) 가운데 일제 강점기에 가장 적게 파괴된 곳은 창덕궁(昌德宮)이다. 창덕궁은 1405년 경복궁의 부속 궁궐로 건축되었으며, 그 내부에 있는 비원(秘苑)이라는 정원은 오늘날까지 그 원형이 거의 보전되어 있다.

1885년 일본 수비대의 주둔 이후 서울 남쪽에는, 남산 기슭과 그 아래로 일본인 거주지가 꾸준히 성장하여 신도심을 형성하였다. 이곳에는 직선상으로 뻗은 도로에 지붕에는 회색 기와를 얹고 아담하게 꾸민 정원을 가진 1~2층의 왜식 목조 가옥들이 즐비하게 늘어서 있었다. 이 부근의 일본인 거주지에는 일본에서 사용되는 인명과 지명은 물론 현존하고 있던 일본인의 이름에서 따온 도로 명칭들이 적지 않았다. 이와 대조적으로 서울의 중앙과 북쪽과 동쪽의 구도심은 여전히 한옥이 밀집되어 미로들처럼 뒤엉켜 있었다. 이와 같은 한국인 거주지의 고유한 도로 명칭은, 한국인의 저항으로 일본식 도로 명칭으로 바꾸는 것이 불가능하였다.

1925년에는 서울역 역사 건물이 남대문 부근에 신르네상스 양식으로 완공되었다. 이 건물이 완공되자 건축의 규모와 화려함으로 남대문을 압도하였다. 그후 서울 역사 부근에는 단층의 한국인 상점, 2층의 일본인 상점, 2층 이상의 은행, 백화점, 우체국, 시청, 호텔 건물들이 들어섰다.

지금은 명동이라고 불리는 '혼마치(本町)'는, 일본의 도시에서 주축 도로를 일컫는 보통 명사를 그대로 가져다 붙인 것이다. 일제 강점기에 이 도로는 약간 휘어 있는 형태로 일본인 거주지를 동서 방향으로 관통하였다. 혼마치라는 도로변에는 일본의 여느 도시와 같은 모습으로 다층의 일본인 상점과 음식점들이 연이어 늘어서 있었다. 서울 서남부의 용산(龍山)이라고 불리는 교외 지역에는 전국의 철도 교통을 관리하는 본부뿐만 아니라 일본 육군의 사령부가 있었다. 이 교외 지역의 건물은 일본풍으로 되어 있었으며, 도로 명칭 또한 일본의 도시에서 빌려온 것들이 많았다.

일제는 도시 계획을 입안할 때 풍수 이론과 같은 한국 고유의 환경관을 의도적으로 무시하였다. 조선시대에는 도성이나 읍성의 동서남북 방향에 위치한 산들을 풍수 이론에 입각하여 신성한 것으로 여긴 나머지 사람들이 함부로 출입하는 것을 금지하였다. 하지만 일제는 이러한 풍수 사상을 무시해, 서울 주위의 산에 대한 민간인의 출입을 허용하기도 하고 건축을 허가하기도 하였다. 예를 들면, 일제는 서울의 동쪽에 위치해 풍수 이론상 청룡으로 인식되던 낙산(駱山) 기슭에 경성제국대학(京城帝國大學)을 1924년에 건립하였다. 또한 풍수 이론상 백호로 인식되던 서쪽 인왕산 기슭에는 일제에 의해 작위를 부여

그림 6-6

일제시대 조선신궁
일본 신사였던 이 건물의
입구에는 '도리' 라는 조형물이
있었으며, 그 밑으로 야간에 불을
밝히던 석등 한 쌍이 있었다.
현재의 남산식물원은 물론이고
안중근 의사 기념관과 백범
광장까지 일제시대 조선신궁
터로 이용되었다.

받은 한국인 귀족의 저택이 1915년 건축되었다.

　남쪽의 안산(案山)에 해당하는 남산은 그 부근에 일본인 거주지가 집중
되는 바람에 변형이 가장 많이 되었다. 남산의 서쪽 사면에는 조선신궁(朝鮮神
宮)이라고 하는 일본 천황을 위한 신사(神社)가 1925년에 건립되어 그 규모가
전국의 신사 중에서 가장 컸다.(그림 6-6) 이 신사와 그 부속 건물들은 완공이
되자마자 그때까지 울창한 소나무 숲으로 뒤덮여 있던 남산의 정경을 압도하
였다. 조선시대 남산 정상에는 목멱신사(木覓神祠)가 있었다. 이곳에서 조선 왕
조와 백성들은 합동으로 무속적 제의를 지냈다. 이 산신각에는 태조의 스승인
무학대사의 영정이 신위로 봉안되어 있었다고 한다. 일제는 남산을 일본인의
신성한 장소로 꾸미기 위하여, 1925년에 목멱신사를 남산에서 인왕산으로 이
전하도록 강압하였던 것이다. 당시 조선신궁은 부지 면적이 자그마치 12만
7,900여 평에 이를 정도로 드넓은 공간을 차지하였다. 그 범위는 지금의 남산
식물원을 중심으로 어린이 놀이터, 야외음악당, 구국립중앙도서관, 분수대까
지 포함하는 것이었다.

3. 조선시대 전주

출처: 李燦, 韓國의 古地圖, 汎友社, 1991, p. 276~277.

현재의 전주시는 노령산지의 줄기인 기린봉(271m), 고덕산(603m), 남고산(248m), 모악산(793m), 완산 칠봉(100~150m)에 의해 동쪽·남쪽·서쪽 방면으로 둘러싸인 분지에 자리 잡고 있다. 전라북도의 지형은 노령산지를 경계로 동부 산간지대와 서부 평야지대로 양분되는데, 전주시는 이러한 지형 구분의 점이지대에 위치하고 있다. 조선시대 전주 읍성이 자리 잡은 곳은 전주천 연변으로 남고산, 승암봉, 기린봉, 건지산을 포함하는 나지막한 구릉들로 둘러싸여 있었다.

전주시를 흐르는 하천으로는 만경강 상류의 지류인 전주천과 삼천천이 있다. 전주천은 노령산지의 남동쪽 분수령에서 발원하여 전주시 도심을 관통하며 북동 방향으로 흐른다. 삼천천은 노령산지의 서사면에서 발원하여 전주시의 남서부를 지나 서신동에서 전주천에 합류한다. 여기에서 전주천은 삼천천과 합류하여 추천이 되고, 추천은 삼례에서 고산천과 만나 만경강으로 유입한다.

전주시는 후백제의 도읍지가 된 다음부터 전국적인 요충지가 되었으며, 조선시대에는 전라감영이 소재하는 전라도의 중심 도시로 발전하였다. 여기서 '전주(全州)'라는 이름은 마한의 원산성(圓山城)에서 유래하였다고 한다. 원산(圓山)의 원(圓)은 '온'의 차자 표기이며, 백제시대에는 완산(完山)이라고 불리었다. 통일신라 경덕왕 16년(757년)에는 '완(完)'을 의역하여 '전(全)'으로 표기하고 완산주(完山州)를 전주(全州)라고 개명하였다. 이때 전주의 관할 구역은 1소경(남원경), 10군(郡), 31현(縣)을 포함하는 넓은 범위에 걸쳐 있었다.

백제가 멸망한 다음 통일신라는 통일신라의 행정 중심지를 익산(益山)에서 전주로 이전하였다. 통일신라 효공왕 4년(900년)에는 견훤이 후백제를 세우고 도읍을 광주에서 전주로 옮긴 다음, 전주는 40여 년 간 후백제의 수도였다. 고려 태조가 후백제를 멸망시킨 다음 전주에 설치한 안남도호부는 광종 2년(851)에 고부(古阜)로 이전되었다. 이때부터 전주는 성종 2년(983)에 목(牧)이 설치될 때까지 전국적인 요충지로서의 지위를 상실하였다.

조선시대 전주는 왕실(전주 이씨)의 본관이라는 이유로 중시되어 태조 원년에 완산유수부(完山留守府)를 설치하고 완산부윤(完山府尹)을 파견하였다. 조선 태종 3년(1403년)에는 완산부를 전주부로 개칭하고 전주부윤를 설치하였다. 이러한 전주부의 직할 구역은 『세종실록지리지(世宗實錄地理志)』에 4현, 2향, 2소, 4경이라고 언급되어 있듯이 행정 구역이 방대하였다. 조선시대 전주부는 전라도 관찰사가 주재하는 감영의 소재지로서 현재의 전라남도와 북도를 관할하였다. 1896년에 행정 구역이 13도로 개편됨에 따라 전주부는 현재와 같이 전라북도만을 관할하게 되었던 것이다.

현재의 전주시는 전라북도의 도청 소재지로서 한국의 곡창지대인 호남평야의 가장자리에 자리 잡고 있다. 특히 조선시대 이후에 전주시의 성장은 국가 전체의 발전과 깊은 관련성이 있다. 조선 왕조는 왕실의 성씨인 전주 이씨의 본관지라는 이유에서 전주부(全州府)를 중요한 장소로 간주하고 전라도 감영의 소재지로 삼았다. 그런 다음에 조선 왕조는 왕권을 상징하는 경관을 조성하기 위하여 전주의 도시 계획과 건설에 처음부터 남다른 관심을 가졌다.

조선 왕조 이전에 현재의 전주시 일대는 정치·경제적인 이유에서 중앙 정부로부터 특별한 관심을 받지 못했다. 통일신라 말기인 892년에 견훤은 완산주(完山州)를 세력 근거지로 하여 신라에 반기를 들고 일어나 후백제를 칭하였다. 그는 후삼국을 통일하여 완산주, 즉 현재의 전주시 일대에 국가의 수도를 설치하지 못하고 결국 고려군과의 전투에서 패하였다. 이에 고려 왕조는 후백제 세력의 근거지였다는 이유에서 전주 일대의 정치·경제적 성장을 감시하고 억제하는 정책을 폈던 것이다.

고려 왕조는 후삼국을 통일한 다음 전주의 행정적 지위를 격하시키는 데 그치지 않고 군사 기지마저도 철수하였다. 이런 국가의 의도적인 억제 정책에도 불구하고 이 일대는, 고려 후기부터 주위에 상당히 넓은 배후 지역을 가진 도시로 성장하였다. 조선시대에 들어서면서 왕조의 정치·경제적 지원과 배려로 마침내 전주부라는 행정적 지위로 승격되었던 것이다.

조선시대 전주부에는 수도 한양에서와 같이 유교 이념과 풍수 이론이 도시 계획에 지배적인 이데올로기로 투영되었다. 이때 전주부는 전주천(全州川)이라고 하는 하천의 북쪽 연안에 있는 평지에 성곽 도시의 형태로 건설되었다. 전주부를 에워싼 읍성의 전체적 윤곽은 근본적으로 장방형을 하고 있었으며, 성곽 내부의 건물과 도로는 동서 방향과 남북 방향으로 배열되어 있었다. 읍성 내부를 출입하는 정문은 동서남북 방향으로 하나씩, 도합 네 개가 설치되어 있었다. 이 네 개의 정문 중에서 풍남문(豊南門)이라고 하는 남문은 가장 중요한 것으로 규모가 가장 크고 장식이 가장 화려하였다.(그림 6-7)

풍남문은 1389년에 최초로 건립되었지만 그후 전란으로 소실되었으며, 현재 남아 있는 건물은 1768년에 읍성의 개축과 함께 재건축된 것이다. 도시 개발을 빙자한 일제 초기의 대대적인 철거 작업에서, 읍성 전체는 희생되었지만 다행히 풍남문만큼은 보전되었다. 풍남문은 석벽을 통과하는 원형의 출입

그림 6-7

조선 후기 전주부의 공간 구성
전주 읍성 내부의 토지 구획은
나침반의 동서남북 방향과
정확하게 일치하지는 않는다.
읍성 내부에서 가장 넓은
면적을 차지하고 있는 건물은
태조의 영정을 모신
경기전(慶基殿)이었다.

출처: 柳濟憲, 韓國近代化와 歷史地理學: 湖南平野, 정신문화연구원, 1994. p.75.

구에 두꺼운 목판으로 만든 문을 매달고 그 위로 총이나 활을 쏘는 구멍이 뚫린 석벽이 추가로 둘러쳐져 있는 형태를 하고 있었다. 그리고 이런 석벽 위로는 또 다른 석벽 안에 화려한 장식을 가한 2층의 문루가 목조로 건축되어 있었으며, 지붕 아래에는 풍남문이라고 쓰인 현판이 매달려 있었다. 풍남문 건물의 좌우 측면은 외부로 개방되어 있었는데, 여기에는 종각과 대포가 배치되어 있었다. 이처럼 웅장하고 화려한 모습의 풍남문은 백성들에게 전주부의 행정적 지위가 매우 높은 만큼 조선 왕조의 주인인 전주 이씨가 위대하다는 사실을 과시하는 것으로 이용되었다.(그림 6-8)

　네 개의 읍성 정문을 출발한 폭이 넓은 대로는 공공건물이 밀집되어 있는 도시의 중심으로 귀결되었다. 이런 대로를 연결하는 폭이 좁은 소로와 골목

그림 6-8

**조선 시대 전주부의 남문인
풍남문**
풍남문이라는 명칭은 중국 한(漢)
고조의 고향 이름에서 따온
것이다. 지금의 풍납문은
1768년(영조 44) 건립되었으며,
정면 3칸과 측면 1칸의 중층
문루에 팔작지붕을 하고 있다.

길은 서로 복잡하게 얽혀 불규칙한 도로망을 구성하였다. 풍수 이론에 따라 도시 중심에 접근하면서 불규칙하게 교차하는 곡선상의 소로들이 미로처럼 이어졌다. 풍남문을 출발하여 객사(客舍)에 도달하는 남북 방향의 대로는 거주 구역의 공간적 구획에 있어서 주축(主軸)으로 활용되었다.

객사(客舍)는 도시 내부의 북쪽에 자리 잡고 있는 까닭에 대칭적인 격자형 도로 형태를 교란시키고 있었다. 객사 건물은 왕명을 전달하기 위하여 전주부를 방문하는 중앙 관료들이 묵는 곳이었다. 전라도 관찰사는 여기에서 중앙에서 파견된 관료들을 영접하고 그들을 통하여 왕명을 받았다. 객사에는 왕권을 상징하는 위패가 봉안되어 있었으며, 이 위패 앞에서 관찰사는 한달에 두번씩 유교적인 제례를 지냈다. 이런 객사는 전주 읍성 내부에서 왕권을 상징하는 건물 가운데 가장 중요한 것이었다. 전주 객사가 수도 한양의 경복궁과 같이 도시 내부의 중앙 이북에 건립된 것은 아마도 이러한 이유 때문이었을 것이다. 객사 건물 본체와 그 부속 건물들은 전주부의 공공건물 중에서 가장 넓은 부지를 차지하고 있었다. 그리고 풍수 이론에 따르면 전주부에는 자연 상태의 진산(鎭山)이 없으므로 객사의 배후에 나지막한 조산(造山)을 인공적으로 만들었다고 한다.

읍성 내부의 중앙 이북에는 객사 건물 본체와 그 부속 건물들을 제외하면 다른 용도의 공공건물이나 개인 가옥들이 거의 없었다. 북서부 구역에는 화약고가 있었고, 북동부 구역에는 옥(獄)이 있었다. 이와 대조적으로 남부 구역은 전체적으로 공공건물과 개인 가옥들이 밀집되어 있었다. 서남부 구역에는 전라감영을 비롯하여 영청(營廳), 선청(扇廳), 작청(作廳) 등이 있었다. 동남부 구역에는 전주부영(全州府營)을 비롯하여 작청, 경기전(慶基殿), 조경묘(肇慶廟) 등이 있었다. 이중 경기전(慶基殿)은 유교적 양식의 건축물로 동남부 구역의 모서리를 전부 점유하고 있었으며, 전주부가 조선 왕조의 주인이 되는 전주 이씨의 발상지라는 사실을 상징하고 있었다.(그림 6-9) 태조가 1408년에 서거했을 때, 그의 둘째 아들인 태종은 1410년에 태조를 추모하기 위하여 그의 영정을 봉안한 경기전을 전주부에 건립한 것이다. 태조는 전주 이씨의 22대손이고, 그의 조상들은 1대 이한(李翰)부터 19대 목조(穆祖)까지 전주부에 거주하였다

고 한다. 태종은 이러한 역사적 사실에 근거하여
조선 왕조를 개창한 태조의 영정을 봉안하는 어용
전(御容殿)을 전주부에 유교적 양식으로 건축하기
로 하였던 것이다. 경기전은 담으로 둘러싸여 있
었고, 그 주위에는 나무들이 우거져 울창한 숲을
구성하고 있었다. 이러한 경기전 내부는 태조의
영정을 봉안한 사당과 다른 부속 건물들로 구성되
어 있었다.

　　또한 조경묘라고 하는 유교적 제단이 1771
년(영조 47년) 경기전 북쪽으로 인접한 위치에 건
립되었다. 여기에는 전주 이씨의 시조인 이한과
그의 부인 경주 김씨의 가묘가 나지막한 구릉 사
면에 조성되었다. 이 봉분 주위를 둘러친 담 안으
로는 이들의 위패를 봉안한 조그마한 사당이 건축
되었다. 이러한 조경묘는 경기전에 비해 부지 면
적은 작았지만 경기전과 같이 울창한 숲으로 에워
싸여 있었다.

　　경기전이 읍성 내부의 동남부 구역에 위치
하고 있는 것은 『주례고공기』에 언급되어 있는 좌
묘우사의 원리에 따른 결과로 보인다. 이 구역에
는 원래 전주 향교가 있었는데, 1410년 경기전이

그림 6-9
조선 후기 전주부의 고지도
이 고지도에는 수목으로 둘러싸인
경기전과 객사가 실제 크기보다
많이 과장되어 있다.

건립되면서 이웃하게 되었다. 그런데 이곳 유생들의 글 읽는 소리가 경기전에
모셔 있는 전주 이씨 조상들의 영혼을 시끄럽게 한다는 불평을 듣고는 전주 향
교를 읍성 바깥으로 이전하였던 것이다. 향교 건물들은 대부분 읍성 남쪽 바깥
으로 1479년에 이전되었지만 대성전(大成殿)만큼은 1603년까지 원래의 위치
에 여전히 남아 있었다. 대성전에는 공자 이외에도 49인의 유교 성현들의 위
패가 봉안되어 있었는데, 이 건물도 결국에는 향교의 다른 건물들이 이전한 곳
으로 옮겨갔다. 이와 같이 전주부에서 향교가 경기전에 밀려 읍성 바깥으로 이
전한 사실은 전주부에서 태조의 정치적 권위가 공자의 사회적 지위를 능가하
였다는 것을 암시한다.

　　상공업 활동은 읍성 내부에서 어느 정도 한곳에 집중하는 경향을 보였

다. 상업 활동은 남문에서 도시 중앙에 이르는 대로변에서 가장 활발하였다. 유기류(鍮器類)를 제조하여 판매하는 이른바 주석방(朱錫房)은 객사로부터 북문에 이르는 대로변에 모여 있었고, 귀금석을 가공하여 판매하는 금은방은 객사로부터 서문에 이르는 대로변에 집중하여 있었다.

읍성 외부에서 상업 활동의 주요 무대가 되는 장시는 1700년대 중반까지 동서남북에 있는 읍성의 4개 정문 앞에 각각 하나씩 도합 4개가 개설되었다. 조선 후기에 이르러 북문과 동문 앞에 섰던 장시가 폐쇄된 결과 전주부의 장시는 남문과 서문에 각각 하나씩 도합 2개가 남았다. 이중에서 남문 앞에 서던 장시는 시장 규모가 크고 판매 활동이 또한 활발하였다. 읍성의 남쪽 바깥으로 전주천 너머에 있는 교외 지역에는 공천(公賤), 노비, 장인(匠人), 상인들이 거주하였다. 이곳에 사는 노비와 장인들은 매일 남문을 통하여 읍성 안에 있는 관아(官衙), 작청, 선청 등지로 출입하였다. 특히 선청에서 왕궁에 진상할 부채를 제작하는 일에 종사하는 장인들은 대다수가 여가를 이용하여 자기 집에서 부채를 만들어 시장에 판매하였다.

4. 일제 강점기 전주

1895년 을미개혁에 의해 전주부의 직할 구역은 읍성 내부의 4개 면과 외부의 27면을 합쳐 총 31면으로 대폭 축소되었다. 1896년 전국은 13도로 개편되고, 전라도는 전라남도와 전라북도로 분할되었다. 한일합방이 되는 1910년에는 전주부에 전라북도 도청이 설치되었지만, 전주부의 행정적 지위는 전주군으로 격하되었다. 즉, 읍성 내부 4개 면은 전주면이 되고, 외부의 17개 면은 전주군이 되었던 것이다. 1914년에 전국적으로 행정구역의 통폐합이 단행되었을 때에도 전주면은 변함없이 전주면으로 남아 있다가, 1931년에 마침내 전주읍으로 승격되었다.

1935년에는 전주읍이 전주부로 승격되면서 전주군에서 완주군이 분리되었으며, 이때 전주부의 인구는 4만 2,000명이었다. 광복 이후 1949년에는 전주부가 전주시로 개편되어 오늘에 이르고 있다. 광복 직후 전주시의 인구는 약 8만 명이었지만, 그후 지속적으로 증가하여 1989년에는 50만 명을 넘어섰다. 1899년 군산이 개항되고 전주와 군산을 잇는 전군가도(全群街道)가 개통되면서 전주의 시가지는 전주천 골짜기에서 전군가도를 따라 북서쪽으로 길게 확장되었다. 1981년에는 시가지를 관통하던 전라선 철도와 함께 철도역이 도시 북쪽 외곽으로 이전되면서 새로운 철도역 방향으로 시가지가 확장되었다. 최근에는 삼천천 연변에 대규모의 아파트 단지들이 건설되고 있지만 도심부는 여전히 상가와 주택이 혼재하는 전통 도시의 모습을 간직하고 있다.

전주시는 전라북도의 중심부에 위치하여 동부 산간지대와 서부 평야지대를 연결하는 교통의 중심지이다. 1960년대까지 호남선 철도가 전주시를 벗어나 이리시를 경유하였기 때문에 외부에서 전주시로 접근하는 교통이 다소 불편하였다. 지금은 호남고속도로가 전주시를 통과하고 있으므로 전주시에 대한 접근성이 많이 향상되었다. 또한 전주시를 중심으로 8개 방향의 국도와 지방도가 군산, 김제, 정읍, 남원, 진안과 같은 전라북도의 각 시·군을 연결하고 있다.

전주시는 전통적으로 상업과 교육 기능이 탁월하지만 오늘날에는 공업 기능도 강화되고 있는 중이다. 일제 강점기에는 도심부에 연초 제조 공업과 방직 공업이 발달하기는 하였지만 그 규모가 별로 크지는 못했다. 1967년 팔복동에 조성된 전주공업단지가 전주시로서는 최초의 대규모 공업단지였다. 이 공업단지는 1987년에 제2공업단지가 추가로 조성되면서 제1공업단지로 명칭이 변경되었다. 오늘날 전주공업단지는 식품과 제지 공업이 특화되어 있는데, 그중에서 제지 공업은 각종 인쇄용지를 생산하여 전국 각지에 공급한다.

한일합방(1910) 이전부터 전주 읍성 내부에 있는 조선 왕조의 공공 건물들은 철거되고, 그 자리에 학교, 우체국, 은행, 병원, 경찰서 등과 같은 근대적 건물들이 건축되었다. 일제는 전라도 감영을 헐어버리고 그 자리에 전라북도 도청과 그 부속 건물들을 지었다. 읍성 성벽은 또한 도시 외곽을 순환하는 도로의 폭을 넓힌다는 명분으로 철거되는 운명을 겪었다. 읍성은 오랫동안 왕권을 상징하는 경관의 하나였으므로 일제에 의한 읍성의 철거는 묵시적으로 조선 왕조의 종말을 의미하는 것이었다. 조선시대에 읍성은 지배층과 피지배층을 분리하는 물리적 장벽에 그치지 않고 심리적(정신적) 장벽으로 작용하였다. 또한 한일 합방을 전후로 한 시기에 전주부의 주민들은 읍성을, 일제의 침입을 막아주는 장벽으로까지 여기는 경향이 있었다.

1907년 전주 읍성의 철거가 공식적으로 발표된 후, 제거 작업은 순식간에 완성되어 1911년에는 읍성 전체가 완전히 자취를 감추었다. 서울의 도성은 1907년부터 1908년까지 철거되었고, 대구의 읍성은 1906년부터 1907년까지 철거되었다. 이 기간에 전주부에서 철거된 읍성의 잔해들은 연못과 습지를 메우거나 근대적 건물을 짓는데 이용되었다. 현재의 경기전 입구에 천주교 교단에서 전동 성당을 로마네스크 양식으로 건축할 때 사용한 건축 재료는 전주 읍성의 서쪽 부분에서 가져온 것이었다.(그림 6-10)

1907년 이후 개항기에 조계지였던 군산시과 전주부의 서문을 연결하는 신작로가 개설되는 한편, 서문에서 남문에 이르는 도로는 폭이 확대되었다. 서

그림 6-10

전동 성당
전동 성당은 전주시 전동(殿洞)에서 천주교 신자가 순교한 터에 서양식 근대 건축 양식으로 1914년에 준공되었다. 이는 비잔틴 양식과 로마네스크 양식을 절충한 건물로 한국에서 가장 아름다운 성당 건축물의 하나로 꼽힌다.(왼쪽) 화강암을 기단으로 한 건물 벽면은 붉은 벽돌이 사용되었다. 내부는 둥근 천장으로 구성되었으며, 기단부(오른쪽)는 전주 읍성을 해체할 때 나온 성벽 벽돌들이 건축 재료로 이용되었다.

문과 남문 사이의 도로변에는 일본인 상공업 종사자들이 들어와 상점과 주택을 통합한 2층 건물을 많이 지었다. 이 도로는 오늘날 다가동이라고 불리는데, 지금까지 그때 일본인들이 지은 서양식 또는 일본식 건축물들이 상당수 남아 있다. 하지만 일제 초기만 하여도 남문인 풍남문에서 도시 중앙에 이르는 도로변만큼은 한국인 상점들에 의해 점유되어 있었다.

일제는 도로를 직선으로 고치고 폭을 넓힐 때 도로 건설에 장애가 되는 건축물들은, 역사·문화적 보전 가치를 전혀 고려하지 않고, 무조건 철거하는 경향이 있었다. 남문에서 도시 중심에 이르는 도로는 1914년에 북쪽 방면으로 더욱 확대되었으며, 이때 객사 건물 일체를 포함한 공공건물들이 거의 대부분 헐렸다. 또한 동서 방향의 간선 도로는 직선으로 교정되어 남북 방향의 간선 도로와 수직으로 교차하였다. 1920년대에는 전주부 전체가 남북 방향의 도로들과 동서 방향의 도로들이 수직으로 교차하는 격자 모양의 도로 형태를 갖추었다.

조선시대 전주 읍성 내부는 왕권과 관련하여 유교적 이념을 담고 있는 건축물들이 들어차 있었다. 일제 강점기에 이런 건축물들은 전체가 철거되기도 했지만, 일부가 철거되는 경우 그 건축 부지는 다른 용도에 의해 잠식되었다. 이처럼 일제에 의해 건물 부지가 전도된 경우로 대표적인 것은 객사를 비롯하여 전주부영, 전라도감영, 경기전 등이 있다. 일제가 1921년 전라도 감영을 헐고 그 자리에 전라북도 도청 건물을 르네상스 양식으로 지으면서, 건물 일체가 철거된 것은 물론 건축 부지 자체가 절반으로 축소되었다. 풍락헌(豊樂軒)이라고 불리는 전주부영을 1934년 철거하고, 그 자리에 르네상스 양식의 전주부청 건물을 지을 때에도 전주부영의 부지는 전체 면적의 1/10로 축소되었다.

1911년 풍남문과 경기전 사이에 있는 읍성 성벽을 헐고 신작로를 개설할 때 경기전의 건축 부지의 동쪽 부분이 잘려져 나갔다. 또한 경기전의 서쪽 부분은 전주여자소학교(지금의 중앙초등학교)라는 일본인 초등학교를 위한 건축 부지로 전용되었다. 그 결과 조선시대에 상당히 넓은 범위를 차지한 경기전의 부지 면적이 일제 강점기에 들어서는 절반 가까이 축소되었다. 조선시대에는 경기전과 같이 왕권의 절대적 권위를 상징하는 신성한 장소에 초등학교와 같은 세속적인 건물이 들어선다는 것은 전혀 상상도 할 수 없는 일이었다. 따라서 일제가 경기전의 건물을 훼손하고 건축 부지를 잠식한 행위의 이면에는 조선 왕조의 권위를 상징하는 경관을 해체하려는 의도가 숨겨져 있었던 것이다. 일제에 의한 풍수적 경관의 물리적 파괴는 한국인들의 마음속에 존재하는 특별한 장소 의식을 말살시키는 행위와 다름이 없었던 것이다.

　1912년 전주부에 거주하는 한국인들이 호남선이 전주부를 통과하는 당초의 계획을 강하게 반대하였기 때문에, 서대전 이남의 호남선 노선은 불가피하게 현재의 익산시를 거치게 되었다. 하지만 1929년에는 현재의 익산시를 출발지로 하여 현재의 순천을 종착지로 하는 전라선이 전주부를 통과하도록 건설되었다. 이런 전라선의 역사(驛舍)는 북문이 있었던 위치에서 더 북쪽으로 나아간 지점에 건축되었다. 이에 따라 남북 방향의 간선 도로가 전주역까지 연장되고 이 도로변으로 일본인 사업가와 상인들이 대거 몰려들었다.(그림 6-11)

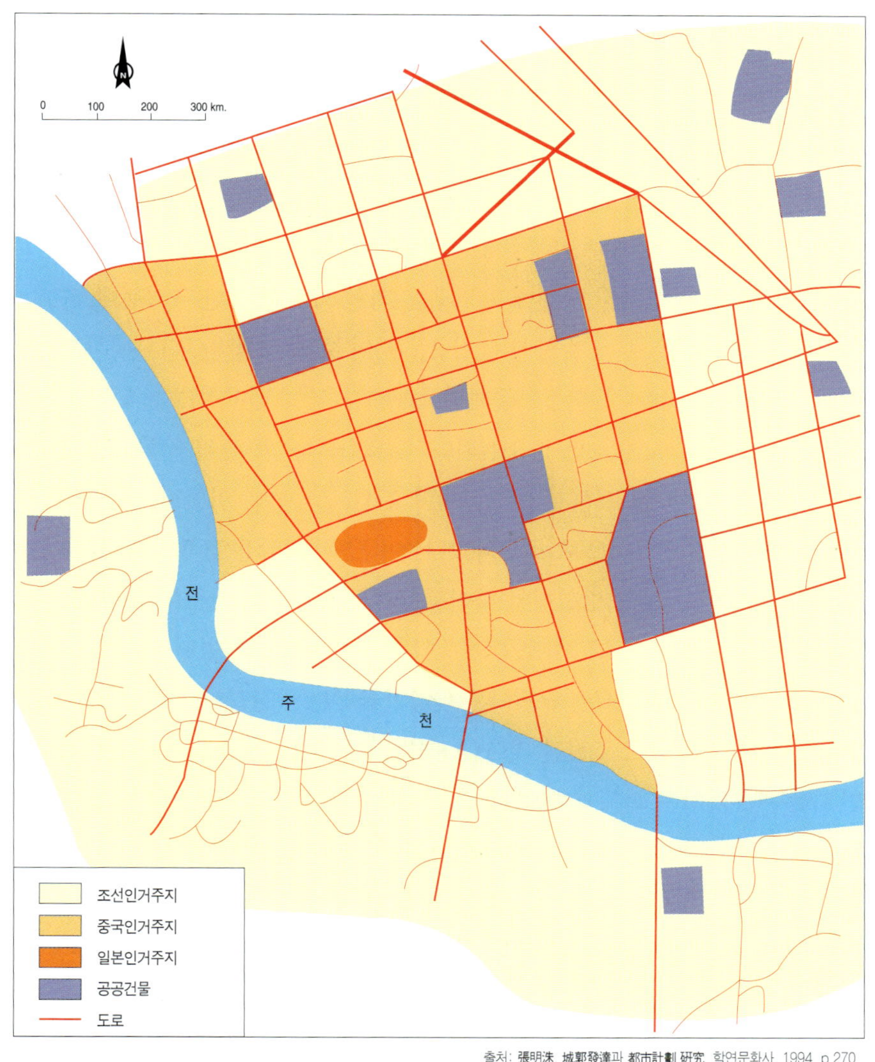

출처: 張明洙, 城郭發達과 都市計劃 硏究, 학연문화사, 1994, p.270.

그림 6-11
일제 강점기 전주부의 공간 구성
1919년 전라선이 개통된 후 일본인들은 한국인들에 의해 점유되어 있었던 도시의 중심부로 거주지를 확대하였다.

이곳의 일본인 상점들은 대부분 2층을 넘지 않는 목조 건물로 지붕은 일본식 기와로 덮여 있었다. 하지만 전라북도 도청과 같은 공공건물의 건축에는 화강암과 같이 단단한 석재가 콘크리트나 시멘트와 함께 이용되었다. 은행, 학교, 백화점 등은 대부분 상자 모양의 벽돌로 차곡차곡 쌓은 건축 형태를 하고 있었다. 이런 석조 건물들은 건축 양식에 있어서 유럽식이나 미국식 양식에 일본식 양식이 약간 가미된 양상을 띠고 있었다.

조선시대 전주부에서는 풍수 이론에서 언급하는 이상적인 형국을 조성하기 위하여 전주 읍성의 북쪽으로 안과 바깥으로 연못을 파고 그 주위에 나무를 심었다. 풍수 이론에 따르면 전주부는, 북쪽으로 지세가 평탄하고 외부로 개방되어 있는 탓에 불길한 기운이 감돈다는 것이다. 실제로 전주부를 에워싸고 있는 산세가 동북 방향으로는 뻗어나가지 않고 있기 때문에 전주부의 지세는 동북 방면으로 활짝 열려 있다. 하지만 이러한 풍수적 해석도 따지고 보면 겨울에 북서풍이 강하게 불어올 때, 만일 화재가 동북 방면에서 발생한다면, 그것이 남쪽 방향으로 번지는 것은 시간 문제라는 현실적인 이해를 기저에 깔고 있는 것이다.

1767년 겨울 북서 방면에서 발생한 대형 화재가 강한 북서풍에 타고 순식간에 남쪽 방향으로 옮겨 붙어 민가 1,000여 호를 태워버렸다. 이 사고가 일어난 지 3년이 지난 1796년에 둘레가 100m가 되는 현무지(玄武池)라고 하는 연못이 전주부의 동북 방면에 조성되었다. 또한 북서부 교외 지역에는 진북사(鎭北寺)라고 하는 불교 사찰에 산신각이 건립되었으며, 이곳에는 '숲정이'라고 불리는 숲이 인공적으로 조성되었다. 이 숲은 지금은 흔적조차 남아 있지 않지만, 당시에는 북쪽 방면에서 불어오는 바람으로부터 전주부를 현실적으로든지 아니면 가상적으로든지 보호하는 역할이 부여되어 있었던 것이다.

이러한 연못과 숲은 풍수 이론에서 언급하는 이상적인 형국을 만들기 위한 이른바 비보책으로 조성된 것이다. 사람들은 풍수 이론에 근거하여 북쪽 방면으로부터 닥치는 화재와 바람과 같은 자연 재해가 북서부 교외 지역에 피해를 가져다 줄 가능성이 있다고 염려하였다. 그들은 숲 속의 나무들이 북풍을 차단하고, 연못의 물이 불을 꺼줄 것이라고 기대하였다.

하지만 일본인들은 자기들이 평소에 가지고 있는 장소 의식을 전주부에 재현시키기 위하여 도시 개발에 있어서 풍수 이론을 거의 무시하였다. 우선적으로 일본인들은 전주 읍성 내부에 있는 연못과 소택지들을 모두 메워 농경지로 전환시켰다. 객사 뒤쪽에 풍수의 형국을 보완하는 비보책의 일환으로 인위적으로 흙을 쌓아 만든 조산(造山)은 일제에 의해 완전히 제거되었다. 북서부 교외 지역에 있었던 비보림도 정부의 무관심에 따른 관리 소홀로 인하여 흔적도 없이 소멸되었다.

현재의 전주시에 그나마 지금까지 남아 있는 풍수적 경관은 오직 덕진지(德眞池) 하나뿐이다. 전주시 북서쪽에 잘 보전되어 현재까지도 시민들의 유원지로 이용되고 있다. 일설에 의하면 덕진지는 원래 풍수의 비보책으로 판 연못이 아니라 지금부터 1,100년 전에 요새를 방어하는 참호로 건설되었다고 한다. 이는 덕진지가 조선 후기에 이르러서야 사람들에 의해 풍수적 비보 경관으로 재해석되었다는 것이다.

5. 조선시대 경주

경주시는 2000년 현재 인구가 29만 480명으로, 북동쪽으로 포항시, 서쪽으로 영천시, 청도군, 남쪽으로 울산광역시와 울주군, 동쪽으로 동해에 면하여 있다. 이러한 경주시는 동해안과 서부 산지의 일부를 제외한 전역이 형산강 유역에 자리 잡고 있다. 형산강은 폭넓은 구조곡을 따라 북쪽으로 흘러가면서 경주에서 대천과 남천과 차례로 합류한다. 형산강은 안강읍(安康邑)에 이르러 북쪽에서 흘러오는 기계천과 합류하고 동쪽으로 유로를 바꿔, 짧은 협곡을 통과하여 동해 영일만에 이른다. 형산강이라는 이름의 근원이 되는 '형산(257m)'이란 이 협곡의 남쪽에 위치한 산을 일컫는 것이다.

형산강 유역 분지는 단층 작용에 의해 형성된 구조곡으로 전체적인 모양이 북쪽 방향으로 길다. 이 유역 분지 서쪽으로 뻗은 태백산지의 주능선은 해발 700~800m에 도달하는 부분이 있기는 하지만, 경부고속도로가 통과하는 대천과 금호강의 지류인 북안천 사이는 분수계의 고도가 해발 약 100m로 낮아진다. 더구나 포항-영천을 잇는 도로는, 고도가 해발 195m에 불과한 사치재를 통과하므로 경주시와 대구시를 왕래하는 것은 예로부터 쉬웠다. 형산강 유역과 동해안 사이에는 토함산(745m)을 비롯하여 해발 700m 내외의 산지가 있지만, 형산강 협곡이 통과하고 남천과 동천 사이에는 분수계의 고도가 해발 75m 정도에 불과하다. 때문에 경주가 자리한 형산강 유역과 울산이 있는 동해안을 오가는 교통은 예부터 별다른 어려움이 없었다. 이처럼 경주시는 주위에 높은 산지로 에워싸여 있으면서도 낮은 고개를 통한 접근 통로가 있어, 방어와 교통에 모두 유리한 지형조건을 갖추고 있었다.

형산강 본류와 그 지류들은 구배가 완만해, 그 유역에 경주평야와 안강평야와 같은 충적평야가 발달하였다. 경주평야는 신라의 서라벌에 해당하며, 이곳에는 형산강 지류인 대천과 남천 및 형산강 본류가 흐르고 있다. 경주평야의 고도는 해발 35m 내외이고 분지의 주변 산지는 해발 200~300m에 불과하다. 신라시대에 금성(金城)이라고 불린 경주시는, 경주평야의 평탄한 지면에 대도시로 발달하였다. 이때 경주시의 가로망은 직각으로 교차하는 형태로 구획되었으며, 시가지는 이러한 도로 구획을 토대로 계획적으로 조성되었다고 한다.

신라의 서라벌 또는 금성이라는 명칭이 경주(慶州)로 변경된 것은 고려 태조 18년(935년)이다. 조선시대에 들어서 태종 15년(1415년)에는 경주가 경주부(慶州府)로 개칭되었고, 경주부윤(慶州府尹)은 경상도의 병마절제사를 겸직하게 하였다. 선조 34년(1601년) 경상도의 감영이 대구도호부로 이관된 다음에는 경주부의 행정적 지위는 크게 격하되었다. 고종 32년(1895년) 23부제가 실시되면서 경주부는 경주군으로 개편되고, 1931년 4월에는 경주면이 경주읍으로 승격되었다. 1955년에는 경주읍이 경주시로 승격되었으며, 1995년 1월 경주시와 경주군이 합쳐 통합시가 되었다.

경주시는 신라의 천년 고도로 오늘날 한국에서 가장 중요한 역사문화 도시로 간주되고 있다. 유네스코는 이러한 경주시를 세계의 10대 고대 문화 도시 가운데 하나로 선정하였다. 하지만 오늘날 전해지는 신라 왕국의 유물과 유적들은 옛날 상태 그대로가 아니라 석조 건축물과 예술품 일부와 신화·전설에 불과하다. 현재의 경주시와 그 주위에는 수백기의 고분을 제외하면 사찰 터, 궁궐 터, 삼림의 잔재, 탑, 석조 예술품 등이 남아 있을 뿐이다.

1세기 이전에 사로 또는 서라벌이라고 하는 성곽 도시가 성장하여 부족연맹체의 중심지가 되었다. 이 부족연맹체는 신라라고 하는 국가로 발전하는 과정에서 박(朴), 석(昔), 김(金)의 세 성씨가 왕족으로 성장하였다. 3세기경에 사로는 금성(金城)이라는 이름이 부여되었고, 신라가 멸망한 다음 고려시대에 경주(慶州)라는 이름으로 변경되었다. 삼국 통일 후에 통일신라가 250여 년 간 평화와 번영을 누리는 동안 경주는 여전히 한 나라의 수도로 성장하였다. 이 기간에 통일신라는 문화부흥을 경험하였고, 현재의 경주시 또한 경제적으로나 문화적으로나 더욱 성장할 수 있었다.

900년대 초반부터 멸망의 길에 접어든 통일신라는 920년경에는 자기 영토에 대한 통치 능력을 거의 상실하였으며, 통일신라가 소유한 영토의 상당한 부분이 후백제와 후고구려로 넘어갔다. 왕건은 통일신라의 항복을 받고 곧이어 후백제를 정복하면서 마침내 삼국을 다시 통일하였다. 그는 새로운 통일 왕조의 이름을 고려 왕조라고 명명하고, 수도를 한반도의 중서부에 위치한 개경(현재의 개성)에 설치하기로 하였다. 이때 통일신라의 수도인 금성은 행정적 지위가 경상도의 수부(首府)로 전락하였을 뿐만 아니라 명칭 또한 경주로 변경되었다. 이러한 경주의 행정적 지위는 조선시대 후기에 경상도 감영이 현재의 대구시로 이전될 때까지 변함없이 유지되었다.

고려시대에는 아마도 신라 왕조의 권위를 대변하는 경관이 고려 왕조를 상징하는 경관으로 대체하는 현상이 일어났을 것으로 추정된다. 하지만 현재의 경주시에 남아 있는 경관들 가운데 고려시대에 조성된 것은 거의 없기 때문에 이러한 추정을 입증할 만한 증거를 찾기는 어렵다. 다만 현재, 고려시대에 축조된 읍성의 일부가 가까스로 남아 있을 뿐이다.(그림 6-12) 경주 읍성은 1012년에 처음으로 축조되었고, 조선시대에 들어서 여러 차례 개축되었다고 한다. 하지만 조선 왕조는 고려 왕조가 건설한 경주의 도시 구획에 약간의 변

경을 가한 채 거의 그대로 이어받았던 것으로 보인다. 그 결과 조선시대에 경주부의 도로 형태는 근본적으로 고려시대와 유사한 격자 모양에 가까웠으며, 중요한 공공건물들 또한 고려시대와 같은 위치에 자리 잡고 있었던 것으로 보인다.(그림 6-13)

조선시대의 지배층은 피지배층에게 유교적 이데올로기(이념)를 전도하고 왕권의 절대적 권위를 과시하기 위하여 경주부의 경관에 자신들의 도상(圖像)을 투영하였다. 이들은 전혀 새로운 경관을 창조하기보다는 신라시대로부터 전해 내려오는 경관을 자신들의 시각에서 재해석하려는 시도를 하였다. 지배층은 역사적 경관에 자신들의 이데올로기와 상징적 의미를 부여함으로써 피지배층으로 하여금 새로운 장소 의식(sense of place)을 수용하도록 강요하였다. 그들은 유교적 이데올로기에 의한 교화를 통하여 자신들의 장소 의식을 불어넣음으로써 피지배층으로 하여금 지배층에 의한 지배에 순응하는 훈련을 시켰던 것이다.

조선 후기에 그려진 채색 지도에 집경전(集慶殿)이라는 사당 건물이 경주 읍성 내부의 동북부 구역을 거의 점령하다시피 하고 있다. 이 지도에 따르면 집경전은 비각(碑閣), 석실(石室), 홍살문으로 구성되어 있고, 그 주위는 울창한 숲으로 에워싸여 있다. 비각은 석실 앞에 배치되어 있고 비각 앞으로는

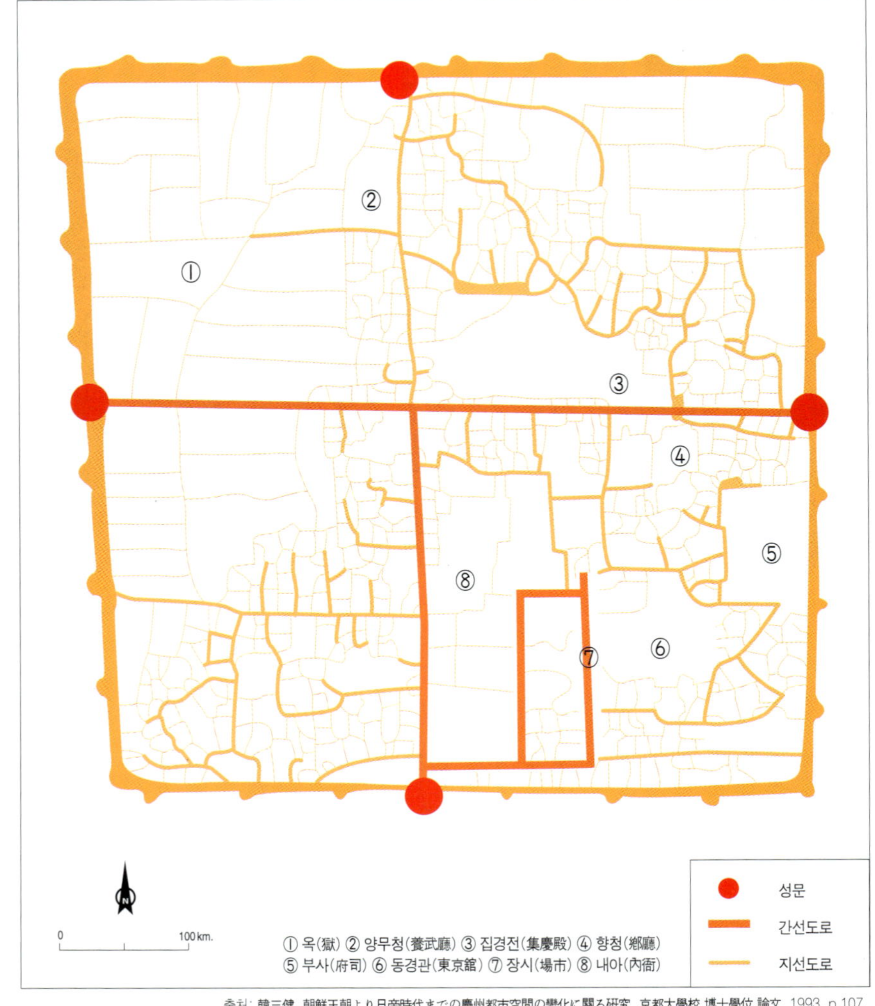

출처: 韓三健, 朝鮮王朝より日帝時代までの慶州都市空間の變化に關る研究, 京都大學校 博士學位 論文, 1993, p.107.

홍살문이 서 있다. 조선 왕조는 석실에 태조의 영정을 봉안하기 위하여 유교적 건물들을 지어 이 일대를 신성한 장소로 만들었던 것이다.(그림 6-14)

통일신라시대에는 이 근처에 집경전이라고 불리는 이궁(離宮)이 건립되어 있었지만, 조선시대에는 대부분의 건물이 없어지고 오로지 석실만이 남아 있었다. 태조가 승하한 다음 그의 아들 태종은 태조의 영정을 이러한 석실에 봉안하고 그 주위를 성지(聖地)로 만들라는 명령을 내렸다. 하지만 임진왜란 때에는 태조의 영정이 다른 곳으로 옮겨지고, 이 일대는 특별한 의미가 없는 일상적인 장소로 전락하였다. 그후 집경전 일대는 원상 복구할 기회를 전혀 가지지 못한 채 조선 후기를 맞았다.

정조(1752~1800)는 이러한 정황을 보고받고 '集慶殿舊基(집경전구기)'라는 문구를 새겨 넣은 비석을 석실 앞에 건립하라는 명령을 내렸다. 전해 내려오는 이야기에 따르면, 이 비석에 새겨진 글자는 정조의 친필이라고 한다. 정조는 친필로 새긴 비석과 이것을 보호하는 비각을 세움으로써, 집경전이 조선 왕조를 개창한 태조를 추모하는 장소였다는 것을 되살리고자 하였다. 그는 이러한 비각의 건립을 통하여 현재의 장소 의식을 옛날의 장소 의식으로 대체하고자 하였던 것이다.

그림 6-14

경주시에 있는 통일신라시대의 석실

일제 강점기에 집경전이라는 조선 왕조의 성지는 대부분 세속적인 건물들에 의해 잠식되었다. 지금은, 다른 건물은 모두 소멸되고 석실만이 불완전한 형태로 남아 있을 뿐이다.

고려시대에는 왕조와 관련된 장소 의식을 창조하기 위하여 풍수 이론과 불교를 적극적으로 활용하였다. 이와 대조적으로 조선시대에는 왕조를 상징하는 도상과 경관을 조성할 때 유교적 이념을 가장 많이 적용하였다. 고려시대에는 도시 경관 조성에 있어서 가장 중요한 근거가 풍수 이론이었지만, 조선시대에는 유교적 관념이었다. 때문에 조선시대 신라 왕족의 분묘들은 때때로 풍수뿐만 아니라 유교적 이념을 표현하는 물질적 수단으로 이용되었다.

18세기부터 19세기까지 조선 왕조는 신라의 왕릉 주위에 유교적 사당을 건립하는 경향을 보였다. 1723년 조선 왕조는 오릉(五陵)이라고 불리는 신라 왕릉의 무리 앞에 신라의 초대 왕 박혁거세의 위패를 봉안하는 성덕전(聖德殿)을 건립하였다. 이곳에는 혁거세 왕과 그의 부인 아령 왕비를 비롯하여 남해왕, 유리왕, 파사왕 등과 같이 박씨 성을 가진 신라 왕들이 묻혀 있다고 한다. 성덕전에서는 조상 숭배를 위한 유교적 제의가 일년에 두번씩 정기적으로 거행되었다.

그림 6-15

경주시에 있는 대릉원

대릉원이란 조선시대 경주 읍성의 남쪽에 위치하고 있었던 신라 왕족의 분묘군을 일컫는 현재의 명칭이다. 이 분묘군은 오늘날 예외적으로 공원으로 개방되어 일반인의 접근이 허용되어 있다.

1888년에는 현재의 대능원 서쪽으로 김씨 성을 가진 신라 왕 세 명을 조상으로 추모하는 유교적 제의를 지내는 숭혜전(崇惠殿)이 건립되었다.(그림 6-15) 이곳은 신라의 마지막 임금인 경순왕의 영정만이 봉안되어 있었기 때문에 경순왕전(敬順王殿)이라고 불렸다. 나중에 미추왕과 문무왕의 위패들이 추가되면서, 그 이름이 유교적 의미로 충만한 숭혜전으로 변경되었다고 한다. 당시 숭혜전 내부에는

두개의 사당 건물이 건립되어 있었다. 첫번째 건물에는 김씨 성을 가진 사람으로 최초로 왕위에 오른 미추왕, 삼국의 통일을 완성한 문무왕, 신라의 마지막 임금인 경순왕의 위패들이 봉안되었다. 두번째 건물에는 경주 김씨의 시조로 알려진 알지의 위패가 봉안되었다.

자연신을 섬기는 제단들은 주로 산 속에 위치하고 있었을 뿐만 아니라 국가에 의해 무시되는 바람에 그 대다수가 소멸되는 운명을 겪었다. 더구나 사람들은 유교적 제의를 지내는 제단이나 사당을 접근이 어려운 산간 오지에 건립하는 것을 꺼렸다. 1898년 석씨 문중은 석탈해(昔脫解) 왕의 위패를 봉안한 석탈해사(昔脫解祠)를 토함산 정상에서 반월성으로 이전시켜 줄 것을 경주부윤에게 탄원하였다. 당시에 반월성은 서기 100년경 신라가 경주 남쪽에 있는 구릉에 반월 형태로 쌓은 토성이었다. 이러한 탄원을 접한 경주부윤은 반월성 자리에 석탈해사를 이전하고, 그 이름 또한 유교적 색채가 농후한 숭신전(崇信殿)으로 변경하였다.

조선시대 경주부에서는 풍수 이론에 입각하여 장소 의식을 창조하는 데 왕릉을 이용한 사례가 하나 있다. 즉 조선시대 때 경주 읍성의 남쪽에 있는 은령총이라고 불리는 왕릉은, 풍수 이론에 근거하여 안산(案山)으로 해석되었다. 이 왕릉은 지금까지 남아 있는 신라의 왕릉 가운데 가장 규모가 큰 것으로 높이가 22m나 된다. 은령총의 사면에는 나무 몇 그루를 심어 자연 상태의 구릉처럼 보이게 하였으며, 나무 한 그루의 전면에는 산제를 지내는 제단을 설치하였다. 사람들은 이 인공 구릉에 대하여 풍수적인 의미를 가지는 '봉황대(鳳凰臺)' 라는 명칭을 부여하였다.(그림 6-16)

이는 사람들이 경주 읍성에서 은령총을 바라볼 때, 마치 날아가는 봉황과 같아 보인다는 이유에서 붙였다고 한다. 봉황은 중국 신화 속에 등장하는 상상의 동물로 풍수의 형국론에서 길조로 평가되고 있다. 풍수 이론에 의하면, 봉황은 인간에게 행운과 행복을 가져다준다고 한다. 그러므로 봉황대라는 이름은 당시에 경주 읍성에 살았던 사람들의 인생에 대한 열망과 기대를 담고 있는 것이다.

그림 6-16

경주시 남쪽에 있는 봉황대
봉황대는 높이가 22m, 밑 둘레가 250m인 분묘로 북서쪽 자락에 음각으로 봉황대라 새겨진 돌이 있다. 조선시대에 풍수를 믿는 사람들은 삼각형 모양의 구릉이나 산을 봉황으로 상징하는 것을 좋아하였다.

7 결론

Epilog

문화의 경계를 설정하는 가장 단순하고도 객관적인 절차는 개별적인 요소의 경계선을 가능하면 많이 긋고 이것들을 서로 겹쳐 보는 것이다. 이때 문화의 경계는 이런 개별적인 경계선들이 다발 모양으로 서로 얽히는 구간에 설정하는 것이다. 또한 이러한 문화 경계의 설정은 궁극적으로 문화 지역의 설정으로 이어질 가능성이 크다. 문화 요소의 과거와 현재 분포를 탐구하는 행위는, 문화 지역의 인식과 그 경계의 설정을 위해서 반드시 필요하다.

북부 방언과 남부 방언의 경계선들은 서해안뿐만 아니라 동해안에서도 다발 모양으로 서로 얽혀 있다. 발음, 어휘, 어법 등의 등어선들은 강원도와 충청 남·북도를 통과하면서 서해안과 동해안에서 다발 모양을 형성한다. 동해안에서 등어선들은 강릉시와 삼척시 사이에 집중되어 있는데, 여기에서는 이른바 잡종 아방언들이 사용되고 있다.

등어선의 간격은 동해안에서 내륙 방향으로 이동하면서 좁아지다가 서해안에 가까워지면서 다시 넓어진다. 서해안에서 등어선들은 아산만에서 금강에 이르는 넓은 구간을 서로 복잡하게 뒤얽힌 형태로 통과한다. 이 구간은 험준한 산은 없고 다만 해발 고도 200m 미만의 구릉들로 덮여 있는 곳이다. 서해안의 가장자리에 해당하는 태안반도에는 백제시대로 전해 내려오는 고대 언어의 잔재들이 여전히 남아 있다.

그런데 현재의 문화 경관은 인구 이동이나 문화 전파에 관한 지역사를 반영하고 있다. 이러한 지역사를 탐구하려면 무엇보다도 문화의 기원과 전파·확산이나 사람들의 이동에 대한 정확한 정보가 필요하다. 문헌 자료에 의존하는 야외 조사는 인구 이동과 문화 전파에 관한 사실을 추론하는 근거를 제공할 뿐이다. 문화 경관이 상대적으로 짧은 역사를 가지고 있다면 야외 조사를 수행하기가 훨씬 쉽다. 하지만 한국에는 인구 이동과 문화 전파를 추론할 수 있을 만큼 문헌 자료를 가지고 있거나 역사가 짧은 문화 경관은 일부분에 불과하다.

서남 해안은 크고 작은 반도, 도서, 만입들이 연속적으로 이어지면서 드나듦이 매우 복잡한 해안선을 형성하고 있다. 언어의 전파에 있어서 반도와 도서 사이에 있는 바다는 시대적 상황에 따라 자연적 장벽이나 교통로로 이용된다. 이런 해로를 통해 전파가 잘 되는 언어 요소가 있는가 하면 그렇지 않은 언어 요소도 있게 마련이다.

실제로 문화란 (내부적) 진화와 (외부적) 전파에 의하여 성장하고 확대되어 나가는 속성을 가지고 있다. 개별적인 문화 경관은 실제적인 인구 이동이 없는 상태에서 인간 상호간의 접촉만을 통하여 널리 퍼져 나가기도 한다. 한국에서도 민속 문화는 인구 이동에 따라 전파되기도 하고 인구 이동과 관계없이 전파되기도 하였다. 따라서 한국에서 특정한 민속 경관의 기원과 전파를 인구 이동에 직접적으로 관련시키는 것은 무의미하다.

민속 경관 중에는 인간 공동체와 자연환경과의 복잡한 상호 작용에 따른 결과로 해석해야 할 것들이 있다. 여기서 자연환경이란 일반적으로 산, 구릉, 하천과 같은 지형·지세, 기후, 해안 등을 가리킨다. 한국 민가의 가장 큰 특징은 하나의 지붕에 마루와 온돌이 결합된 형태로 나타난 것이다. 이와 같은 혼합 형태는 겨울의 추위와 여름의 더위를 모두 극복해야 하는 기후 환경 요인에 기인한 것으로 추정된다. 그밖에 마을 주민들과 자연환경이 상호 작용한 결과라고 해석되는 경우 중 하나가 금강 상류 유역의 동제이다. 옥천읍 일대의 마을에서는 선사시대 유적의 하나인 선돌을 동신으로 숭배하는 전통으로 인하여 신격이 자연신에서 인물신으로 전환하는 것이 지연되기도 했다. 동신을 섬기거나 탑을 쌓는 전통은 홍수로부터 마을을 보호하기 위하여 하천 연변에 제방을 쌓는 관습에서 유래된 것으로 추정된다.

한국의 문화 경관은 구문화지리학의 관점에서는 다 연구하지 못할 만큼 복잡한 과정을 거쳐 형성된 것이다. 이는 난해한 의미와 상징성을 내포하고 있는 전통적인 문화 경관이 많이 있기 때문이다. 이런 경우에는 구문화지리학보다는 신문화지리학의 방법론을 적용해 보는 것이 바람직할 것이다. 즉 한국의 문화 경관을 연구하기 위해서는 신·구 문화지리학이 제각기 가지는 고유한 장점이 필요하다.

신문화지리학자들은 문화를 지배와 피지배의 사회적 관계가 타협되거나 거부되는 영역으로 간주한다. 그들은 엘리트층에 의한 지배적인 국가 문화뿐만 아니라 사회적으로 주변적인 위치에 있는 인간 집단의 문화에 관심을 가진다. 결국 신문화지리학자들은 문화를 인간 집단의 사회적 관계가 구조와 형태를 가지는 방식이라고 정의한다. 이와 같은 문화의 정의는 한국 전체의 문화 경관을 설명하는 데 분명히 많은 도움이 된다.

민속 경관의 국지·지역적 분포를 이해하려면 지배와 피지배의 사회적 관계에 대한 지식을 필요로 한다. 특히 무속 신앙은 여성과 같이 사회적으로 주변적인 위치에 있는 인간 집단이 엘리트 문화에 저항하는 영역으로 존재하여 왔다. 여성들의 관심이 지속된 덕분에 지금까지 소멸되지 않고 생존해 온 '굿'은, 무속적 제의가 성리학 이념에 따른 가부장(家父長) 제도에 대한 저항의 표출이기도 했다. 또한 불교와 유교가 사회·정치적 주도권을 쥐고 있을 때, 무속 신앙은 불교의 모양으로 위장하고 아들을 낳기를 간절히 바라는 여성들의 염원에 호소하기도 했다.

불교 경관에서도 여성의 사회적 위치와 권력과 관계를 가지고 형성된 것이 있는데, 오늘날 거의 모든 불교 사찰들이 산신각 또는 삼성각이라고 하는 무속적 또는 도교적 건물을 보유하고 있는 게 바로 그것이다. 조선시대에 들어서 권력의 주도권을 상실한 불교가 여성을 포함한 피지배층으로부터 대중적 지원을 얻으려고 노력했던 결과로 볼 수 있을 것이다. 조선시대에 불교계는 사회적 권력의 크기에 있어서 무속 신앙과 신유교의 중간에 위치하고 있으며, 성리학의 지배적인 가치관을 선망하는 입장에서, 조상 숭배의 이념을 불교 경관의 조성에 반영하기도 하였다.

신문화지리학의 경관 연구에서 중심이 되는 개념은 이데올로기(이념)와 헤게모니(주도권)이다. 신문화지리학은 이런 개념들을 활용하여 지배적인 의미가 부여 · 타협 · 수용되는 과정을 탐구하는 데 가장 큰 비중을 둔다. 특히 이데올로기는 계급 갈등의 불가피성을 은폐하고 지배층의 이해관계를 사회 전체의 이익인양 대변하는 역할을 하기 때문에 사회의 재생산에 있어서 반드시 필요한 것이다. 일상적인 의미에서 헤게모니는 정치적 우월성이 확고부동한 상태를 가리킨다. 헤게모니는 피지배층에게 자기들의 도덕과 정치 · 문화적 가치관을 자연의 질서로 받아들이도록 설득하는 데 이용되는 지배층의 권력이라고 정의된다.

경관이란 이데올로기를 담고 있는 개념으로 특정한 계층의 사람들이 자기 자신과 주위 세계에 의미를 부여하는 방식을 반영하고 있다. 그리고 이러한 의미는 인간과 자연과의 관계에 대한 상상을 토대로 구성된 다음 전달되는 속성을 가지고 있다. 한국에서는 자본주의가 발달하기 이전부터 도시 경관이 이른바 읍치(邑治)를 중심으로 권력 관계의 상징적 재현에 깊이 연루되어 있었다.

조선 왕조의 통치자들은 외부 자연에 대한 자기 자신들의 사회적 역할에 의미를 부여하기 위하여 신유교와 풍수 이론을 도시의 계획과 건설에 적용하였다. 그들은 또한 자신들의 믿음과 사상을 도로와 공공건물의 공간적 배열뿐만 아니라 도로와 성문의 이름에 직접적으로 반영하기도 하였다. 때문에 한일합방(1910) 이후에 일제는 조선 왕조를 상징하는 도시 경관을 말살하고 그 대신 자신들의 이상을 반영하는 도시 경관을 조성하려고 노력하였다. 이처럼 도시 경관들은 모두 피지배층에게 통치자의 도덕과 정치 · 문화적인 가치관을 자연의 질서로 받아들이도록 설득하기 위한 것이었다.

본질적으로, 지배 문화는 피지배 문화와 동일하지 않으며 대중문화는 엘리트 문화와 동등하지 않다. 이 문화들은 문화 세력(힘)의 크기에 있어서 제각기 점유하고 있는 위치가 있다. 지배 문화와 피지배 문화의 '공간 전략(spatial strategies)'은 분명히 서로 다르다. 이 문화들은 비록 문화 세력에 차이가 있을 지라도 자기 세력의 유지와 확대를 위하여 의식적이든 무의식이든 공간을 이 용하고 있다는 속성을 공유하고 있다.

문화 세력의 크기를 기준으로 상이한 문화들로 구성되는 공간적인 위계 질서를 가정하는 것은 충분히 가능하다. 이러한 위계질서에는 지배 문화와 피 지배 문화가 서로 반대 방향으로 양극단에 위치하고 있다. 한국에서는 문화 경 관의 지역적 분포를 연구함에 있어서 문화 전파나 자연환경에 대한 적응이라 는 관점만이 유용하지 않고 문화 세력의 상대적 위치라는 관점도 필요하다. 따 라서 신·구 문화지리학의 관점과 방법을 적절하게 통합하려는 노력이 있어야 만 한국의 문화지리학이 더욱 발전할 가능성이 있는 것이다. 이 책이 이런 시 각을 바탕으로 한 시작이며 출발점이라고 믿는다.

참고 문헌

참고 문헌

1. 서론

Cosgrove, Denis and Peter Jackson, New Direction in Cultural Geography, *Area*, Vol. 19, 1987, pp.95~101.

Cosgrove, Denis and Stephen Daniels, *The Iconography of Landscape: Essays on the Symbolic Representation*, Design and Use of Past Environments, Cambridge Studies in Historical Geography, Vol. 9, Cambridge University Press, 1988.

Cosgrove, Denis, The Idea of Landscape, in Denis Cosgrove(ed.), *Social Formation and Symbolic Landscape*, New Jersy: Barmes & Noble Books, 1984, pp.13~38.

Crang, Mike, *Cultural Geography: Contemporary Human Geography*, London and New York: Routledge Publishers, 1988.

English, Paul Ward and Robert C. Mayfield, *Man, Space and Environment*, New York: Oxford University Press, 1972.

Foote, Kenneth E., et al., *Re-Reading Cultural Geography*, Austin: University of Texas Press, 1994.

Jackson, Peter, *Maps of Meaning: An Introduction to Cultural Geography*, London: Unwin Hyman, 1989.

Jordan, Terry G. and Lester Lowntree, *The Human Mosaic: A Thematic Introduction to Cultural Geography*, Fourth Edition, New York: Happer & Row Publishers, 1986.

Mikesell, Marvin W., Lanscape, *International Encyclopedia of the Social Sciences*, Vol. 8, Crowell Collier and Macmillan Inc., 1968, pp.575~580.

Price, Marie & Martin Lewis, The Reinvention of Cultural Geography, *Annals of the Association of American Geographers*, Vol. 83(1), 1993, pp.1~17.

Sauer, Carl O., Forward to Historical Geography, *Annals of the Association of American Geographers*, Vol. 31, 1941, pp.1~24.

Wagner, Philip L. and Martin W. Mikesell (eds.), *Readings in Cultural Geography*, Chicago: The University of Chicago Press, 1967.

2. 종교 경관

고대경, 神(신)들의 고향. 정명, 1997.

琴章泰, 儒教思想과 宗教文化, 서울대학교 출판부, 1994.

이기영 외 2인, 통도사, 빛깔있는 책들 110, 대원사, 1991.

崔完秀, 名刹巡禮, 대원사, 1994.

金吉男, 全南 南部地域 寺刹의 立地와 景觀研究, 한국교원대학교 석사학위논문, 1997.

金周燮, 天主教 信仰地域 形成過程에 關한 研究, 한국교원대학교 석사학위논문, 1996.

朴文圭, 宗教 空間의 場所化 過程, 한국교원대학교 석사학위논문, 1999.

3. 민속 경관

金泰坤, 韓國民間信仰研究, 韓國巫俗叢書, 집문당, 1994.

광언, 韓國의 住居民俗誌, 대우학술총서 · 인문사회과학 29, 민음사, 1988.

이길구, 계룡산, 대문사, 1997.

이필영, 마을 민간 신앙의 특성과 구조-금산읍을 중심으로, 충청문화연구소, 세민사, 1990.

崔德源, 多島海의 堂祭, 학문사, 1990.

崔昌祚, 한국의 풍수사상, 민음사, 1984.

한남대학교충청문화연구소, 금산의 마을공동체 신앙, 세민사, 1990.

金秀東, 鷄龍山의 場所性에 關한 研究, 한국교원대학교 석사학위논문, 1997.

宋仁旌, 濟州道 本鄉堂의 勢力圈 變遷에 關한 研究, 한국교원대학교 석사학위논문, 1998.

梁榮植, 沃川郡의 民俗文化景觀의 分布에 關한 研究, 한국교원대학교 석사학위논문, 1993.

4. 언어 경관

배우리, 우리 땅이름의 뿌리를 찾아서 1, 토담, 1994.

崔學根, 韓國方言學 上, 오성사, 1986-a.

崔學根, 韓國方言學 下, 오성사, 1986-b.

김윤학, 경기도 화도면의 땅 이름 연구, 畿甸文化研究 제 11집, 畿甸鄉土文化研究會, 1980.

이기갑, 전라남도의 언어지리, 國語學叢書 제 11호, 國語學會, 1994.

이돈주, 땅이름(지명)의 자료와 우리말 연구, 지명학 1권, 1998.

崔範勳, 京畿道 西海岸 '고지'系地名攷, 畿甸文化 第 2輯, 畿甸文化研究所, 1987.

5. 농촌 경관

姜榮煥, 한국 주거문화의 역사, 기문당, 1993.

琴章泰, 유학사상과 유교문화, 동양문화총서 7, 전통문화 연구회, 1995.

柳齊憲, 韓國近代化와 歷史地理學: 湖南平野, 韓國精神文化研究院, 1994.

申榮勳, 한국의 살림집 上, 悅話堂 美術新書 37, 열화당, 1995.

임재해 편, 안동문화의 수수께끼, 지식산업사, 1997.

임재해, 안동 하회마을, 빛깔있는 책들 129, 대원사, 1992.

張保雄, 韓國民家의 地域的 展開, 보진재, 1996.

崔完基, 韓國性理學의 脈, 社會史研究叢書 3, 느티나무, 1993.

權範基, 慶北 北部地方 書院文化地域의 形成過程, 한국교원대학교 석사학위논문, 1996.

金學範, 韓國의 마을園林에 關한 研究, 고려대학교 박사학위논문, 1991.

南治圭, 南漢江流域 亭子의 場所的 意味에 관한 研究, 한국교원대학교 석사학위논문, 1997.

李相潤, 朝鮮時代 書院의 立地와 空間構成特性 및 變化過程에 관한 研究, 성균관대학교 박사
학위논문, 1993.

崔杞秀, 曲과 景에 나타난 韓國傳統景觀 構造의 解釋에 관한 研究, 한양대학교 박사학위논문,
1989.

6. 도시 경관

김영상, 서울 600년, 한국일보사 출판국, 1989.

이찬, 韓國의 古地圖, 범우사, 1991.

이찬 · 양보경, 서울의 옛 지도, 서울시립대학교, 1995.

張明洙, 城郭發達과 都市計劃 硏究, 학연문화사, 1994.

정운영, 서울시내 일제유산답사기, 한울, 1995.

김한배, 韓國都市景觀의 變遷特性에 關한 硏究, 서울시립대학교 박사학위논문, 1993.

朴宰徹, 서울의 法定洞名에 관한 硏究, 한국교원대학교 석사학위논문, 1999.

張東洙, 韓國 傳統都市造景의 場所的 特性에 關한 硏究, 서울시립대학교 박사학위논문, 1994.

● 지역 개관 참고 문헌

H. 라우텐자흐 저, 김종규 외 역, 코레아 Ⅰ, Ⅱ, 민음사, 1998.

권혁재, 한국지리(지방편), 법문사, 1996.

금산군지편찬위원회, 금산군지, 금산군청, 1987.

김원룡, 역사도시 경주, 열화당, 1984.

신숙정, 우리나라 남해안 지방의 신석기 문화 연구, 학연문화사, 1994.

옥천군지편찬위원회, 옥천군지. 옥천군청, 1978.

한창기 편, 강원도, 뿌리 깊은 나무, 1992.

한창기 편, 경상남도, 뿌리 깊은 나무, 1992.

두산세계대백과 EnCyber, http://www.encyber.com

한국문화지리

| 펴낸날 | 초판 1쇄 2002년 8월 30일 |
| | 초판 5쇄 2024년 1월 30일 |

옮긴이	류제헌
펴낸이	심만수
펴낸곳	(주)살림출판사
출판등록	1989년 11월 1일 제9-210호

주소	경기도 파주시 광인사길 30
전화	031-955-1350 팩스 031-624-1356
홈페이지	http://www.sallimbooks.com
이메일	book@sallimbooks.com

ISBN 978-89-522-0075-6 03980

※ 값은 뒤표지에 있습니다.
※ 잘못 만들어진 책은 구입하신 서점에서 바꾸어 드립니다.